江苏省自然科学基金项目(BK20160253)资助

煤层瓦斯流动理论简明教程

刘清泉　程远平　董　骏　刘正东　著

中国矿业大学出版社

内容简介

本书从煤矿瓦斯抽采及其资源化利用的角度出发，研究煤层瓦斯扩散-渗流-气固耦合理论与应用。详细地介绍了煤的孔隙及裂隙特征、基质瓦斯扩散和裂隙瓦斯渗流的物理过程，构建了煤与瓦斯气固耦合模型，并基于多个应用场景详细介绍了数值仿真与数据处理方法。全书共分6章，包括多孔介质流体力学基础、煤中瓦斯的扩散运动、煤中瓦斯的渗流运动、煤与瓦斯气固耦合模型、有限元方法及COMSOL基本建模过程与验证，以及煤与瓦斯气固耦合模型的数值仿真及应用。

本书可供安全工程、采矿工程和煤层气工程等相关专业师生使用，还可供相关企业技术人员和科研院所研究人员参考使用。

图书在版编目(CIP)数据

煤层瓦斯流动理论简明教程/刘清泉等著. —徐州：中国矿业大学出版社，2017.5

ISBN 978-7-5646-3541-1

Ⅰ. ①煤… Ⅱ. ①刘… Ⅲ. ①煤层瓦斯—流动（力学）—教材 Ⅳ. ①TD712

中国版本图书馆CIP数据核字(2017)第098499号

书　　名　煤层瓦斯流动理论简明教程

著　　者　刘清泉　程远平　董　骏　刘正东

责任编辑　黄本斌

出版发行　中国矿业大学出版社有限责任公司

（江苏省徐州市解放南路　邮编221008）

营销热线　(0516)83885307　83884995

出版服务　(0516)83885767　83884920

网　　址　http://www.cumtp.com　**E-mail**:cumtpvip@cumtp.com

印　　刷　徐州中矿大印发科技有限公司

开　　本　787×1092　1/16　**印张** 12.5　**字数** 245千字

版次印次　2017年5月第1版　2017年5月第1次印刷

定　　价　30.00元

前　言

瓦斯分别以游离态和吸附态赋存于煤的裂隙和基质中，且处于动态平衡状态，瓦斯在裂隙和基质间存在质量交换，但从宏观上看却没有物质传递。当采掘或抽采工作打破这种平衡状态时，瓦斯将在压差和浓度差的作用下向煤壁运移。煤层瓦斯流动理论是研究瓦斯在煤中的运动规律和气固耦合作用的一种理论，它是流体力学的一个重要且特殊的分支。对于矿井瓦斯防治领域，它是重要的基础学科。

自从达西定律和毕奥孔弹性理论建立以来，煤炭工业与煤层气工业的发展使得煤与瓦斯气固耦合理论的研究变得异常活跃，内容不断向更深更广的方向发展。早期的研究认为，当煤层内的瓦斯吸附平衡状态被打破后，基质内的瓦斯可以瞬间解吸出来进入裂隙，也可以理解为裂隙瓦斯压力和基质瓦斯压力几乎同步改变。在此假设条件下建立的煤层瓦斯渗流模型虽然在工程上取得了成功，但却掩盖了煤层瓦斯运移过程中的物理本质。随着煤与瓦斯气固耦合理论和数值仿真技术的不断丰富和完善，有些复杂的扩散-渗流-气固耦合问题已经得到较好的解决，因此需要有新的教材来反映该领域近年来的成果。笔者根据近年来从事煤与瓦斯气固耦合理论和数值仿真研究所积累的经验，在经典理论的基础上，吸收了国内外诸多学者的研究成果，增添了这部分研究内容和方法，力求做好这方面的尝试。

本书共分为6章，第1章主要介绍多孔介质流体力学基础；第2章和第3章分别介绍煤中瓦斯的两种主要运动形式，即瓦斯的扩散运动和渗流运动；第4章基于前述章节阐明的煤层瓦斯运移基本物理规律，建立煤与瓦斯气固耦合模型；第5章主要介绍数值仿真的有限元方法及商业软件COMSOL的基本建模过程与可行性分析；第6章基于3个案例介绍了煤与瓦斯气固耦合模型的数值仿真方案与应用。本书可供安全工程、采矿工程和煤层气开采工程等相关专业师生使用，也可供相关科研院所研究人员和企业技术人员参考使用。

本书由刘清泉撰写，程远平主审，董骏参与了第2章和第6章的部分撰写工作，刘正东参与了第3章和第6章的部分撰写工作。

国家自然科学基金委员会、江苏省科技厅、中国博士后科学基金会和煤炭资源与安全开采国家重点实验室对我们的科学研究工作给予了资助和鼓励，在此谨向他们表示衷心感谢。

由于学科发展很快，很多方面都在推陈出新，限于时间和水平，书中难免存在不妥之处，希望广大读者批评指正！

作　者

2017 年 3 月

目　　录

1 多孔介质流体力学基础

1.1 多孔介质

1.1.1 多孔介质的定义

为了研究流体在多孔介质中的运移情况，首先必须搞清楚与此相关的两类物质，即“流体”和“多孔介质”的物理含义。本小节首先从“多孔介质”这一术语出发，来阐述其含义。

从直觉上来说，多孔介质应是含有大量孔隙的固体材料（图 1-1），如土壤、煤、孔隙或裂隙岩石、陶器和纤维集合体等。但如果想进一步准确描述，特别是从流体流动的角度对其精确定义则又变得非常困难。国内外学者一直试图对其进行准确描述，但目前仍未有统一的定义，主要代表性的成果有：

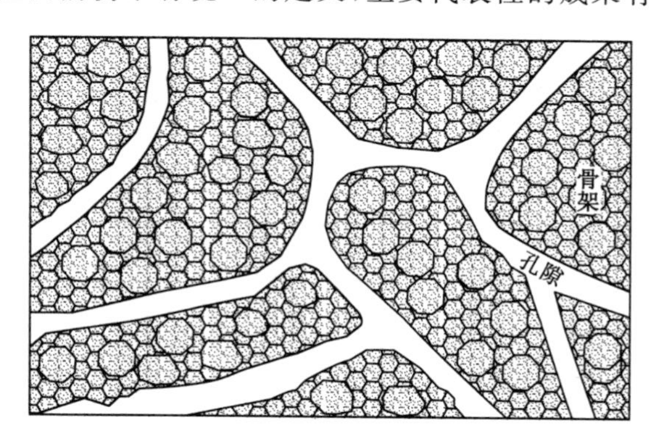

图 1-1 多孔介质

(1) 多孔介质是指内部含有许多微小孔洞，孔洞之间具有一定程度的连通性，在一定条件下，流体可以通过微小孔洞进行流动的固体介质[1]。

(2) 多孔介质为由多相物质组成的空间，其中必须有一相是非固态的，该非固态相可以为液相或气相；固相应分布于整个介质，并存在于每一代表性单元体内；固相骨架的孔隙应有部分是相互连通的，允许流体通过[2]。

(3) 多孔介质是指这样的一个体积：可以把它分成很多微小的体积，在每个小体积中，都包含有固体和流体；其中固体部分称为骨架，而充满流体（液体及气体）的部分称为孔隙[3]。

从煤层瓦斯运移的角度来看，多孔介质应具有以下特点[4,5]：

(1) 多孔介质为多相物质，且在多相物质中至少有一相不是固体，它们可以是气相和（或）液相。固相部分称为固体骨架，在多孔介质范围内没有固体骨架的那一部分空间为孔隙空间。

(2) 在多孔介质所占据的范围内，固相物质应遍布整个多孔介质。在每一个表征体元内必须存在固体颗粒。固体骨架具有很大的比表面积，这个特点在一定程度上决定流体在多孔介质中赋存的性状。

(3) 构成孔隙空间的空隙比较狭窄，但至少相当比例的空隙是相互连通的，互相连通的孔隙空间称为有效孔隙空间。就流体通过多孔介质的流动而言，不连通的孔隙可以视为固体骨架部分。

(4) 在载荷作用下，或在吸附性气体作用下，多孔介质会产生压密变形，进而挤压其有效孔隙空间。

1.1.1.1 比表面积

比表面积是单位视体积（总体积，非骨架体积）多孔介质总内表面积，或单位体积多孔介质骨架的总表面积，即：

$$S = \frac{A}{V} \tag{1-1}$$

式中 S ——多孔介质比表面积，cm^2/cm^3；

A ——多孔介质孔隙的总内表面积，cm^2；

V ——多孔介质的视体积，cm^3。

多孔介质骨架的分散程度可以用比表面积来描述[6]。比表面积的大小受孔隙率、颗粒排列方式、粒径及颗粒形状等因素的影响，以多孔介质的粒度为例，颗粒越细其比表面积越大。以岩石中的砂岩（粒径 0.25～1 mm）、细砂岩（粒径 0.1～0.25 mm）和泥砂岩（粒径 0.01～0.1 mm）为例，其比表面积分别为 500～950 cm^2/cm^3、950～2 300 cm^2/cm^3 和 >2 300 m^2/cm^3。

比表面积的大小对流体在多孔介质中的流动影响很大，可以决定多孔介质的许多性质。多孔介质骨架确定了流体在多孔介质中流动时的边界，因此流体与多孔介质接触时的表面现象、流动阻力以及多孔介质的吸附能力都同比表面积密切相关。

比表面积的测定方法有直接法和间接法两种。其中，间接法为估算性质的方法，可通过多孔介质的孔隙率和渗透率进行估算，即：

$$S = \left(10.7 - 1.14\ln\frac{k}{\phi}\right)\times\frac{\phi}{1-\phi}\times 100 \tag{1-2}$$

式中 k——多孔介质渗透率，m^2；

ϕ——多孔介质孔隙率，%。

常用的比表面积直接测定方法主要有两种，即透过法和吸附法，具体采用何种方法主要根据多孔介质的胶结情况确定。透过法根据流体对多孔介质的透过性来测试比表面积，吸附法通过测定吸附性气体在多孔介质表面单分子层的吸附量来确定比表面积。气体吸附法测出的比表面积往往要比使用透过法测出的值大，这是因为吸附法测出的比表面积既包括外表面积也包括裂隙、孔隙的内表面积，而透过法只能测出外表面积及有效孔隙空间的内表面积。因此，在比较或应用比表面积的测定值时，需要注明所使用的测定方法。

1.1.1.2 孔隙性

多孔介质骨架（颗粒）间未被固体物质充填的空间称为空隙或孔隙。如火成岩由于气体逸散形成的孔隙，碳酸盐受地下水溶蚀后形成的孔隙，岩石受力后产生的裂隙。比较特殊的如煤体，在沉积时就存在原生孔（成煤植物本身所具有的细胞结构孔或镜屑体、惰屑体和壳屑体等碎屑状颗粒之间的孔），在变质过程中发生各种物理化学反应而形成的变质孔（凝胶化物质在变质作用下缩聚而形成的链之间的孔或煤变质过程中由生气和聚气作用而形成的孔），以及煤固结成岩后受各种外界因素作用而形成的外生孔。

绝大多数多孔介质孔隙的形状、大小、分布、发育程度形成过程非常复杂，使用常规几何方法很难描述，一般使用孔隙率来表征多孔介质孔隙的宏观结构特征。多孔介质的孔隙率是指其内部的孔隙体积 V_p 与总体积 V_t 的比值，即：

$$\phi = \frac{V_p}{V_t} \times 100\% \tag{1-3}$$

多孔介质的总体积又称为视体积，为多孔介质的骨架体积 V_g 和孔隙体积之和，即：

$$V_t = V_g + V_p \tag{1-4}$$

因此，多孔介质的孔隙率也可以用下式计算：

$$\phi = \frac{V_t - V_g}{V_t} \times 100\% = \left(1 - \frac{V_g}{V_t}\right) \times 100\% \tag{1-5}$$

多孔介质的孔隙有连通的，也有不连通的，只有那种既能储集流体又能让流体通过的连通孔隙在工程中才更有实际意义。因此，可根据孔隙的连通状况将其分为连通孔隙和封闭孔隙（图 1-2）。其中，连通孔隙的体积称为有效孔隙体积（包括可以让流体流过的孔隙和不可流过的孔隙），不连通孔隙的体积称为无效孔隙体积。需特别注意的是，在有效孔隙体积中，虽有些孔隙彼此连通，但在正常工程条件下无法让流体流过，因此我们在有效孔隙的基础上，又引入了流动孔隙的概念。进而可将多孔介质的孔隙率细分为：

(1) 多孔介质的有效孔隙率 ϕ_e

$$\phi_e = \frac{V_e}{V_t} \times 100\% \tag{1-6}$$

式中　V_e——多孔介质的有效孔隙体积，m^3。

(2) 多孔介质的流动孔隙率 ϕ_d

$$\phi_d = \frac{V_d}{V_t} \times 100\% \tag{1-7}$$

式中　V_d——多孔介质的流动孔隙体积，m^3。

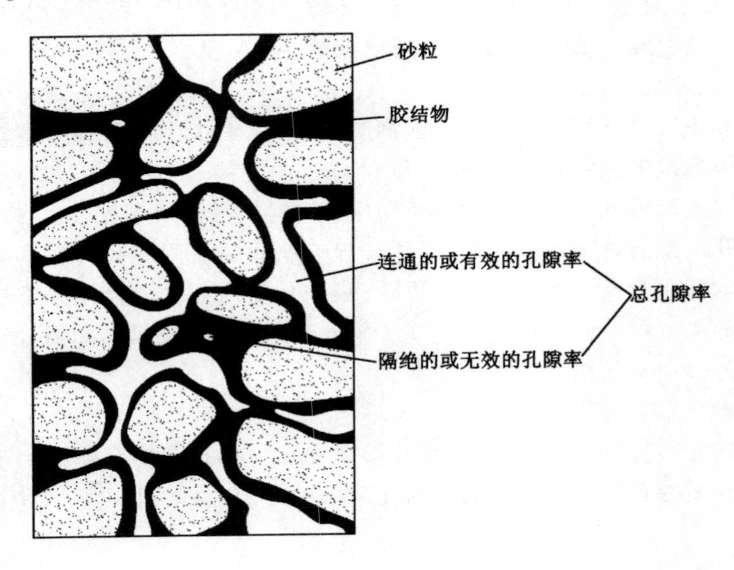

图 1-2　砂岩有效、无效和总孔隙率的关系

除了孔隙率外，表 1-1 还汇总了其余可用于描述多孔介质孔隙结构特征的主要参数。

表 1-1　孔隙结构参数

孔隙结构参数	物理意义
迂曲度	流体质点在多孔介质中流动时的实际流动长度与多孔介质视长度的比值，一般为 1.2～2.5，其值大小反映多孔介质孔隙的弯曲程度
孔喉比	孔隙直径与喉道直径的比值
孔隙配位数	每个孔隙所连通的喉道数，一般为 2～15，其值大小反映多孔介质孔隙间的连通情况

1.1.2 多孔连续介质

多孔介质中流体的运动发生在流动孔隙空间中，即流体在以有效孔隙壁面为边界的小通道中运动。从这种尺度上研究多孔介质以及其中的运动现象称为微观水平上的方法。但由于多孔介质微观几何结构的复杂性，在实际上要从微观水平进行研究难以实现。这种结构特点使得我们无法将流体力学中的经典理论直接应用到多孔介质中的流体流动中来，例如，我们一般常用黏性流体的奈维-斯托克斯(Navier-Stokes)方程确定特定边界条件下孔隙空间内的速度分布，但是对于多孔介质，只有把流动孔隙空间简化为毛细管的特殊情况下，Navier-Stokes 方程才能求解，这种从微观水平研究多孔介质中流体的运动在工程应用中是不必要的。因此，为了研究多孔介质中的流体流动问题，需将多孔介质处理为连续介质，即从微观水平过渡到比较粗的宏观水平上来描述多孔介质以及其中发生的各种物理现象。这种方法一般被称为连续介质法(也被称为空间平均法)，就是将某一尺度范围不连续的介质，通过研究尺度的粗化或放大，将其处理为连续介质的方法。

把多孔介质处理为连续介质的基础乃是质点的概念。这里的质点同物理学中质点的定义并不相同，此处的质点具有质量且占据一定的空间体积 ΔV。如果我们以多孔介质内部的任一点 P 为中心(质心)，圈定一个适当小的空间区域 ΔV_*，从而使得连续介质在该空间区域(特征体积)内表现出均质介质的性质[7]。因此，定义连续多孔介质的关键就是确定多孔介质中任一点 P 的特征体积单元的大小。

在多孔介质中，由于孔隙率是表征其骨架基本特征的物理量，因此可以通过考察孔隙率 ϕ 与 ΔV 的关系曲线来确定 ΔV_*。绕 P 点取体积单元 ΔV_i，ΔV_i 中孔隙体积为 ΔV_i^p，那么单元体的孔隙率即为：

$$\phi_i = \frac{\Delta V_i^p}{\Delta V_i} \tag{1-8}$$

围绕 P 点取一系列单元体，令这些单元体逐渐缩小，即 $\Delta V_1 > \Delta V_2 > \Delta V_3 > \cdots > \Delta V_n$，因此就可以得到一系列的孔隙率 $\phi_i (i = 1,2,3,\cdots,n)$，绘制出 ϕ_i- ΔV_i 的曲线，如图 1-3 所示。

从图中可以看出，随着 ΔV_i 的减小，非均质介质和均质介质的孔隙率 ϕ_i 都将随之变化，差别在于在宏观效应区，均质介质的孔隙率基本不随 ΔV_i 改变，而非均质介质的孔隙率在微观效应区和宏观效应区均随 ΔV_i 改变而改变。特别对于非均质介质，当 ΔV_i 小于 $\Delta V'_*$ 时，ϕ_i 的变化减弱(仍然存在极小幅度的波动)；当 ΔV_i 减小到小于特征体积 ΔV_* 时，可以发现 ϕ_i 又会出现幅度较大的振荡。在极限情况下，ΔV_i 收缩到质心 P 点时，若该点位于孔隙空间内，则 ϕ_i 变为 1；若该点位于固体颗粒上，则 ϕ_i 变为 0。因此，对于均质介质，其最小特征体积

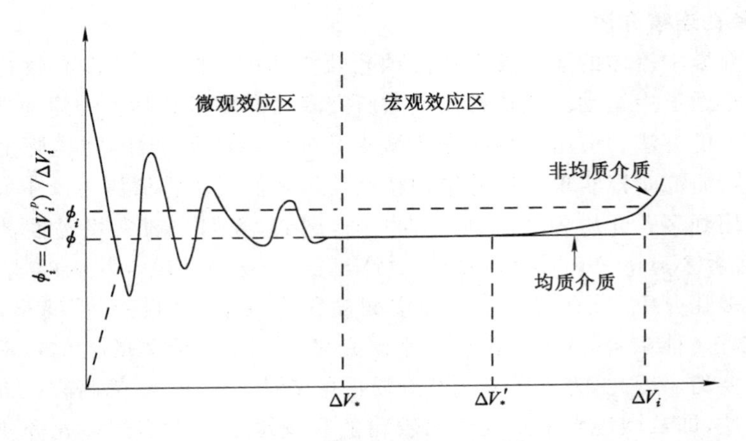

图 1-3 孔隙率和特征体积[1]

为 ΔV_*；对于非均质介质，其特征体积在区间 $[\Delta V_*, \Delta V'_*]$ 内。

则质点 P 的孔隙率 $\phi(p)$ 定义为：

$$\phi(p) = \lim_{\Delta V_i \to \Delta V_*} \frac{\Delta V_i^p}{\Delta V_i} \tag{1-9}$$

通过上述处理，我们就可以认为多孔介质是由连续分布的多孔介质质点组成，也体现出多孔连续介质的物理含义。上面这种将不连续的问题化为连续问题来处理的方法，在力学上称为连续介质方法。这种处理方法再结合下文要介绍的连续流体的概念，将为处理多孔介质中流体的流速带来极大的便利。

1.2 流　　体

1.2.1 流体的性质

自然界的物质，按照其分子间平均间距的不同，可以分为固体、液体和气体，其中液体和气体统称为流体。流体与固体不同，其具有流动性（变形性）、可压缩性和黏性等特点。

1.2.1.1 流体的流动性

固体通常具有比较固定的形状，而流体则不同，其形状取决于限制它的固体边界。流体在受到很小的切应力时，就将产生连续不断的变形，直到切应力消失，这种特点就是流体的流动性。固体存在抗拉、抗压和抗剪三方面的能力，而流体的抗拉和抗剪的能力非常微小，且只有在一定的约束条件下，才能承受压力。

1.2.1.2 流体的密度和可压缩性

密度是表征流体属性的基本物理量，定义为单位体积流体的质量。如，4 ℃

时水的密度为 1 000 kg/m^3；4 ℃，标准大气压条件下(101.325 kPa)，空气的密度为 1.276 kg/m^3。流体的密度除同其种类有关外，还与其所处外界环境的温度和压力密切相关，可以认为流体的密度为压力和温度的函数 $\rho(p,T)$。

其中，流体密度随压力变化的性能即是流体的可压缩性。液体和气体的主要差别也体现在两者的可压缩性显著不同上，通常情况下，液体比气体的压缩性小得多。例如，水在温度不变的情况下，每增大一个大气压，其体积仅被压缩0.005%左右，在相当大的压力范围内，液体的密度几乎保持不变，因此在要求不高的情况下可认为液体是不可压缩的。

对于气体，其压缩性与压缩的热力学过程有关。对于理想气体(所谓理想气体是指气体分子无体积，气体分子间无相互作用力的一种假想气体)，其体积和压力之间存在如下关系：

$$pV = nRT \tag{1-10}$$

式中 p——气体压力，Pa；

n——气体的摩尔数，mol；

R——摩尔气体常数，8.314 J/(mol·K)；

T——温度，K。

上式常被称为理想气体状态方程，它建立在玻义耳-马略特定律、查理定律和盖-吕萨克定律等经验定律的基础上，可用于描述理想气体处于平衡状态时，压强、体积、物质的量和温度之间的关系。

理想气体的密度可通过下式计算：

$$\rho = \frac{M}{RT}p \tag{1-11}$$

式中 M——气体的摩尔质量，kg/mol。

为了将理想气体状态方程应用于真实气体，需对其进行修正。一般通过在理想气体状态方程中引入系数 ξ，得到真实气体状态方程：

$$pV = \xi nRT \tag{1-12}$$

式中 ξ——气体压缩因子，$\xi = \frac{V_{真实气体}}{V_{理想气体}}$。

该系数的物理意义为：在给定的压力和温度下，一定量的真实气体所占的体积与相同条件下理想气体所占的体积之比。一般认为 $\xi = 1$ 时，真实气体相当于理想气体；当 $\xi > 1$ 时，表明真实气体较理想气体更难压缩；当 $\xi < 1$ 时，表明真实气体较理想气体易于压缩。

真实气体的密度则可通过下式计算：

$$\rho = \frac{M}{\xi RT}p \tag{1-13}$$

可以发现，获得压缩因子 ξ 是利用真实气体状态方程的关键。图 1-4 给出了甲烷在不同压力和温度条件下的压缩因子曲线。从图中可以看出，当气体压力不超过 3.5 MPa，温度在 20 ℃左右时，甲烷的压缩因子大于 0.95。因此，在常规的煤层瓦斯抽采分析时，也可认为甲烷的压缩因子为 1。

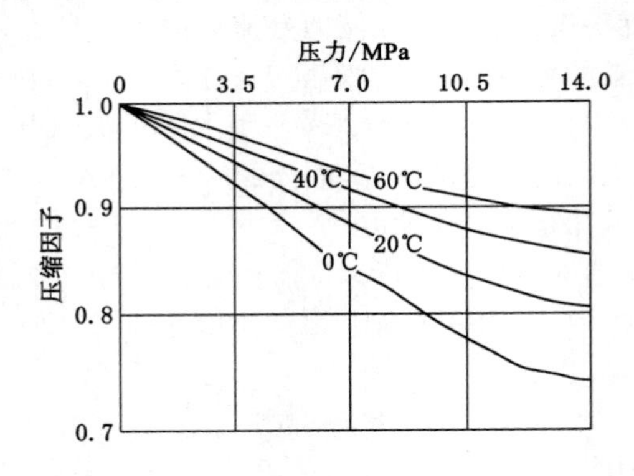

图 1-4 甲烷的压缩因子

1.2.1.3 流体的黏度

当流体内部质点间或流层间存在相对运动时，流体就会产生反抗这种相对运动的内摩擦阻力，流体这种反抗相对运动的特性，称之为黏性。需特别说明的是，只有在流体运动时才会表现出黏性，静止流体不呈现黏性。

流体黏性产生的原因可以从流体分子的微观运动来加以说明。当流体内部质点间或流层间存在相对运动时，必然破坏分子间的初始平衡状态，分子运动速度产生差异，且由于相邻分子间的吸引力，快速运动的分子(层)将拖动慢速运动的分子(层)使其加速，慢速运动分子(层)的存在阻滞了快速分子(层)的运动，这种相互作用的结果，宏观上表现为流体的黏性。此外，在流体运动时分子总在不规则运动，总会有一定数量的分子在层间迁移，导致动量交换，这种动量交换也会在分子(层)间形成相互作用力，进而对流体黏性的产生作出贡献[8]。

为了定量描述流体的黏性，牛顿(Newton)在 1686 年根据实验提出了流体的内摩擦定律：流层间单位面积上的内摩擦力(或称为黏滞力)与液间流速的变化率成正比(图 1-5)，即：

$$\tau = \mu \frac{\mathrm{d}v}{\mathrm{d}y} \tag{1-14}$$

式中 τ——流体层间单位面积上的内摩擦力，N；

μ——流体的动力黏度，Pa·s；

v——流体特征某流层的流速，m/s。

流体的动力黏度 μ 是衡量流体黏性大小的物理指标，μ 值越大，流体黏性越强。μ 值与流体的类型以及流体所处的外界温度和压强有关。对于绝大多数流

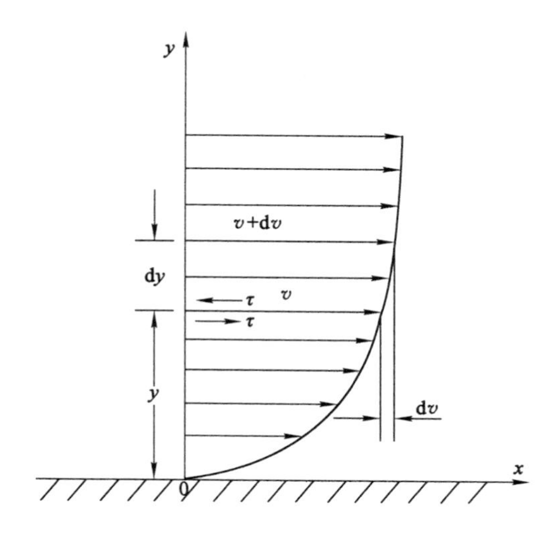

图 1-5　流体牛顿内摩擦定律示意图

体，温度对黏度的影响十分强烈。相反，在压力没有达到很高的数值之前，其对黏度的影响较小。表 1-2 列出了水和甲烷在不同温度下的动力黏度的典型数值。

表 1-2　　水和甲烷在不同温度下的动力黏度

温度/℃	水 μ/(mPa·s)	甲烷 μ/(mPa·s)
0	1.792 1	0.010 2
20	1.005 0	0.011 0
40	0.656 0	0.011 7
60	0.468 8	0.012 3
80	0.356 5	0.012 9
100	0.283 8	0.013 5

注：以上数据在标准大气压下测定。

在理论分析或工程计算时，有时也会用动力黏度 μ 和密度的比值来衡量流体的黏度，即流体的运动黏度：

$$\nu = \frac{\mu}{\rho} \tag{1-15}$$

式中　ν——流体的运动黏度，m^2/s。

运动黏度没有明确的物理意义，不能像 μ 那样直接表示流体的内摩擦力的大小。

牛顿内摩擦定律并不一定适用于一切流体，一般只有气体及简单的液体是牛顿液体，如水煤浆、石油、牙膏、油漆和血浆等不符合内摩擦定律的液体称为非牛顿流体。实际流体都具有黏性，μ 值都大于零。当我们在理论分析或工程计算时将流体简化为理想流体，可忽略黏性对流体流动的影响，即可认为 μ 值等于零。

1.2.2　流体连续介质

有了多孔连续介质的概念，就不难建立起流体连续介质的概念。首先需注意到的问题是，组成流体的诸分子间是有一定空隙的，并不是连续的，且具有随机性，但多孔介质流动力学研究的是流体的宏观运动，即大量流体分子的平均行为，而非研究单个分子的运动行为。试图从分子水平或微观水平上研究多孔介质中流动的运动，既不必要，也难以实现，因此需要一种简化的物理模型——流体连续介质模型来代替真实的流体结构。

同多孔连续介质概念是建立在多孔介质质点概念基础上一样，流体连续介质概念是建立在流体质点概念基础上的。与建立多孔介质质点的方法类似，在建立流体质点概念时，关键也是要在流体所占空间中任一点 P 为中心圈定一个适当小的体积 ΔV_*，取特征体积 ΔV_* 内所包含的诸流体质点的某物理量的均值，作为流体的该物理量在质点的宏观值，就实现了从微观尺度向宏观尺度的过渡。

确定流体特征体积 ΔV_* 的方法与在多孔介质中的方法类似。在多孔介质中，我们通过观察 ϕ 与 ΔV 的关系曲线来确定 ΔV_*。对于流体，由于其具有流动性（无固定形状），可通过观察密度 ρ（单位体积流体的质量）与 ΔV 的关系曲线来确定特征体积 ΔV_*。围绕 P 点取一系列单元体，令这些单元体逐渐缩小，即 $\Delta V_1 > \Delta V_2 > \Delta V_3 > \cdots > \Delta V_n$，对应的质量分别为 $\Delta m_i (i = 1,2,3,\cdots,n)$，因此可以得到一系列的平均密度，即：

$$\rho_i = \frac{\Delta m_i}{\Delta V_i} \quad (i = 1,2,3,\cdots,n) \tag{1-16}$$

进而可以绘出 ρ 与 ΔV 的关系曲线，如图 1-6 所示。

从图 1-6 可以看出，随着 ΔV_i 的减小，非均质流体和均质流体的密度 ρ_i 都将随之变化，差别在于在宏观效应区，均质流体的密度基本不随 ΔV_i 改变，而非均质介质的密度在微观效应区和宏观效应区均随 ΔV_i 改变而改变。特别的，对于非均质介质，当 ΔV_i 小于 $\Delta V'_*$ 时，ρ_i 的变化减弱（仍然存在极小幅度的波动）；当 ΔV_i 减小到小于特征体积 ΔV_* 时，可以发现 ρ_i 又会出现幅度较大的振荡。这是因为体积小到一定程度时，其中包含的分子数目相对很小，以至于它们的随机运动和分布使得该体积内所包含的分子质量表现出随机波动。因此，对于均质介质，其最小特征体积为 ΔV_*；对于非均质介质，其特征体积在区间 [ΔV_*，

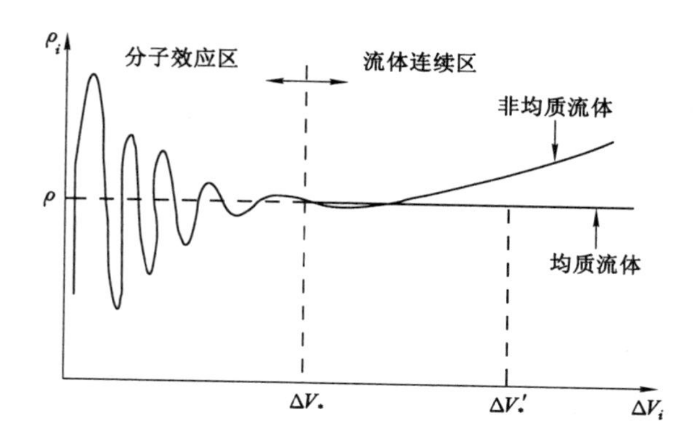

图 1-6　流体牛顿内摩擦定律示意图

$\Delta V'_*$]内。

则质点 P 的孔隙率 $\phi(P)$ 定义为：

$$\phi(P) = \lim_{\Delta V_i \to \Delta V_*} \frac{\Delta m}{\Delta V} \tag{1-17}$$

根据流体质点的上述概念，可以认为多孔介质中的流体是由多孔介质流体质点组成。质点要比单个分子的平均自由程大得多，但和所考虑的立体的范围相比又足够小。通过这种方法，就可将流体不连续的问题转化为连续问题来处理。

1.3　多孔介质渗流

在前述小节介绍了多孔介质和流体的概念，并通过将其分别简化为多孔连续介质和流体连续介质，使得多孔介质流体流动的不连续问题可转化为连续问题来处理，也为本节阐明流体在多孔介质中的宏观运动规律奠定了基础。

1.3.1　渗流的基本概念

渗流通常指流体在多孔介质中的流动，在自然界中普遍存在，例如：河水透过砂层的流动、瓦斯在煤层中的流动、石油在岩层中的流动、雨水通过土壤的流动、血液在人体毛细血管中的流动以及植物内部水分的流动等都属于渗流。

虽然渗流、管流和巷道中的空气流动等都属于流体流动，但渗流与其他两种流体流动的环境和条件差异很大。多孔介质的结构特征使得渗流环境具有很强的特殊性：

(1) 渗流孔道的截面积极小，一般约为 $10^{-8} \sim 10^{-4}$ cm^2。

(2) 渗流孔道形状弯曲多变且极不规则。

(3) 渗流孔道中流体与骨架接触面巨大，且孔道表面往往非常粗糙。

因此，流体在多孔介质中的渗流具有流动阻力大、流动速度慢及渗流轨迹曲折复杂等特点。例如，在厚度为 20 m，孔隙率为 20%的油层中，当油井产量为 100 m^3/d 时，离油井 100 m 处，原油的渗流速度约为 10^{-7} m/s[1]。

渗流可根据参与流动的流体种类、运动元素和流场形状进行不同的分类：

(1) 在渗流过程中，若只有一种流体，则可称为单相渗流。若有两种或两种以上的流体同时流动，则可称为两相渗流或多相渗流。

(2) 在渗流过程中，如果运动的各元素(压力和速度等)只随位置变化，而与时间无关，则称为稳定渗流。反之，若任意主要运动元素与时间有关，则称为不稳定渗流(也可称为瞬态渗流)。

以煤层中的瓦斯渗流为例，若要形成稳定渗流则需要有固定的瓦斯源，而且出口和入口的瓦斯压力不随时间而变化，煤层仅仅是瓦斯流过的通道，所以流场各个点的瓦斯压力也不变。这种情况在煤矿中很少见，只有在某一巨大瓦斯源的附近，瓦斯通过煤层或裂隙稳定地流到巷道空间时，才能出现这一情况。

绝大多数情况下煤层中的瓦斯渗流为非稳定渗流，其特点是没有固定的瓦斯源，煤层既是瓦斯的来源又是瓦斯流过的通道，随着瓦斯的不断流出，煤层内瓦斯压力不断降低，流动场不断扩大，所以它的流动场是变化的，而且各点的瓦斯压力和压力梯度也在改变。如瓦斯流出的煤层暴露面是固定不动的，则煤面附近的瓦斯压力梯度随涌出时间的增长而降低，即瓦斯涌出量随时间而减小。除开采煤层本身瓦斯的流动属于非稳定流动之外，邻近层的围岩以及采落煤炭中的瓦斯涌出也都属于非稳定流动。

图 1-7 是非稳定流场中煤层瓦斯含量变化图[11]，从中可以看出，当掘进工作面掘过后，初期非稳定流场内瓦斯流动和变化比较剧烈，随后则逐渐趋于稳定，当迎头掘过后 150 d，巷道两帮煤壁内的瓦斯流场则基本上趋于稳定。

(3) 在渗流过程中，由于多孔介质的非均质性特点，流体渗流区域(也称为流场)的形状将是不规则的。为了便于研究流体在多孔介质中宏观的流动特点，往往根据生产实践的工程条件，对其流场形状进行简化。例如按流场的空间几何形状来进行分类，瓦斯在煤层中的渗流场可分为单向流场、径向流场和球向流场[12]。

单向流场即是在 x、y、z 三维空间内，只有一个方向有流速，其余两个方向流速为零的流动所形成的流场。在煤矿中，如沿煤层开掘平巷，且煤层的厚度小于巷道高度、巷道全部切开煤层，则巷道两侧瓦斯的流动都是沿着垂直于巷道的掘进方向流动的，此即为单向流动，形成了流线彼此相互平行、方向相同的单向流场，如图 1-8 所示。

径向流场即是在 x、y、z 三维空间内，在两个方向有分速度，而第三个方向的分速度为零的流动所形成的流场。煤矿中的石门、竖井、钻孔垂直穿透煤层

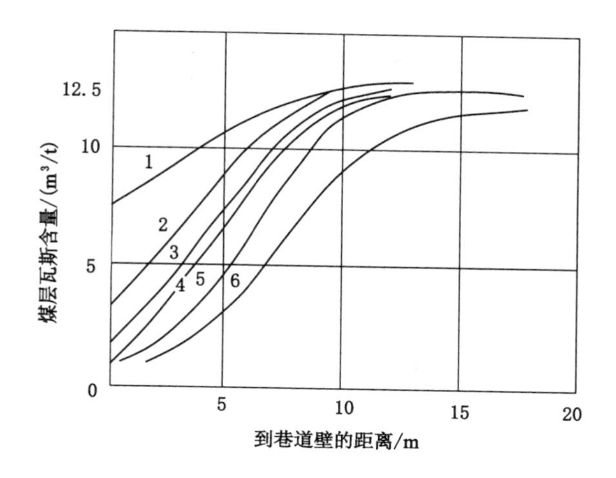

图 1-7 非稳定流场中煤层瓦斯含量的变化

1、2、3、4、5、6——掘进工作面掘过后几小时、4 d、10 d、15 d、55 d、150 d的煤层瓦斯含量的变化曲线

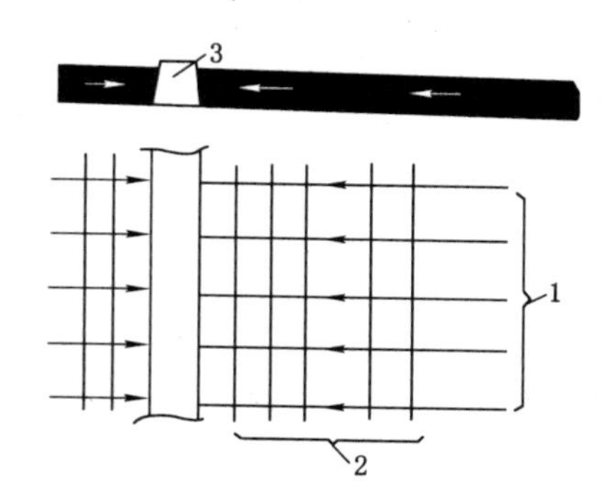

图 1-8 单向流动示意图

1——流线；2——等压线；3——巷道

时，煤壁内的瓦斯流动基本上属于径向流动，形成了等瓦斯压力线平行煤壁呈近似同心圆形的径向流场，如图 1-9 所示。

球向流场即是在 x、y、z 三维空间内，在三个方向都有分速度的流动所形成的流场。厚煤层中的掘进工作面、钻孔或石门刚进入煤层时的煤壁内的瓦斯流动，以及采落煤块中涌出的瓦斯的流动基本上都将形成球向流场，如图 1-10 所示。球向流场的特点在于，在煤体中形成近似同心球状的等压线，而流线则一般呈放射网状。

上述三种流场是典型的基本形式，在实际煤矿中，由于煤层的非均质性、煤层顶底板岩性的多变性等自然条件的不同，实际煤层中瓦斯渗流形成的流场是

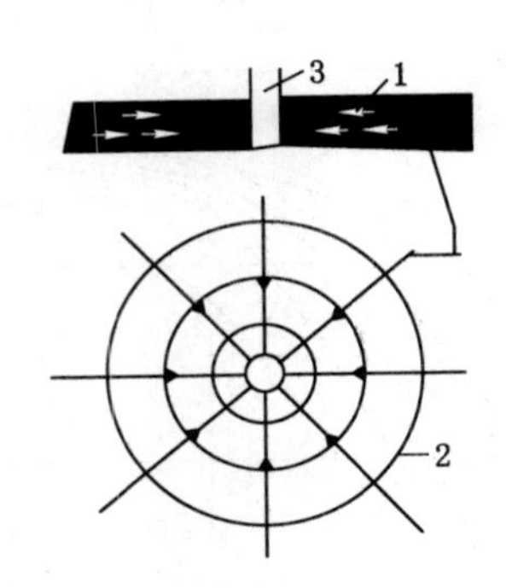

图 1-9　径向流动示意图

1——流线；2——等压线；3——钻孔

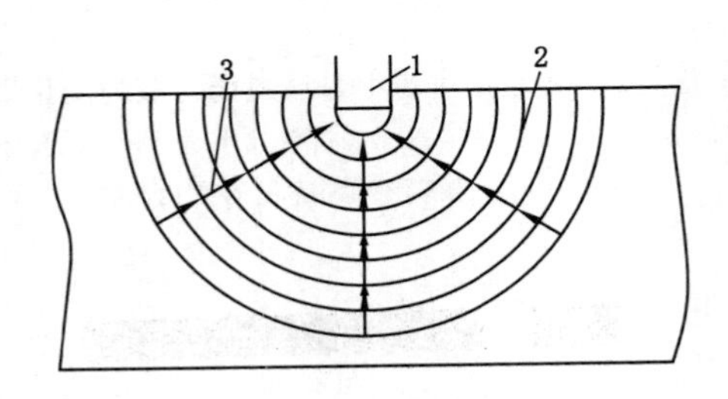

图 1-10　球向流动示意图

1——揭开煤层的掘进工作面；2——等压线；3——流线

复杂的，有时可能是几种基本流场的综合。例如，在煤层掘进巷道中，工作面迎头煤壁内的瓦斯流动形成径向流场，而后部的瓦斯流动则形成单向流场。

1.3.2　渗流速度

流体渗流的真实速度与渗流速度是多孔介质渗流研究中非常重要的概念。下面介绍它们的定义及两者之间的相互关系。

多孔介质中流体渗流实际是在其连通孔隙中进行的，因而流体渗流的真实速度为：

$$v_r = \frac{q}{A_r} \tag{1-18}$$

式中　q——单位时间内的流量，m^3/s；

A_r——多孔介质真实渗流面积，m^2；

v_r——流体渗流的真实速度，m/s。

多孔介质真实渗流面积是渗流横截面上各孔道横截面积之和。如图 1-11 所示，多孔介质真实渗流面积很难求得，且由于孔道形状复杂多变，任意横截面上的真实渗流面积可能各不相同。因此，使用式(1-18)计算真实渗流速度非常困难。

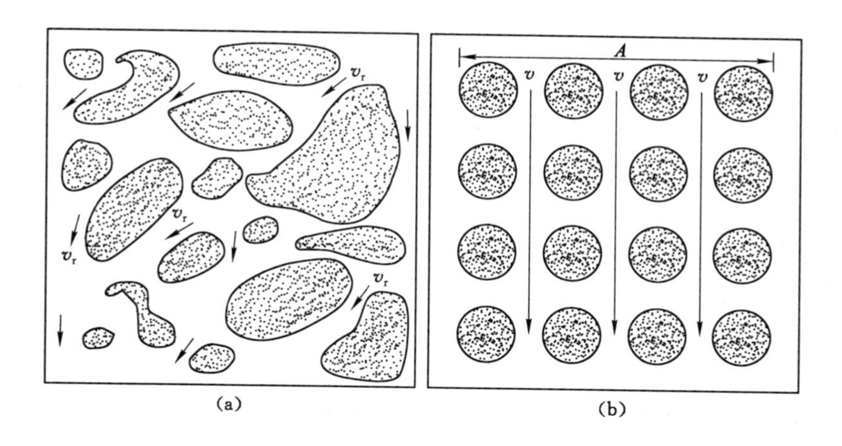

图 1-11 多孔介质流体渗流速度示意图

为了研究方便，人们提出了渗流速度的概念，其定义为：

$$v = \frac{q}{A} \tag{1-19}$$

式中 v ——渗流速度，m/s；

A ——多孔介质渗流面积，m^2。

渗流面积与真实渗流面积的物理意义不同。渗流面积是指流体通过的整个横截面积，而实际渗流过程中的真实渗流面积是指流体通过孔道的横截面积之和。由此可以发现，渗流速度是一个假想速度，从其定义可以发现在求解渗流速度时，假定在多孔介质的横截面上处处有流体通过，没有流体消失或中断，仿佛多孔介质骨架不存在，流体在多孔介质占据空间内都可以流动，且在该空间内，任意点都有一个确定的渗流速度值和压力值。

此外，需特别说明的是，渗流速度虽然是速度的概念，但严格来说，它与力学中所定义的速度的物理意义并不相同。由于多孔介质孔隙结构复杂多变，因此在流体渗流过程中其流动方向实际是不断改变的，即速度方向并不确定。从力学观点看，此处渗流速度仅具有速度的量纲，是在宏观统计平均意义上的时均流速。在实际研究中，为了便于分析，我们人为定义渗流速度的方向为高压力端指向低压力端。

上述关于渗流速度定义的实现，正是利用了前述小节建立的多孔连续介质和流体连续介质的概念。可以发现，渗流速度不仅易于求得，而且通过这种处理，实现了从研究流体微观流动规律到研究流体宏观流动规律的过渡，为人们对极其复杂的渗流过程的研究提供了一个有效方法。

1.3.3 达西定律

1.3.3.1 达西实验定律

1856 年，法国水利工程师达西（H. Darcy，1803—1858）在研究城市 Dijion 的供水问题时，为了测定一定流量下流动所消耗的能量，使用直立均质砂柱开展了水渗流实验。通过该实验得到了水流速度与砂柱截面积及入口与出口压头差之间的关系式，这一关系式描述的规律常被称为达西定律。目前达西定律已被广泛用于煤层瓦斯流动和油气渗流等多个领域。

图 1-12 为达西实验的示意图。实验时，水经过进水管进入填满砂粒的管子，再透过砂层，经底部管路流入量杯，通过量杯即可测定流量。实验时，顶部管路液面的水头记为 H_1，底部管路液面的水头记为 H_2，砂柱长度为 L，砂柱横截面积为 A。根据不同水头差、砂层长度和横截面积的实验结果，达西总结得出：单位时间经过砂层的流量与横截面积和水头差成正比，与砂柱长度成反比，即：

$$q = KA \frac{H_1 - H_2}{L} \tag{1-20}$$

式中 K ——渗透系数，m/d；

A ——砂柱横截面积，m^2；

L ——砂柱长度，m；

H_1 ——顶部管路液面的水头，m；

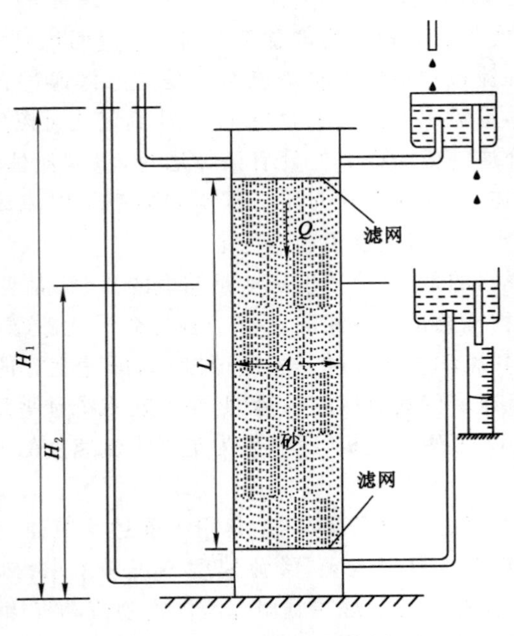

图 1-12 达西实验示意图

H_2 ——底部管路液面的水头，m。

式(1-20)即为达西发现的等效表达式，但目前被称作达西定律的微分方程并不是该形式的等效表达式。为了从基本的物理定理推导出达西定律，人们设想了多种模型，这些模型能从不同角度再现达西定律，亦加深了人们对于达西定律的认识，但没有从本质上改变达西发现的等效表达式。

此外，需特别对上式中的渗透系数加以说明，其大小反映了流体在多孔介质中渗透的难易程度，它不仅与多孔介质的孔隙特性相关，还与流体的物理性质(密度、黏度等)有关。由于达西的研究对象为水，在温度变化不大的情况下，其动力黏度基本保持不变，因此在达西得到的实验定律中使用了渗透系数。但随着人们将达西定律推广到气体或气液混合物的渗流中时，再使用渗透系数就不方便了。因此，人们在衡量多孔介质的渗透能力时，常将流体的动力黏度从渗透系数中分离出来，获得能够单独衡量多孔介质渗透能力的参数——渗透率，即[3]：

$$K = \frac{k}{\mu}\rho g \tag{1-21}$$

式中 k ——多孔介质的渗透率，m^2；

g ——重力加速度，m/s^2。

多孔介质的渗透率是描述多孔介质流体流动的重要参数，我们将在第3章对煤的渗透率进行详细介绍。

1.3.3.2 基于管路水力学的达西定律推导

在上一小节中，我们根据均质砂柱中的流体流动实验介绍了达西实验定律，本节基于管路水力学来推导常用的微分形式的达西定律。

首先介绍水力学中重要的概念“水头”的物理意义。水头实际上是流体的能量表现，运动着的流体的能量由动能(流速水头)、重力势能(位置水头)和压力能(压力水头)组成。任意过水断面上的总能量即可定义为：

$$H = Z + \frac{p}{\rho g} + \frac{v^2}{2g} \tag{1-22}$$

式中 H——总水头，m；

Z——位置水头，m。

由于在多孔介质中流体的流速一般很小，因此常将速度水头忽略，则总水头可简化为：

$$H = Z + \frac{p}{\rho g} \tag{1-23}$$

因此，达西实验中顶部管路液面的水头和底部管路液面的水头差为：

$$\Delta H = H_1 - H_2 = \left(Z_1 + \frac{p_1}{\rho g}\right) - \left(Z_2 + \frac{p_2}{\rho g}\right) \tag{1-24}$$

进一步，达西实验定律式(1-20)可写为：

$$q = A\frac{k\rho g}{\mu}\frac{\Delta H}{L} \tag{1-25}$$

则渗流速度为：

$$v = \frac{q}{A} = \frac{k\rho g}{\mu}\frac{\Delta H}{L} \tag{1-26}$$

将式(1-24)代入式(1-26)，整理可得：

$$v = \frac{k}{\mu}\frac{\rho g(Z_1 - Z_2) + (p_1 - p_2)}{L} \tag{1-27}$$

如果达西实验装置是水平放置的，或者流体的重力较小可以忽略时(如对于气体，本质为可以忽略惯性力)，式(1-26)可以简化为：

$$v = \frac{k}{\mu}\frac{p_1 - p_2}{L} \tag{1-28}$$

考虑到渗流速度方向与压力梯度方向相反，则达西定律的微分形式为：

$$v = -\frac{k}{\mu}\frac{\mathrm{d}p}{\mathrm{d}L} \tag{1-29}$$

上式就是目前常用的微分形式的达西定律。

1.3.3.3 达西定律的适用范围

随着达西定律不断地推广和应用，吸引了大量的研究人员从不同角度对其进行验证和完善。如图1-13所示，人们发现，当多孔介质中流体的渗流速度较高或较低时，压力梯度与渗流速度之间的线性关系受到破坏，即偏离达西定律。因此，有必要明确达西定律的使用范围。

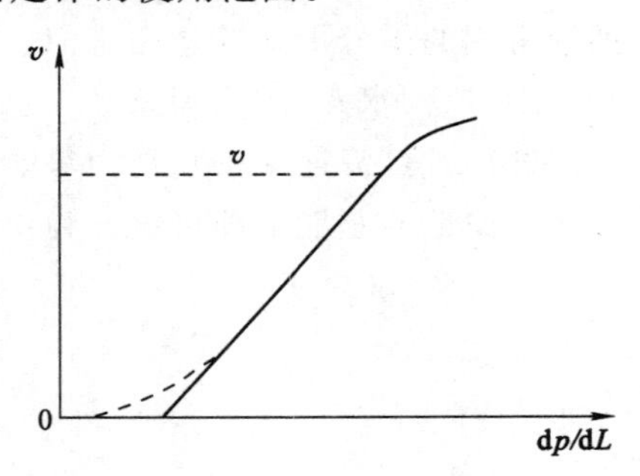

图1-13 达西定律适用的速度范围

由图1-13可以发现，当渗流速度增大到一定程度时将出现高速非达西渗流，相应地当渗流速度减小到一定程度时将出现低速非达西渗流，即达西定律不仅存在速度适用的上限，还存在速度适用的下线。

对于速度上限，由前述小节达西定律的推导可知，只有当流体流动时的惯性力较小时，才能忽略位置水头对于渗流速度的影响。而惯性力与渗流速度的大小密切相关(与渗流速度的平方成正比)，随着渗流速度的增大，惯性力将增大，位置水头对于渗流速度的影响也将增大，进而产生偏离达西线性渗流的现象。

对于速度下限，也即低速非达西渗流往往存在于某些液体在多孔介质的渗流中。例如，石油中常含有一定数量的氧化物(如环烷酸、沥青胶质、酚和酯等)，它们多是石油中的表面活性物质，这些活性物质在岩石中渗流时，会与岩石之间产生吸附作用，导致吸附层的产生，从而降低岩石的渗透率，影响渗流规律，以致产生偏离达西线性渗流的现象。因此，必须有一个附加的压力梯度克服吸附层的阻力才能使流体流动，这一压力梯度常被称为启动压力梯度。所以在图 1-13 中，渗流速度与压力梯度关系曲线为一条不通过原点的曲线。但是对于气体渗流，启动压力梯度却不存在，相反，克林肯伯格(Klinkenberg)通过实验发现，气体在低速渗流时渗透率增大(即渗流所需克服的阻力减小)，这种现象常被称为 Klinkenberg 现象。因此，对于气体的线性渗流往往不存在明显的速度下限。针对 Klinkenberg 现象，我们也将在第 3 章详细介绍其对瓦斯在煤层中渗流产生的影响。

大量学者研究表明，渗流过程中表现出来的力学规律与管流类似，线性渗流时黏滞力起主要作用，非线性渗流时惯性阻力起重要作用，因此可以使用区分层流和紊流的方法来判断达西定律的适用范围。在判断管流的流态时，我们使用雷诺数来区分层流和紊流。雷诺数是一个无量纲数，表示惯性力与黏滞力之比，其命名源于纪念英国物理学家雷诺(Reynolds)在黏性流体流态研究中的伟大成就。

雷诺在 1883 年经过实验研究发现，在黏性流体中存在层流和紊流两种截然不同的流态。雷诺实验的装置如图 1-14 所示，该实验装置由以下主要部分构成：体积足够大的水箱(A)、直径为 d 的圆形断面平直玻璃管(B)和量筒(C)；其中水箱(A)中设有溢流板，以保持水头恒定不变；玻璃管的一端有喇叭形进口，并在该端与水箱连接，另一端装有流量调节阀 G，可以调节玻璃管中的流量(流量大小通过量筒测量)；水箱上端放置一个小型透明容器用以盛带颜色的水，下接一细玻璃管连接到喇叭形进水口，通过流量调节阀 E 调节颜色水的流量。

实验时，将调节阀 G 稍微打开，清水通过圆形断面水平玻璃管从水箱中流出，并逐步达到稳定流动状态。为了观察管内水流的流动状态，缓慢打开调节阀 E，颜色水流入圆形断面水平玻璃管，当管内保持较低的流速时，玻璃管内的颜色以一条细线形态存在，与周围的清水互不混合，如图 1-15(a)所示。这种现象表明了管内水的各层质点互不掺混，这种有规则的流动形态定义为层流。当逐渐将调节阀 E 打开，管中颜色水流速达到某一个临界值时，颜色水出现抖动，如图1-15(b)所示。最后随着颜色水流速的继续增大，颜色水与周围清水混合，使

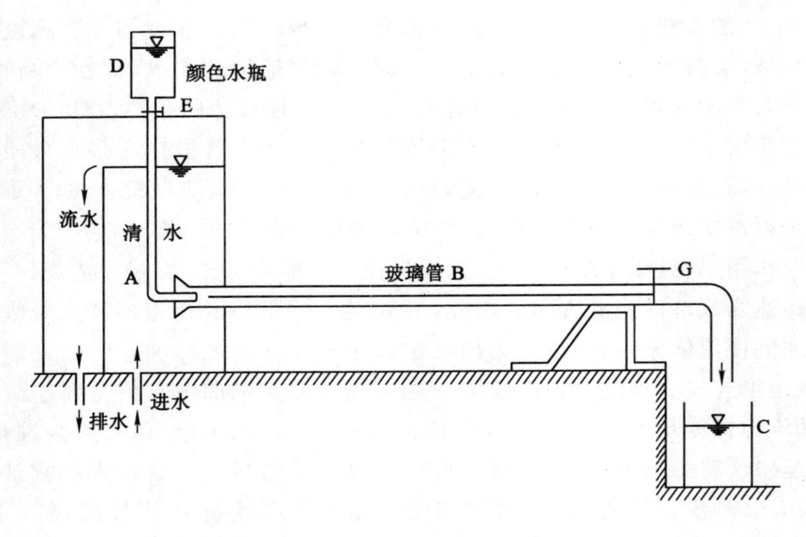

图 1-14 雷诺实验装置示意图

A——水箱；B——平直玻璃管；C——量筒；D——颜色水瓶；E，G——调节阀

整个管内都带有颜色，如图 1-15(c)所示，这说明此时液体质点已不是一层一层互相平行运动，各质点间彼此无规则的互相干扰和掺混，运动轨迹曲折混乱，但总体运动趋势还是沿管轴向前流动，这种流动形态称为紊流。层流与紊流之间的转换阶段称为过渡流，并且层流与紊流之间流态转变过程是可逆的，若刚开始管内的流动状态为紊流，逐步减小液体流动速度，当流动速度降低至某一个临界点，液体的流态会变成层流。

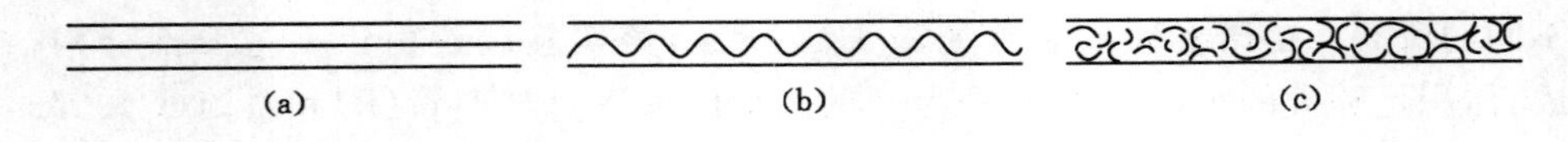

图 1-15 雷诺实验现象示意图

通过雷诺实验发现黏性流体的流态利用临界速度就可判定，但临界速度不仅仅与圆管的半径有关，还与其他因素有关。因此，直接利用临界速度进行流动形态判别并不方便。雷诺为了解决这个问题，利用不同管径的圆管进行重复实验，实验结果发现流动形态的转换除了与圆管的半径有关，还与管内的平均流速 v、圆管直径 d、流体密度 ρ 及流体黏度 μ 有关，将这些参数进行整合处理可以得到雷诺数 Re，即

$$Re = \frac{v\rho d}{\mu} = \frac{vd}{\nu} \tag{1-30}$$

工程实践中，由于管路的环境相比于实验室中的实验环境更加复杂，流体经

过的断面可能不是圆截面，但是上述的雷诺数依旧可以用来判别流态，只需要在雷诺数计算过程中引用一个综合反映断面大小和几何形状对流动影响的特征长度 d_h（水力直径）代替圆管的直径 d。d_h 的计算方式如下：

$$d_h = 4\frac{A}{C} \tag{1-31}$$

式中 A——非圆截面的过流断面面积，m^2；

C——过流断面上流体与管壁接触周长，m。

基于雷诺数的概念，我们此处对达西定律的适用范围作出定义（图 1-16）：

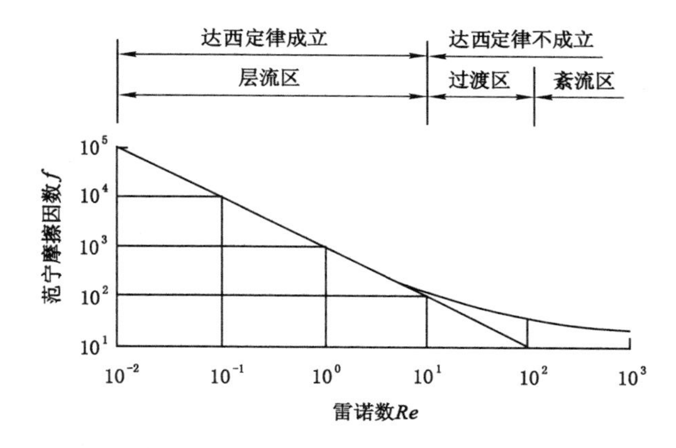

图 1-16 基于雷诺数的达西定律适用性判断

（1）层流区。这是低雷诺数时的流动情形，在此区内黏滞力占优势，属于线性层流区域，达西定律成立。该区雷诺数的上限在 1 ～ 10 之间，即 $Re<1\sim10$。

（2）过渡区。随着雷诺数的增大我们会观测到一个过渡区，在此区内，由黏滞力起主导作用的线性层流逐渐变为由黏滞力和惯性力共同作用下的另一种层流状态，并逐渐过渡为紊流。该区雷诺数的上限为 100，即 $Re=10\sim100$。

（3）紊流区。在该区内，惯性力占优势，流动阻力和流速的平方成正比。

1.4 作用于流体和骨架上的力

1.4.1 作用于流体的力

在前述各小节中，我们对多孔介质流动的各物理量进行了介绍。而我们知道，流体在多孔介质中的流动是受到各种力作用的结果，这些作用力中有的是动力，有的是阻力。在前述各节虽已涉及几种流体渗流时存在的作用力（如惯性力与黏滞力），但并不完整，本小节在此基础上对作用于流体的力进行进一步的归纳总结。

作用于流体的力按其作用方式可以分为质量力和表面力两大类。

质量力是作用在每个流体质点上的力，其大小与这一流体质点的质量成正比，而与该质点体积外流体的存在无关。质量力是一种作用于流体质点上的非接触力，它能穿越空间作用到所有的流体质点上。重力和惯性力都属于质量力。

① 重力。地球对流体的吸引力即为重力，重力对流体渗流既可以表现为动力也可以表现为阻力，当流体的密度较小时，为简化分析，往往可以忽略重力对于流体渗流的影响。

② 惯性力。惯性是物体本身所固有的一种物理性质，表现为物体对其运动状态变化的一种阻抗程度，该阻抗程度的大小可以用惯性力衡量。当流体运动时，如果由于速度改变或方向改变产生加速度时，就会表现出惯性力的作用。对渗流而言，惯性力往往表现为阻力。

表面力是直接作用在流体表面的力，是由相邻流体质点或其他物体所直接施加的表面接触力（分布力）。表面力是流体与流体或物体之间通过分子作用，如分子碰撞、内聚力和分子动量交换等产生的力，它只有在分子间距的量级上才较为显著。表面力主要包括压力和黏滞力。

① 压力。压力是指物体间表面接触的作用力，压力的作用方向通常垂直于物体的接触面，如气体对于固体表面或液体表面的作用力，或者液体对于固体表面的作用力。液体和气体表面的压力通常是重力和分子运动的结果。通过多孔介质孔隙传递的流体压力称为孔隙压力，孔隙压力可为孔隙水压力、孔隙气压力或两者的混合压力。其中孔隙水压力有静水压力和超静孔隙水压力之分。静水压力是由均质流体作用于一个物体上的压力，其增大和减小会使受力物体的体积改变，但不会改变其形状。超静孔隙水压力是多孔介质孔隙传递的超出静水压力的孔隙水压力，它由作用于多孔介质荷载的变化而产生。

② 黏滞力。黏滞力流体流动时各流层之间产生的内摩擦力，其大小与流体的黏度有关。黏滞力往往表现为阻力，阻碍流体的流动。

1.4.2 作用于骨架的力

在诸如工程建设、煤炭开采和石油开采等工程领域，土、煤和岩石总是在受载条件下的。通过前一小节的介绍我们知道，在多孔介质孔隙中可以存在传递的流体压力，那么受载多孔介质所承担的外载荷是由多孔介质骨架承担，还是由孔隙压力承担？或者由两者共同承担，各自分别承担多大的比例呢？

既然多孔介质通常受到外部应力和内部应力（孔隙压力）的共同作用，那么它所产生的应变显然与这两个应力都有关系。但是这种应力应变关系（本构关系）是一个什么样的形式，非常复杂难以确定。为了解决这一难题，人们提出了有效应力的概念。所谓多孔介质的有效应力就是这样一个应力，它作用于多孔介质所产生的效果与外部应力和内部应力同时作用于多孔介质所产生的效果完全相同，可以看出有效应力是一个等效应力。有效应力是多孔介质理论中十分重要的基础概念之一，许多多孔介质理论都建立在有效应力概念之上。因此，准确的定义有效应力对于我们研究受载多孔介质流体流动具有十分重要的意义。

太沙基(Terzaghi)是第一个提出土力学有效应力概念的人。其早期从事广泛的工程地质和岩土工程的实践工作，接触到大量的土力学问题，发现当时土木工程界对于土的力学性质的认识远未能解决实际工程问题。自从太沙基明确了孔隙水压力和有效应力的概念之后，才使土力学对许多自然界复杂现象的研究得以深入，并发展成为独立的学科(土力学)。

在对土的有效应力进行研究时，太沙基通过一系列的实验发现如下规律[9]：

(1) 若外部静水应力 $\sigma_1 = \sigma_2 = \sigma_3$ 和孔隙压力增加了相同的量，则多孔介质的体积几乎不变。

(2) 在剪切破坏中，如果仅增加法向应力(围压)，剪切强度将有相当的增大，但如果法向应力和孔隙压力都增加同样的量，剪切强度并不增加。

进而总结得出饱和土的有效应力原理，以应力平衡的形式可表示为：

$$\sigma = \sigma_e + p \tag{1-32}$$

式中　σ ——总应力，MPa；

σ_e ——有效应力，MPa。

式(1-32)常被称为太沙基方程或太沙基有效应力定律，其对于描述孔隙压力影响下土的力学响应十分重要。由太沙基有效应力定律可知，土中受到的总载荷由两部分承担，其中一部分由水来承担，还有一部分由土的骨架承担，骨架受力后将发生压缩变形，该部分载荷即为有效应力。式(1-32)中有效应力 σ_e 是通过土的骨架传递的，孔隙压力是由土中的流体传递的。

大量的实践已证明了太沙基有效应力定律的正确性，我们亦可基于理论推导来论证其正确性。如图 1-17 所示，自土体中取一剖面进行放大，记其总面积为 A，σ 为竖向总应力，则总的外载荷为：

$$F = A \cdot \sigma \tag{1-33}$$

式中　F ——外载荷，N。

在土体中任取 a—a 曲面通过各颗粒间接触点，在各接触点处的接触力 F_s 的大小和方向都是随机的，都可以分解为水平和竖向两个分量，即竖直分量为 F_s^v。考虑 a—a 面上的竖向力的平衡，则有[10]：

$$\sigma = \frac{\sum_{i=1}^{n} F_{si}^v}{A} + (1 - \alpha_t) p \tag{1-34}$$

式中　α_t ——土中颗粒接触面积比。

这里需要特别强调，从式(1-34)中可知，有效应力其本质是单位面积土中所

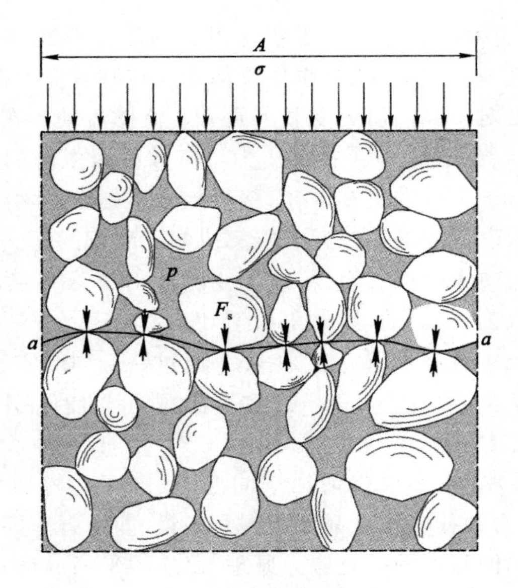

图 1-17　有效应力原理示意图

有颗粒间接触点力在一个方向上的分量之和($\sum_{i=1}^{n} F_{si}^{v}/A$),所以它既不是颗粒间接触点的实际应力,也不是切割各颗粒断面处的法向应力。

颗粒接触面积比可由下式计算:

$$\alpha_t = \frac{\sum_{i=1}^{n} A_{ti}}{A} \tag{1-35}$$

式中　A_t——颗粒接触面积,m^2。

试验研究表明,对于土颗粒一般有 $\alpha_t \leqslant 0.03$ [11]。

因此,在精度要求不高的情况下,可将式(1-34)中的 α_t 省略,则式(1-34)即可转化为式(1-32),基于此则可证明太沙基有效应力定律的正确性。

从太沙基有效应力定律的推导过程可以发现,该原理只是从土体承担的外载荷中分离出固体骨架所承担的部分,土的性质对其影响较为微弱。因此,人们也常将太沙基有效应力定律推广应用于其他多孔介质。在太沙基有效应力定律提出之后的几十年中,很多学者都在致力于改进有效应力的计算公式,以期在实践中发挥更好的作用。改进有效应力计算公式的所有努力都集中在对太沙基方程的修正上,修正的主要方法是根据不同类型的多孔介质,在孔隙压力前乘以一个修正系数,其一般形式为:

$$\sigma = \sigma_e + \beta p \tag{1-36}$$

式中　β——有效应力系数。

关于β的取值，不同学者之间存在较大的分歧，但目前常定义为：

$$\beta = 1 - \frac{K_b}{K_s} \tag{1-37}$$

式中 K_b——多孔介质的骨架的体积模量；

K_s——多孔介质的体积模量。

式(1-37)最早由吉尔茨马(J. Geertsma)提出[12]，后被努尔(A. Nur)和拜尔利(J. D. Byerlee)严格推导论证[13]。

参考文献

[1] 李晓平. 地下油气渗流力学[M]. 北京：石油工业出版社，2015.

[2] 邓英尔. 高等渗流理论与方法[M]. 北京：科学出版社，2004.

[3] 吴林高，缪俊发，张瑞，等. 渗流力学[M]. 上海：上海科学技术文献出版社，1996.

[4] 贝尔. 多孔介质流体动力学[M]. 北京：中国建筑工业出版社，1983.

[5] 周世宁，林柏泉. 煤层瓦斯赋存与流动理论[M]. 北京：煤炭工业出版社，1999.

[6] 何更生，唐海. 油层物理[M]. 北京：石油工业出版社，2011.

[7] 郭东屏，张石峰. 渗流理论基础[M]. 西安：陕西科学技术出版社，1994.

[8] 李伟锋，刘海峰，龚欣. 工程流体力学[M]. 第2版. 上海：华东理工大学出版社，2016.

[9] 陈勉，陈至达. 多重孔隙介质的有效应力定律[J]. 应用数学和力学，1999，20(11)：1121-1127.

[10] 李广信. 关于有效应力原理的几个问题[J]. 岩土工程学报，2011，33(2)：315-320.

[11] 谢小妍. 土力学[M]. 北京：中国农业出版社，2006.

[12] GEERTSMA J. The effect of fluid pressure decline on volumetric changes of porous rocks[C]//Proceedings of the Petroleum Branch Fall Meeting in Los Angeles，1956.

[13] NUR A，BYERLEE J D. An exact effective stress law for elastic deformation of rock with fluids[J]. Journal of Geophysical Research，1971，76(26)：6414-6419.

2　煤中瓦斯的扩散运动

2.1　煤的孔隙特征

2.1.1　煤的孔隙分类

煤是一种孔隙极为发育的多孔介质,煤的表面和本体遍布由有机质、矿物质形成的各类孔,是有不同孔径分布的多孔固态物质。煤中孔径的大小不是均一的,为此国内外学者按照尺寸大小,将煤孔隙进行了划分。目前,普遍应用的是B. B. 霍多特1961年提出的十进制分类标准,即微孔(<10 nm)、小孔(10~100 nm)、中孔(100~1 000 nm)和大孔(>1 000 nm)[1]。

煤作为一种复杂的多孔性介质,其内部含有大量的孔隙。在煤储层中,孔隙是煤中瓦斯吸附储存和扩散运移的主要场所,因此煤的孔隙特征是影响煤中瓦斯气体储存和运移的主要因素之一。煤中的孔隙依据其连通性可分为封闭孔、半封闭孔、交联孔和通孔,如图2-1(a)所示;依据其形状可以分为层状孔、柱状孔、墨水瓶孔、锥形孔和间隙孔,如图2-1(b)所示。

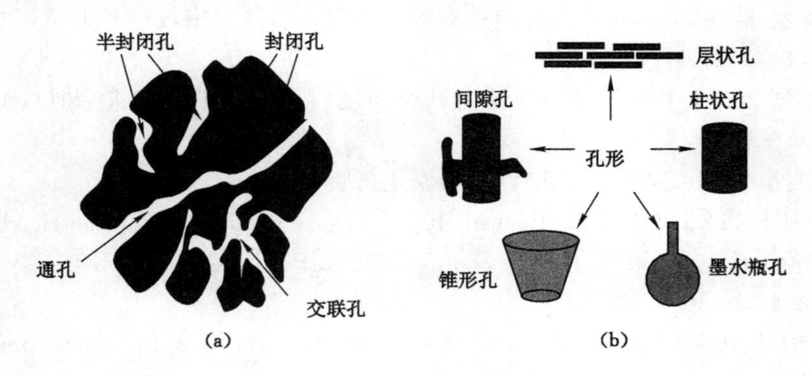

图2-1　煤的孔隙类型

我们在不同煤矿分别采集从长焰煤至无烟煤共计6种煤样,在实验室对煤样的镜质组反射率、工业分析指标、真密度、视密度和孔隙率进行了测定,测定结果如表2-1所列。在此基础上采用压汞法和液氮吸附法对煤样的孔隙孔容和比表面进行测定分析，测定分析结果如表 2-2 和表 2-3 所列[2]。

表 2-1　煤样的基本物性参数

样品号	样品来源	煤种	R_o/%	M_{ad}/%	A_{ad}/%	V_{daf}/%	真密度/(g/mL)	视密度/(g/mL)	孔隙率/%
1#	园子沟矿	长焰煤	0.65	6.22	13.28	43.10	1.428 1	1.314 2	7.98
2#	任楼矿	气煤	0.98	1.60	9.89	38.10	1.382 4	1.336 8	3.30
3#	平煤五矿	肥煤	1.12	0.93	27.60	28.86	1.570 8	1.532 8	2.42
4#	中兴矿	焦煤	1.67	1.10	7.82	18.37	1.441 1	1.390	3.55
5#	杨庄矿	贫煤	1.86	1.59	17.85	9.10	1.615 8	1.524 6	5.64
6#	九里山矿	无烟煤	2.94	3.59	19.96	7.98	1.541 2	1.461 8	5.15

表 2-2　孔隙孔容测定分析结果

煤样	大孔		中孔		小孔		微孔		总计	
	mL/g	%	mL/g	%	mL/g	%	mL/g	%	mL/g	%
1#	0.022 0	25.25	0.033 1	37.99	0.020 4	23.43	0.011 6	13.32	0.087 1	100
2#	0.012 2	49.64	0.006 4	26.04	0.005 8	23.78	0.000 1	0.54	0.024 6	100
3#	0.010 7	55.68	0.005 9	30.70	0.002 3	12.21	0.000 3	1.41	0.019 2	100
4#	0.018 7	62.73	0.008 2	27.51	0.002 9	9.65	0.000 4	0.12	0.029 8	100
5#	0.013 5	35.84	0.015 0	39.82	0.008 0	21.42	0.001 1	2.92	0.037 7	100
6#	0.002 6	23.44	0.003 5	31.56	0.004 1	37.38	0.000 8	7.62	0.011 1	100

表 2-3　孔隙比表面积测定分析结果

煤样	大孔		中孔		小孔		微孔		总计	
	m^2/g	%	m^2/g	%	m^2/g	%	m^2/g	%	m^2/g	%
1#	0.032 4	0.24	0.424 8	3.18	2.937 6	22.03	9.941 3	74.54	13.336 0	100
2#	0.015 0	2.25	0.075 7	11.31	0.484 9	72.44	0.093 7	14.00	0.669 4	100
3#	0.014 2	2.83	0.062 2	12.44	0.201 7	40.32	0.222 2	44.41	0.500 3	100
4#	0.021 2	4.80	0.065 2	14.79	0.292 6	66.32	0.062 2	14.09	0.441 2	100
5#	0.020 1	0.99	0.169 0	8.37	0.929 3	46.03	0.900 7	44.61	2.019 1	100
6#	0.002 8	0.25	0.043 5	3.85	0.450 3	39.83	0.633 9	56.07	1.130 5	100

从表 2-2 和表 2-3 可以看出，随着变质程度的增加，微孔和小孔孔容比先逐渐降低后增加，大孔孔容比先增加后降低，而中孔孔容比变化无规律；大孔和中孔比表面积比先增加后降低，而微孔和小孔比表面积比变化无规律。煤的孔隙

孔容主要集中在中孔和大孔区间，煤样中孔和大孔孔容比之和最小值为55.00%(6# 煤样)、最大值为 90.24%(4# 煤样)。煤的孔隙比表面积主要集中在微孔和小孔区间，煤样微孔和小孔比表面积比之和最小值为 80.41%(4# 煤样)、最大值为 96.57%(1# 煤样)。这也佐证了煤层瓦斯主要吸附在煤的微孔和小孔表面。

2.1.2 煤的孔隙结构表征

煤的孔隙测定方法包括压汞法、吸附法、小角度 X 射线衍射法(SAXS)、显微镜法、核磁共振(NMR)和 CT 扫描法。压汞法理论上可以测量出直径为 7.0 nm的孔隙，但在压力大于 10 MPa 后会对煤的结构造成损伤，一般用其测量大孔和中孔。吸附法主要用来研究微孔和小孔，用得较多的是低温氮气(77 K)吸附法，此外 H_2、He、CO_2、CO 等气体也可以作为吸附气体使用。

表征煤孔隙特征参数包括孔比表面积、孔容、分形维数、孔长、孔径分布以及孔隙连通情况等。煤中的微孔和小孔是瓦斯吸附赋存的主要场所，而煤中的大孔(包括裂隙)是煤层气开发和瓦斯抽采过程中，甲烷分子由煤基质孔隙扩散至裂隙系统后形成渗流运移的主要通道。此外，煤层气开发和瓦斯抽采过程中煤储层孔隙度是动态变化的，随着煤储层压力的降低，煤受有效应力增加的压缩效应和甲烷分子解吸的基质收缩效应，都会引起煤储层孔隙率的改变。

2.1.2.1 煤的孔容

煤的孔容指单位质量煤中孔隙的总体积(mL/g)，煤的孔容也是反映煤体孔隙结构的重要参数，体现煤吸附瓦斯能力的重要指标。对马场矿、阳泉五矿和白龙山矿煤样孔容分布密度函数与孔半径进行积分可得到任意孔径段孔容，计算结果如表 2-4 所列，具体为给定各粒径煤样的总孔容(V_t)、微孔孔容(V_w)、小孔孔容(V_g)、中孔孔容(V_z)和大孔孔容(V_d)等各阶段孔容及其相应的孔容分布。

表 2-4　马场矿、阳泉五矿和白龙山矿煤样阶段孔容计算结果

煤样	V_t /(mL/g)	阶段孔容及其分布							
		V_w	%	V_g	%	V_z	%	V_d	%
马场矿	0.094	0.004	4.606	0.009	9.103	0.044	47.044	0.037	39.248
阳泉五矿	0.129	0.013	10.337	0.011	8.818	0.047	36.061	0.058	44.785
白龙山矿	0.076	0.004	4.714	0.010	12.879	0.027	36.180	0.035	46.227

由表 2-4 可知，三个煤样孔容分布均以中孔和大孔为主，达 80.846%～86.292%。

2.1.2.2 比表面积

煤的比表面积是指单位质量煤中孔隙的表面积(m^2/g)。煤是一种多孔介质，其含有大量的表面积(亦称内表面积)，煤的比表面积可以反映出煤的吸附瓦斯能力和瓦斯在煤中的渗透能力，是煤物理特性的重要指标。大的比表面积表明其吸附甲烷分子的能力强，而比表面积的主要贡献者为微孔和小孔。

假设煤孔形为圆柱形，由孔容分布密度函数 $D_v(r)$ 可计算获得比表面积分布密度函数 $S(r)$，计算方程如下：

$$S(r) = \frac{D_v(r)}{r} \tag{2-1}$$

将比表面积分布密度函数对孔半径进行积分即可得到任意孔径段孔比表面积，结果如表 2-5 所列。为给定各粒径煤样的总比表面积 (S_t)、微孔比表面积 (S_w)、小孔比表面积 (S_x)、中孔比表面积 (S_z) 和大孔比表面积 (S_d) 等各阶段比表面积及其相应的比表面积分布。

表 2-5　马场矿、阳泉五矿和白龙山矿煤样阶段比表面积计算结果

煤样	S_t /(m^2/g)	阶段比表面积及其分布							
		S_w	%	S_x	%	S_z	%	S_d	%
马场矿	3.178	2.558	80.492	0.345	10.853	0.240	7.561	0.035	1.095
阳泉五矿	3.898	3.054	78.356	0.558	14.320	0.223	5.716	0.063	1.609
白龙山矿	2.691	2.061	76.608	0.442	16.434	0.145	5.374	0.043	1.583

由表 2-5 可知，三个煤样比表面积分布均以微孔和小孔为主，达 91.345%～93.042%。也进一步说明煤中甲烷分子以吸附态主要吸附在微孔和小孔的表面。

2.1.2.3　分形维数

煤粉颗粒具有非常复杂的表面形态和多孔结构，其内部孔隙表面积占煤粉颗粒总表面积的 95%左右，但是用传统的欧氏几何模型却很难准确描述其极不规则的结构形状。由于分形理论较适于描述没有特征尺度但具有自相似性的物理结构，能定量准确地描述具有非线性特征的不规则粗糙表面的几何特性，因此我们采用分形理论来描述煤部的孔隙特征。

分形维数 d_f 是表征固体表面粗糙度的一个参数。极其平展的表面面积是特征维数的函数，可计算得到。半径为 R 的无孔球表面积为 $4\pi R^2$，增加球体表面粗糙度或增加球体空洞会增加球体表面积，陆续增加球体内部孔隙，则球体逐渐变为多孔介质，其体积为球基质体积与其内部孔隙体积之和。此多孔球体的比表面积与体积成比例，根据分形原理，实际球体表面积正比于 R^{d_f}，分形维数 d_f 介于 2～3 间，分形维数为 2 时代表平面，接近于 3 时代表粗糙度极高的表面，或各向异性逐渐变小的立方体。

压汞法测定分形维数的方程如下式所列[3]：

$$-\frac{\mathrm{d}V}{\mathrm{d}r} = k_1 r^{(2-d_f)} \tag{2-2}$$

式中　k_1 ——常数；

r ——煤孔半径，nm；

d_f ——多孔介质分形维数。

煤孔半径表达式为

$$r = -\frac{2\sigma\cos\theta}{p} \tag{2-3}$$

式中　θ——汞的接触角，(°)。

式(2-3)求导得

$$dr = \frac{2\sigma\cos\theta}{p^2}dp \tag{2-4}$$

将式(2-3)和式(2-4)代入式(2-2)，整理得

$$\log\frac{dV}{dp} = k_2 + (d_f - 4)\log(p) \tag{2-5}$$

式中　k_2 ——常数。

液氮吸附法测定分形维数的方程如下式所列[3]：

$$\ln\left(\frac{dV}{dV_0}\right) = k_3 + (d_f - 3)\ln\left[\ln\left(\frac{p_0}{p}\right)\right] \tag{2-6}$$

式中　V ——平衡压力下气体的吸附量，mL/g；

V_0 ——饱和吸附量，mL/g；

k_3 ——常数；

p_0 ——饱和蒸汽压，MPa。

那么，由式（2-5）$\log(dV/dp)$ 对 $\log(p)$ 和式（2-6）$\ln(dV/dV_0)$ 对 $\ln[\ln(p_0/p)]$ 可作出直线，由斜率可获得分形维数 d_f 值。

表 2-6 给出了马场矿、阳泉五矿和白龙山矿三种煤样不同粒径条件下煤孔隙内表面的分形维数[4]。由表可知，马场矿煤样孔半径小于 20 nm 时分形维数介于 2.203～2.518 之间，大于 20 nm 时分形维数介于 1.487～2.659 之间；阳泉五矿煤样孔半径小于 20 nm 时分形维数介于 2.093～2.483 之间，大于 20 nm 时分形维数介于 1.487～2.898 之间；白龙山矿煤样孔半径小于 20 nm 时分形维数介于 1.626～2.605 之间，大于 20 nm 时分形维数介于 1.176～2.852 之间。分形维数小于 2，表明二维平面具有较多的孔洞，分形维数介于 2～3 之间，表明三维立体中具有较多的孔洞。因压汞法和液氮法测试原理的差异，得到的分形维数存在差异，故综合分形维数的概念及两种孔隙测定方法的优点，在对各粒径煤样进行分数阶分形扩散模型计算时，采用＜20 nm 和＞20 nm 孔径段分形维数中的较大值代入计算。由此观察各粒径煤样分形维数可以发现，分形维数随粒径增大，整体呈增大趋势，马场矿煤样参与计算的分形维数介于 2.292～2.659之间，分别在粒径 0.01～0.08 mm 和 3～4 mm 处取得最小值和最大值。

阳泉五矿煤样参与计算的分形维数介于2.353～2.898之间，分别在粒径<0.01 mm和3～4 mm之间取得最小值和最大值。白龙山矿煤样参与计算的分形维数介于2.058～2.852之间，分别在粒径0.01～0.08 mm和1～3 mm处取得最小值和最大值。

表 2-6　马场矿、阳泉五矿和白龙山矿煤样孔隙内表面分形维数

粒径 D /mm	贵州马场矿煤样		山西阳泉五矿煤样		云南白龙山矿煤样	
	<20 nm	>20 nm	<20 nm	>20 nm	<20 nm	>20 nm
<0.01	2.518	1.487	2.353	1.665	2.605	1.176
0.01～0.08	2.292	1.863	2.483	2.306	2.058	2.021
0.08～0.2	2.318	1.949	2.378	2.283	1.727	2.544
0.2～0.25	2.373	2.053	2.318	2.378	1.626	2.442
0.25～0.5	2.203	2.308	2.248	2.479	1.770	2.507
0.5～1	2.259	2.445	2.093	2.560	1.801	2.743
1～3	2.310	2.650	2.246	2.700	1.946	2.852
3～4	2.203	2.659	2.267	2.898	1.935	2.843

2.2 煤基质的瓦斯扩散

2.2.1 煤基质瓦斯扩散的物理过程

煤是一种典型的天然多孔介质，气体在其孔隙通道内为扩散运动。多孔介质中不同大小通道的扩散机理是不同的。根据孔半径和分子运动平均自由程的相对大小，可将煤层中瓦斯在不同孔隙内的气相扩散分为菲克(Fick)型扩散、诺森(Knudsen)型扩散和过渡型扩散三种形式[5,6]。此外，煤中还分别具有吸附瓦斯表面扩散和吸入瓦斯的晶体扩散。表面扩散相对于气相扩散较小[7]，煤晶体内的瓦斯扩散由于阻力较大其扩散通量也较小[8]。因此，瓦斯在煤层中的扩散以气相扩散为主[9]，扩散动力为煤基质孔隙中气相瓦斯浓度与裂隙中气相瓦斯浓度之差[10]，在基质块孔隙瓦斯浓度降低后，吸附气体作为气源迅速解吸使得扩散持续进行。

瓦斯气体在浓度梯度的作用下由高浓度向低浓度方向运移，扩散通量与瓦斯浓度、扩散系数呈正比，可用菲克扩散定律表示为：

$$q = -D\frac{\mathrm{d}C}{\mathrm{d}l} \tag{2-7}$$

式中　q——扩散通量，g/s；

D——扩散系数，m^2/s；

$\frac{dC}{dl}$——浓度梯度，g/m^2。

煤基质扩散系数不仅受煤岩组分、煤阶、粒径等自身因素影响，还受到煤层温度、扩散气体等外部因素影响。张登峰等对不同煤的扩散系数测定研究发现，受不同煤阶煤的孔隙结构与煤阶之间的关系及吸附量影响，CH_4和CO_2有效扩散系数与煤阶呈“U”形关系，扩散系数为$10^{-8}\sim10^{-9}$ cm^2/s，并且CO_2有效扩散系数更高[11]。对CO_2吸附扩散研究表明，煤中CO_2扩散系数随质量分数减少而减小，认为与解吸收缩有关，测得数量级范围为$10^{-6}\sim10^{-4}$ cm^2/s[12]。以上扩散系数都是煤基质整体扩散系数，为单一孔隙扩散模型。对扩散行为的进一步研究表明，由于煤孔隙分布广泛，考虑大孔隙与小孔隙扩散系数差异的双峰孔隙扩散模型要比单孔隙扩散模型多、扩散拟合效果更好[10,13]。

煤基质扩散作为瓦斯运移的基本形式，与突出具有密切联系。对构造煤瓦斯放散特征研究表明，构造煤放散速度更快[14]。对于相同煤样，瓦斯解吸特性则与煤内瓦斯压力/瓦斯量有关[15]。瓦斯放散初速度、钻屑瓦斯解吸指标都是通过对煤粒瓦斯解吸的测定结果分析煤与瓦斯突出危险性。瓦斯扩散过程也会影响煤层气资源的开采，在煤层气开发研究中已经表明煤基质扩散能力会对瓦斯抽采速度产生影响[16-18]，对前期开采的影响显著。

2.2.2 瓦斯扩散系数的测定方法

实验室测定瓦斯扩散系数主要有三种方法，包括煤粒法、稳态法和互扩散法。煤粒法是最常用的方法，该方法要求煤块充分研磨成不含裂隙和大孔的煤粒以确保煤粒内瓦斯的运移仅为扩散。煤粒吸附瓦斯平衡后，降低煤粒周围瓦斯压力，使煤粒内的瓦斯解吸并扩散出来，通过记录不同时间的瓦斯扩散可以计算扩散系数[19-21]。煤粒法瓦斯扩散系数测定装置如图 2-2 所示。

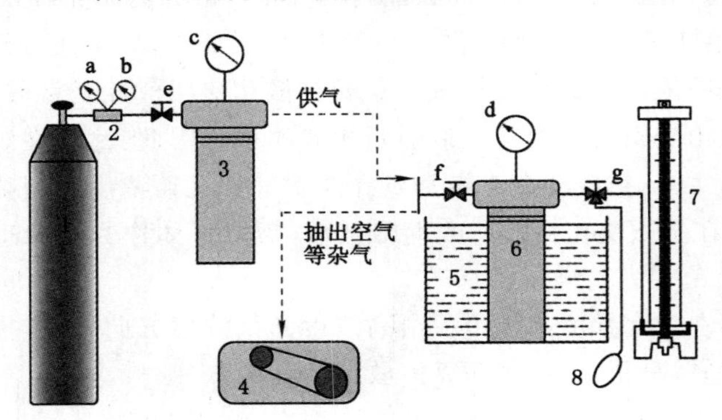

图 2-2　煤粒法瓦斯扩散系数测定装置

1——甲烷气瓶；2——减压阀；3——参考罐；4——真空泵；
5——恒温水浴；6——煤样罐；7——解析量筒；8——气样袋

稳态法的测试类似于标准的渗透率测试，通常采用圆柱体煤样进行实验，并要求煤样完全没有裂隙。对煤样两端施加不同压力的瓦斯直至瓦斯扩散稳定，通过测定稳态扩散的瓦斯量结合压力梯度可以计算扩散系数[22-24]，测定装置见图2-3。由于很难获得完全没有裂隙的煤样并判断瓦斯运移是否达到稳态，这种方法很少采用。

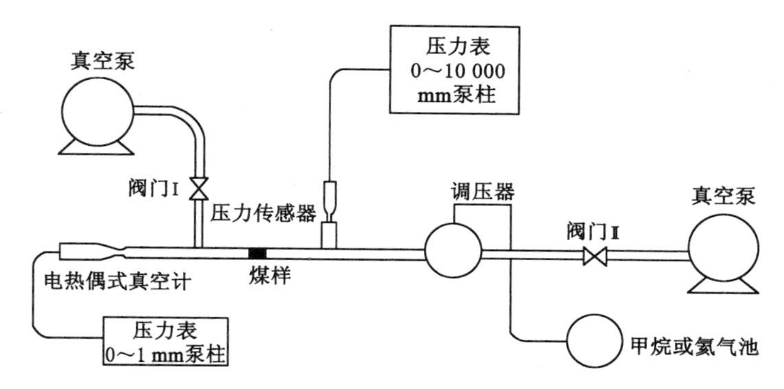

图2-3　稳态法瓦斯扩散系数测定装置

互扩散采用瓦斯和另一非吸附性气体进行实验，分别将两种气体施加于煤样两端并保证气体压力相等，由于煤样两端没有压力差，可以忽略瓦斯渗流。瓦斯在浓度梯度驱动下通过煤样进入另一扩散池，一段时间后测试两扩散池内瓦斯的浓度获得瓦斯扩散量并根据菲克第一定律即可计算扩散系数[25,26]，测试装置见图2-4。

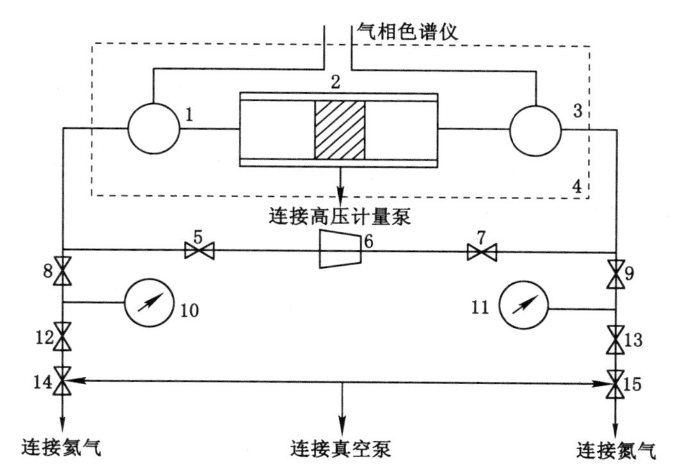

图2-4　互扩散法瓦斯扩散系数测定装置

1,3——取样阀；2——岩芯夹持器；4——恒温箱；5,7,8,9,12,13——截止阀；
6——差压传感器；10,11——压力表；14,15——三通阀

2.3 煤基质瓦斯扩散的数学模型

大多数研究者认为煤粒的瓦斯扩散运动符合经典的菲克扩散定律，但是菲克扩散定律只是将扩散流通量与浓度联系起来，并没有提供一个求解浓度演化的方程。一般来讲，扩散问题中组分的浓度与时间和空间都有关系，即 $C=C(x,t)$，其中 x 表示一维方向上的位置。所以，一个求解 $C(x,t)$ 的方程必须含有分别对 t 和 x 的微分，即必须用偏微分方程才能描述浓度 C 随 t 和 x 的变化规律。为此，还需要引入另一个将通量和浓度联系起来的方程，该方程为质量守恒方程：

$$\frac{\partial C}{\partial t}=-\frac{\partial J(x)}{\partial x} \tag{2-8}$$

将菲克第一定律和质量守恒方程联立起来，可得到：

$$\frac{\partial C}{\partial t}=D\frac{\partial^2 C}{\partial x^2} \tag{2-9}$$

将煤体颗粒假设成小球体，则式(2-9)的球坐标形式如下：

$$\frac{\partial C}{\partial t}=D\left(\frac{\partial^2 C}{\partial r^2}+\frac{2}{r}\frac{\partial C}{\partial r}\right) \tag{2-10}$$

式中 t——扩散时间，s；

r——煤颗粒瓦斯扩散半径，m。

式(2-9)和式(2-10)均为最基本的扩散方程，在许多初始条件和边界条件下都存在解析解，大多更复杂的扩散问题也都可以经过一定的变化转化为上述方程。选择的边界条件不同，由菲克模型得出的解析解也不同。在众多边界条件中，最为常用的为狄利克雷边界条件，即第一类边界条件。下面以此为例求解扩散方程的解析解。

狄利克雷边界条件给出了函数在边界上的数值，对描述低破坏类型煤的初期瓦斯扩散规律是比较理想的。

令 $u=Cr$，代入式(2-10)，化简整理可得

$$\frac{\partial u}{\partial t}=D\frac{\partial^2 u}{\partial r^2} \tag{2-11}$$

初始条件和边界条件为：

$$\begin{cases} u=0(r=0,t>0) \\ u=r_1C_1(r=r_1,t>0) \\ u=rC_0(0<r<r_0,t=0) \end{cases} \tag{2-12}$$

式中 C_0——初始吸附平衡瓦斯浓度，kg/kg；

C_1——煤颗粒表面的瓦斯浓度，kg/kg；

r_1 ——煤颗粒的外半径，m。

因此，扩散方程就转化为对一非齐次边界条件的二阶抛物线偏微分方程进行求解。采用分离变量法，可得[1]：

$$\begin{cases} C = C_1 - (C_0 - C_1)\dfrac{2r_1}{\pi r}\sum\limits_{n=1}^{\infty}\left[\dfrac{(-1)^n}{n}e^{-\left(\frac{n\pi}{r}\right)^2 Dt}\sin\dfrac{n\pi r}{r_1}\right] \\ C|_{r=0} = C_1 - 2(C_0 - C_1)\sum\limits_{n=1}^{\infty}\left[(-1)^n e^{-\left(\frac{n\pi}{r_1}\right)^2 Dt}\right] \end{cases} \tag{2-13}$$

对上式积分，可得到离开球体的物质总量：

$$\frac{Q_t}{Q_\infty} = 1 - \sum_{n=1}^{\infty}\left[\frac{6}{(n\pi)^2}e^{-\left(\frac{n\pi}{r_1}\right)^2 Dt}\right] \tag{2-14}$$

式中 Q_∞ ——当 $t \to \infty$ 时的累计煤粒瓦斯解吸量（mL/g），$Q_\infty = 4\pi r_1{}^2(C_1 - C_0)/3$。

上式是一无穷级数，可以采用 Matlab 编程进行理论求解，通过实际解算发现，当 $n \geqslant 7$ 时，即可以得到稳定的 D 值。

但是，式(2-13)太繁琐，不适合在实际工程实践中应用。为了使扩散方程的解析解能够很方便地应用于工程实践，有学者[1,2]采用误差函数的形式对扩散方程的解析解进行了解算，并得到如下形式：

$$\begin{cases} C = C_0 - (C_0 - C_1)\dfrac{r_1}{r}\sum\limits_{n=0}^{\infty}\left[\operatorname{erfc}\dfrac{(2n+1)r_1 - r}{\sqrt{4Dt}} - \operatorname{erfc}\dfrac{(2n+1)r_1 + r}{\sqrt{4Dt}}\right] \\ C|_{r=0} = C_0 - (C_0 - C_1)\dfrac{2r}{\sqrt{\pi Dt}}\sum\limits_{n=0}^{\infty}e^{-(2n+1)^2 r_1{}^2/4Dt} \end{cases} \tag{2-15}$$

式中 $\operatorname{erfc}(z)$ —— 余误差函数。

对式(2-14)积分可得：

$$\frac{Q_t}{Q_\infty} = \frac{6\sqrt{Dt}}{r_1}\left[\frac{1}{\sqrt{\pi}} + 2\sum_{n=1}^{\infty}\operatorname{ierfc}\left(\frac{nr_1}{\sqrt{Dt}}\right)\right] - \frac{3Dt}{r_1^2} \tag{2-16}$$

式中 $\operatorname{ierfc}(z)$ —— 积分误差函数。

一般情况下，煤体瓦斯扩散系数较小，为 $10^{-10} \sim 10^{-17}$ m^2/s[1]，因此，当瓦斯放散时间小于 10 min，并且扩散率 $\dfrac{Q_t}{Q_\infty} < 0.5$ 时，上式可简化为：

$$\frac{Q_t}{Q_\infty} = \frac{6}{r_1}\sqrt{\frac{Dt}{\pi}} \tag{2-17}$$

变换上式可得：

$$Q_t = \frac{6Q_\infty}{r_1}\sqrt{\frac{Dt}{\pi}} = K_1\sqrt{t} \tag{2-18}$$

方程(2-18)是原煤炭部制定解吸法测定煤层瓦斯含量和煤与瓦斯突出预测

钻屑解吸指标测定方法的理论基础。其中 K_1 即为国内通常使用的钻屑瓦斯解吸指标，单位为 mL/(min$^{0.5}$ · g)。

2.4 煤的瓦斯解吸性能

2.4.1 煤的瓦斯解吸原理

煤中的吸附瓦斯，经过漫长的地质年代，已与孔隙内处于压缩状态的瓦斯形成了稳定的平衡状态。当在井下掘进巷道或进行钻孔施工时会使原来的应力平衡受到破坏，在工作面或钻孔周围形成应力集中，使煤体产生损伤裂隙，煤层渗透性增大，即甲烷-煤基吸附体系由于影响吸附-解吸平衡的条件发生变化时，破坏了吸附平衡状态，吸附气体转化为游离态而脱离吸附体系，吸附-解吸动态平衡体系中吸附量减少。在煤矿开采和煤层气开发过程中，解吸作用主要通过压力降低来实现。绝大部分煤层瓦斯以物理吸附的形式赋存于煤的基质孔隙中，当煤储层压力降至临界解吸压力以下时，煤层瓦斯即开始解吸，由吸附状态转化为游离状态。

瓦斯和煤体表面接触后，甲烷气体分子不能立即与所有的孔隙、裂隙表面接触，在煤体中形成了甲烷压力梯度和浓度梯度。甲烷压力梯度引起渗透，其遵循达西定理，这种过程在大的孔隙系统内占优势；甲烷气体分子在其浓度梯度的作用下由高浓度向低浓度扩散，这种过程在小孔与微孔系统内占优势。甲烷气体在向煤体深部进行渗透-扩散运移的同时，与接触到的煤体孔隙表面发生吸附和解吸。因此，就整个过程来说，是渗透-扩散、吸附-解吸的综合过程[3]，如图2-5所示。

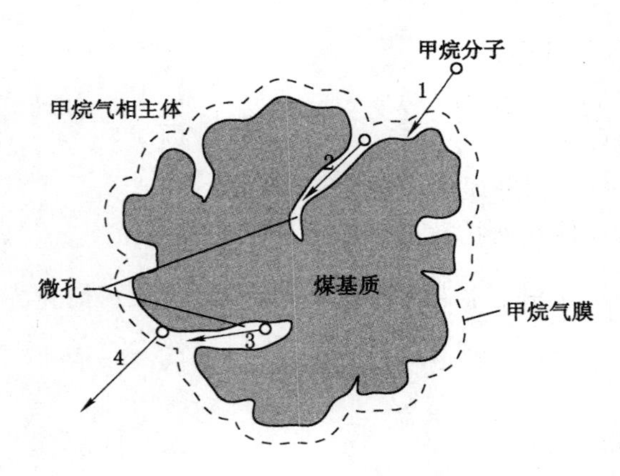

图 2-5 煤基质吸附甲烷过程示意图

1——外扩散过程；2——内扩散过程；3——内反扩散过程；4——外反扩散过程

（1）渗透过程是吸附全过程的第一步。在一定甲烷压力梯度下，甲烷分子在煤体大孔隙系统中渗透，在煤基质外表面形成甲烷气体气膜。

（2）外扩散过程是煤基质外围空间的甲烷分子沿图中符号"1"所示方向穿过气膜，扩散到煤基质表面的过程。

（3）内扩散的过程是甲烷分子沿着符号"2"所示方向进入煤基质微孔隙中，扩散到煤基质内表面的过程。

（4）吸附过程是到达煤基质孔隙内表面的甲烷分子吸附在煤孔隙表面的过程。

（5）解吸过程是吸附在煤孔隙表面的甲烷分子离开煤基质孔隙内表面的过程，解吸过程和吸附过程是同时进行的。

（6）内反扩散过程是指解吸甲烷分子沿着符号"3"所示的方向扩散到煤基质外表面气膜的过程。

（7）外反扩散过程是指煤基质外表面气膜中甲烷分子沿着符号"4"所示的方向扩散到甲烷气相主体中的过程。

煤的吸附-解吸平衡就是以上几个过程的动态转换过程，不同的情况下由不同的步骤起主导作用。

2.4.2　煤的瓦斯解吸性能测试方法

实验室中煤的解吸性能测试是通过对一定质量的煤样吸附甲烷气体，待煤样吸附甲烷达平衡后，瞬间释放压力，从而测定煤样的瓦斯解吸过程。实验装置原理图如图 2-6 所示。实验室测试过程如下：

（1）煤样的预处理。将预先制备好的煤样（约 50 g）装入煤样罐中，装罐时应尽量将罐装满压实，以减少罐内死空间的体积，在煤样上加盖脱脂棉，密封煤样罐。

（2）煤样真空脱气。开启恒温水浴、真空泵，设定水浴温度为（60±1）℃，打开煤样罐阀门，对煤样进行真空脱气，直到真空度显示 4 Pa 达 2 h 停止脱气。

（3）脱气结束后，将恒温水浴温度调整为（30±1）℃；拧开高压瓦斯钢瓶阀门和参考罐阀门，使高压瓦斯钢瓶与充气罐连通，待参考罐气体压力为煤样罐煤样理想吸附平衡压力的 1.2 倍左右，关闭高压瓦斯钢瓶阀门，然后由参考罐对煤样罐充气。煤样吸附甲烷气体平衡时间为 6～48 h（不同粒径煤样吸附平衡时间不同），将达到吸附平衡状态。

（4）煤样瓦斯解吸过程的测定。首先，准备好计时秒表和解吸量筒，测定并记录气温和气压，先打开煤样罐的阀门，使煤样罐内的游离瓦斯先进入大气中，当煤样罐的压力指示值为零时，迅速将阀门与解吸仪连接，同时按下秒表开始计时；按照实验目的设定的时间间隔，读取并记录解吸仪量管内的瓦斯气体量。实测的瓦斯解吸量换算成标准状态下的体积。

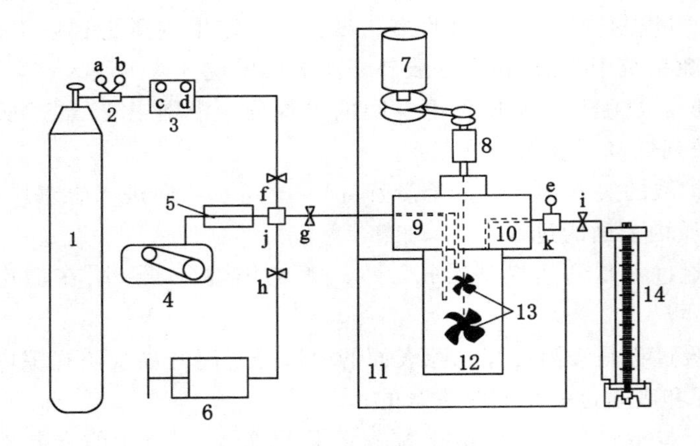

图 2-6 瓦斯解吸实验装置示意图

1——高压 CH_4；2——减压阀；3——参考罐；4——真空泵；
5——复合真空计；6——平流泵；7——搅拌电机；8——搅拌装置；9——注水和进气口；
10——出气口；11——恒温水浴；12——煤样罐；13——搅拌叶片；14——解吸量筒；
a～e——压力表；f～i——阀门；j，k——三通接头

2.4.3 影响瓦斯解吸性能的主要因素

2.4.3.1 瓦斯压力

煤的原始瓦斯压力不但表征煤中瓦斯含量的大小，而且提供煤中瓦斯脱附所需动力。我们研究了不同压力条件下煤的瓦斯解吸性能，图 2-7 为不同压力条件下淮北祁南矿 7 煤瓦斯解吸量与时间的关系曲线。从图中可以看出不同吸附平衡压力下，煤样的解吸规律不同，煤样的瓦斯解吸量与时间呈近似于抛物线的正相关性，在不同解吸时间内高压力曲线皆位于低压力曲线的上方，各曲线的共同特点是随着时间的延长解吸瓦斯量逐渐增加，解吸速度逐渐变小。初始时刻，瓦斯解吸速度很大，并且衰减快。不同平衡吸附压力下，解吸曲线不同，同一解吸时间区间内，吸附平衡压力越高，解吸瓦斯量越大。

2.4.3.2 煤的破坏类型

空气介质中煤的瓦斯解吸过程研究结果表明，在相同的吸附平衡压力下，构造煤向空气介质中卸压释放瓦斯的初速度以及在给定解吸时间内的累计解吸瓦斯量均大于原生煤。毫无疑问，煤的破坏类型差异对泥浆介质中煤的非等压解吸过程也会具有相同的影响效应。煤破坏类型的影响作用与煤的吸附瓦斯性能影响作用是类似的，因为对同一变质程度的煤层而言，构造煤和原生煤虽然朗格缪尔体积相差不多，但前者的朗格缪尔压力比后者要小许多，瓦斯吸附平衡速度快，其瓦斯解吸速度也快。如山西大宁煤矿原生结构煤与构造共生条件下的煤样，原生煤的朗格缪尔体积为 51.89 m^3/t、朗格缪尔压力为 1.38 MPa，而构造煤

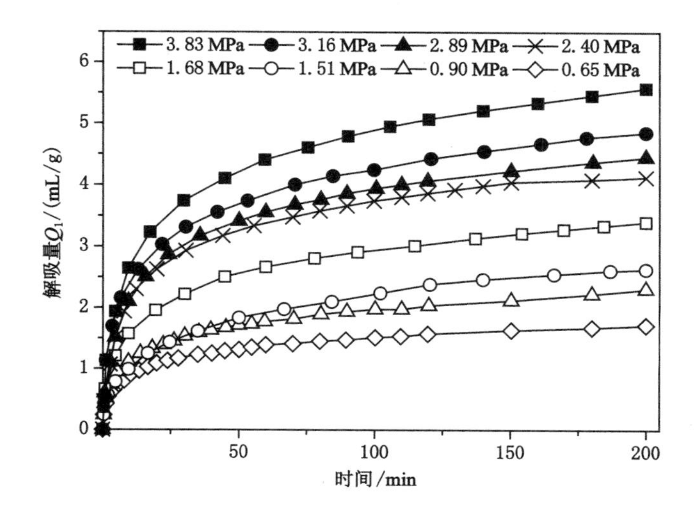

图 2-7 淮北祁南矿 7 煤不同压力条件下瓦斯解吸曲线

的朗格缪尔体积为 50.77 m^3/t、朗格缪尔压力为 1.10 MPa。通过研究不同破坏程度的构造软煤瓦斯解吸规律，可为煤与瓦斯突出预测、煤层瓦斯压力估算以及预测采动落煤的瓦斯涌出提供理论依据。

2.4.3.3 煤的粒度

煤样粒度的大小首先会影响煤的总表面积，其次影响气体分子进入煤粒内部的孔隙。我国研究人员考察不同破坏类型的煤的粒度对瓦斯解吸过程的影响[4,5]，采用固定解吸温度(30 ℃)和固定瓦斯吸附平衡压力(0.5 MPa)的方式，分别对里王庙矿 6 煤和白庄矿二$_1$煤软分层的不同粒度煤样进行瓦斯解吸过程实验分析，结果如图 2-8 和图 2-9 所示。

由图中分析可以看出：① 吸附平衡压力相同的条件下，粒度越小的煤样在相同时段内的瓦斯解吸总量越大；② 无论何种粒度的煤样，其瓦斯解吸总量与时间的关系曲线属于有上限单调增函数，函数在解吸时间[0,t]内连续可导，一阶导函数单调有下限递减；③ 煤样的瓦斯解吸总量曲线存在一条最大水平渐近线和若干条极值水平渐近线；④ 对相同煤质、相同破坏类型的煤样而言，粒度的大小反映解吸出来的路径长短和阻力大小。在其他解吸条件相同时，粒径越大，瓦斯从煤中解吸出来的阻力也就越大，单位时间的解吸瓦斯强度和在给定时间下的解吸瓦斯量就越小。但粒度增大到某一值 d_0 后，再增大粒度，v_1（瓦斯解吸初速度）值几乎不改变，如图 2-10 所示。d_0 称之为煤的最小自然粒径[6]，它与煤的结构破坏程度有关，不同煤质、不同破坏类型的煤有不同的最小自然粒径。

2.4.4 煤的瓦斯解吸模型

在煤的瓦斯解吸性能研究中，国内外不少学者对空气介质中颗粒煤的瓦斯

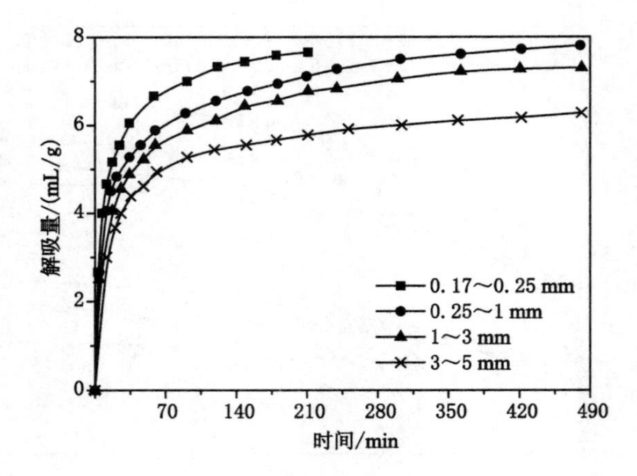

图 2-8 里王庙矿 6 煤不同粒度煤样瓦斯解吸量随时间变化曲线

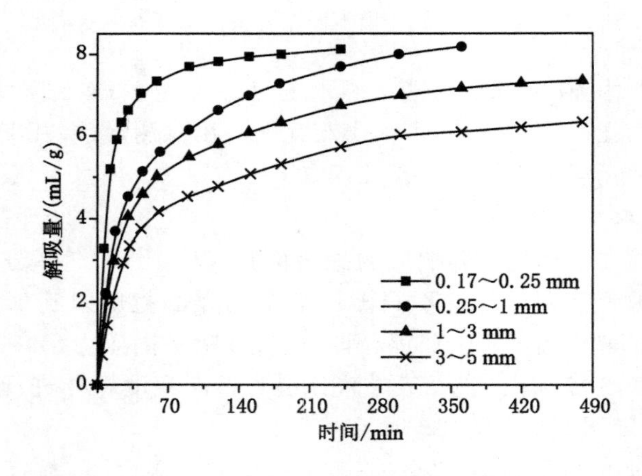

图 2-9 白庄矿二$_1$煤软分层不同粒度煤样瓦斯解吸量随时间变化曲线

解吸规律进行过大量的研究，提出了许多煤的瓦斯解吸规律的统计或经验公式，由于研究角度的不同和研究对象条件的差别，经验公式在揭示煤中瓦斯解吸规律上既有合理的也有不合理的成分[4]。具有代表性的公式分述如下。

英国巴勒(R. M. Barrer)[7]基于天然沸石对各种气体的吸附过程测定，认为吸附和解吸是可逆过程，气体累计吸附量和解吸量与时间的平方根成正比：

$$\frac{Q_t}{Q_\infty} = \frac{2S}{V}\sqrt{\frac{Dt}{\pi}} = k\sqrt{t} \tag{2-19}$$

式中 Q_t ——从开始到时间 t 时的累计解吸气体量，cm^3/g；

Q_∞ ——极限吸附或解吸气体量，cm^3/g；

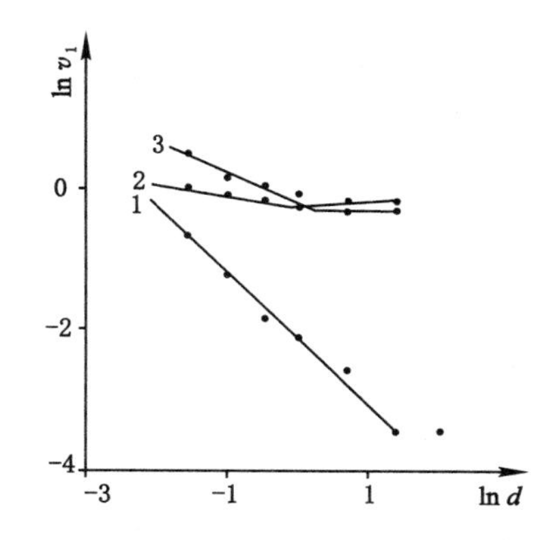

图 2-10 瓦斯解吸速度 v_1 与粒度 d 关系

1——白庄软煤；2——里王庙煤；3——白庄硬煤

S ——单位质量试样的外表面积，cm^2/g；

V ——单位质量试样的体积，cm^3/g；

t ——吸附或解吸时间，min；

D ——扩散系数，cm^2/min。

德国温特(K. Winter)等[8]研究发现，从吸附平衡煤中解吸出来的瓦斯量取决于煤的瓦斯含量、吸附平衡压力、时间、温度和粒度等因素，解吸瓦斯含量随时间的变化可用幂函数表示：

$$Q_t = [\frac{u_1}{1-k_t}]t^{1-k_t} \tag{2-20}$$

式中 u_1 —— $t=1$ min 时的瓦斯解吸速度，$cm^3/(g \cdot min)$；

k_t ——瓦斯解吸速度变化特征指数。

式(2-20)中 k_t 不能等于 1，在瓦斯解吸的初始阶段，计算值与实测值较为一致，但时间 t 很长时，计算值与实测值之间的误差有增大的趋势。

苏联 A. Э. Петросян[9]认为煤的瓦斯解吸按达西定律计算得到的数据与实测数据有较大的出入，他未在理论上对此进行深入研究，但在实测数据的统计分析基础上得到了与实测数值较吻合的计算用经验公式：

$$Q_t = u_0[\frac{(1+t)^{1-n_1}-1}{1-n_1}] \tag{2-21}$$

式中 u_0 —— $t=0$ 时的瓦斯解吸速度，$cm^3/(g \cdot min)$；

n_1 ——取决于煤质等因素的系数。

我国研究人员苏文叔、于良臣等通过对阳泉、焦作、淮南等矿区的煤样测试，证明式(2-21)的成立。

英国艾雷(E. M. Airey)[10]在研究煤层瓦斯涌出时，将煤体看作是由分离的包含有裂隙的“块体”的集合体，每个块体尺寸各有不同，由此出发建立了以达西定律为基础的煤的瓦斯涌出理论，并提出了如下的煤中瓦斯解吸量与时间的经验公式：

$$Q_t = Q_\infty\left[1 - e^{-\left(\frac{t}{t_0}\right)^{n_2}}\right] \tag{2-22}$$

式中　t_0——时间常数；

n_2——与煤中裂隙发育程度有关的常数。

艾雷的经验公式强调的是煤块，且是富含裂隙的块体，块体与块体之间的裂隙构成了煤的渗透孔容。从生产实践上看，当煤的破坏程度不是极强烈时，将煤层简化成这种“块体”结构是比较合理的，当煤破坏极强烈(如粉煤或软分层)或人为采集的小粒度煤样，煤中会含有较大比例的微孔和过渡孔，渗透孔容积所占的比例相对减少，此时，煤的瓦斯解吸用菲克扩散定律可能会更好。

澳大利亚伯特(B. A. Bolt)等[11]通过对各种变质程度的煤的瓦斯解吸过程的试验测试，认为瓦斯在煤中的解吸过程和瓦斯通过沸石的扩散过程非常类似：

$$\frac{Q_t}{Q_\infty} = 1 - Ae^{-\lambda t} \tag{2-23}$$

式中　A,λ——经验常数。

王佑安等[12]利用重量法测定煤样瓦斯解吸速度后，认为煤屑瓦斯解吸量随时间的变化符合朗缪尔型方程：

$$Q_t = \frac{A_t Bt}{1 + Bt} \tag{2-24}$$

式中　A_t,B——解吸常数。

孙重旭[13]通过对煤屑瓦斯解吸规律的研究，认为煤样粒度较小时，煤中瓦斯解吸主要为扩散过程，其解吸瓦斯含量随时间的变化可用幂函数表示：

$$Q_t = A_i t^i \tag{2-25}$$

式中　A_i,i——与煤的瓦斯含量及结构有关的常数。

我国许多学者认为煤屑的瓦斯解吸随时间的衰变过程与煤层钻孔中的瓦斯涌出衰减过程类似，均可以用下式来描述：

$$Q_t = \frac{u_0}{b_v}(1 - e^{-b_v t})b_v \tag{2-26}$$

式中　b_v——瓦斯解吸速度随时间衰变系数。

美国基塞尔(F. N. Kissell)和麦卡洛克(C. M. McCulloch)等[14]认为煤中瓦斯解吸过程可用扩散方程来描述，解吸过程的早期累计解吸量与时间的平方根成正比，这种关系可用于推算泥浆介质中取芯时煤中瓦斯漏失量。具体做法：将取出煤样在空气介质中的累计瓦斯解吸量与解吸时间平方根标绘在直角坐标系中，采用直线外推返回到煤样在泥浆介质中扩散瓦斯开始的时间。基塞尔认为，泥浆介质中煤芯的瓦斯扩散开始时间取决于钻探取芯所使用的循环液类型，如用空气或湿气，扩散开始于岩芯管钻穿煤层之时，煤中瓦斯漏失的时间为取芯时间、提升时间以及试样装入密封罐开始瓦斯解吸测定前的时间之和，如用钻探泥浆，则瓦斯扩散开始于煤芯被提升至钻孔孔深一半时，此时，煤中瓦斯漏失时间可定义为提升时间一半加上试样从取出至装入密封罐开始瓦斯测定前的时间。基塞尔由此建立了被世界各国认可的煤层瓦斯含量测定的工业标准——USBM解吸法。

美国史密斯(D. M. Smith)和威廉姆斯(F. L. Willianms)等[15,16]针对 USBM 解吸法的某些技术缺陷，提出了一种计算泥浆介质中取芯过程煤的瓦斯漏失量方法，并建立了 Smith-Willianms 解吸法。Smith-Willianms 解吸法是一种利用钻探煤屑确定煤层瓦斯含量的方法，钻探煤屑在现场从被循环液带到地表的煤屑收集得到，然后用类似于 USBM 解吸法的步骤解吸煤屑中的瓦斯。

我国学者王兆丰[4]采用不同变质程度的煤样，在不同粒度、瓦斯压力(瓦斯含量)和介质压力条件下，模拟煤样在水和泥浆介质中的瓦斯解吸过程，测定介质压力线性降低时的煤中瓦斯解吸量与时间的关系，研究水和泥浆介质中煤的瓦斯解吸规律，建立新的水和泥浆介质中钻孔取样时煤样瓦斯漏失量计算方法。经过对各煤芯煤样模拟提钻过程瓦斯解吸测定数据进行曲线拟合，结果表明，泥浆介质中煤芯瓦斯解吸过程 Q-t 之间遵循如下规律：

$$Q_t = u_0\left[\frac{(1+t)^{1+n_2}-1}{1+n_2}\right] \tag{2-27}$$

式中　n_2——系数。

式(2-27)在形式上和描述空气介质中的式(2-21)是完全相同的，但它们所表述的物理过程及物理意义却是完全不一样的。在空气介质中乌式指数为$(1+n_2)<1$，说明煤中瓦斯解吸为衰减过程；在式(2-27)中，指数$(1+n_2)>1$，表明泥浆介质中提钻取芯过程，煤芯瓦斯解吸在整体趋势上是增速过程。

2.5 煤的吸附变形特性

煤具有很强的吸附性能，当其吸附瓦斯后会发生膨胀变形，解吸瓦斯会发生收缩变形，一般统称为煤的吸附变形。煤的这种变形特点同瓦斯的吸附/解吸一样，也可视为瓦斯扩散运动的宏观表现。当煤体产生吸附变形后，将会导致煤体强度、应力状态和孔隙性发生变化，进而影响煤的渗透性。有关煤的吸附变形特性，国内外学者已经开展了大量的研究：J. Seidle、S. Durucan、E. P. Robertson、F. Van Bergen、D. Jasinge 和 E. Battistutta 等[17-23]通过试验研究了煤体的吸附膨胀变形特性及其对渗透率的影响，其中，E. P. Robertson 研制了一种精密的光学测吸附膨胀变量的仪器，测试了煤样吸附 CH_4、CO_2、N_2 和 He 时的吸附膨胀变形量，并利用试验结果修正了 3 种常见的渗透率模型。S. Harpalani、S. Mazumder 等[24-26]通过试验模拟煤层气开发过程中气体压力的变化，研究了有效应力和吸附膨胀变形竞争作用下煤样渗透率的演化规律。赵阳升、胡耀青等[27,28]实验揭示了气体吸附作用和变形作用对渗流的影响，并得出煤样渗透率随孔隙压力呈抛物线形变化。

2.5.1 煤的吸附变形实验设备及煤样准备

煤对瓦斯的吸附变形实验一般是在等温条件下进行的。实验系统主要包括储气瓶、高压密封装置、恒温装置、真空装置、数据采集系统和压力传感器，如图 2-11 所示。

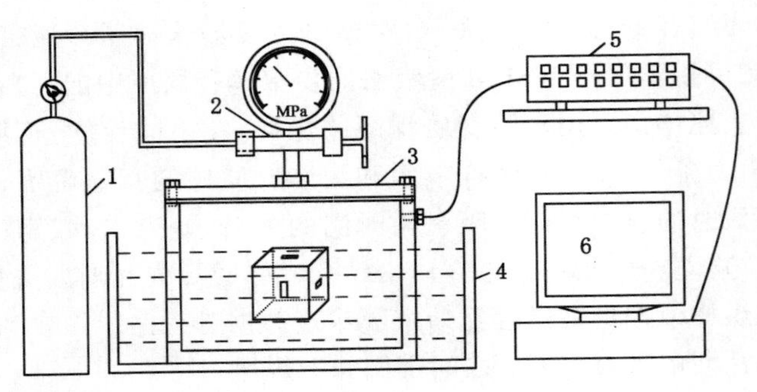

图 2-11 煤吸附变形实验原理图

1——高压气瓶；2——高压三通；3——高压容器；
4——恒温水浴；5——数据采集仪；6——计算机

将从现场采取的煤样制成边长 2 cm 左右的立方煤块，用砂纸将表面打磨光滑，并用无水酒精将煤样表面清洗干净。此后在煤样三个相互垂直的相邻表面上粘贴应变片，焊接导线连接数据采集系统。待抽完真空后，充入预定瓦斯压力，进行测量。

2.5.2 煤样吸附试验结果

煤吸附瓦斯后发生膨胀变形，典型的吸附膨胀变形曲线如图 2-12 和图 2-13 所示。

从图 2-12(a)可以看出，随着吸附性气体压力的提高，煤样的膨胀变形逐渐增加。在瓦斯压力较低时，变形随瓦斯压力增加较快，之后逐渐减慢。随着压力的继续增大，煤样的变形开始减小。从图 2-12(b)可以看出，采用非吸附气体 He 进行实验时，煤体被压缩，压缩变形与气体压力呈线性关系，即

$$\varepsilon_{\mathrm{exp}} = \varepsilon_{\mathrm{cp}} = -\frac{p}{K_{\mathrm{m}}} \tag{2-28}$$

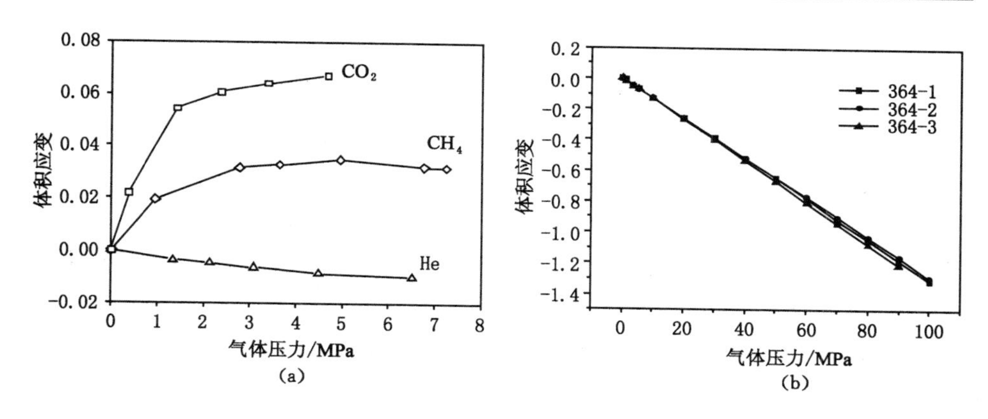

图 2-12 高挥发分烟煤煤基质体应变与气体压力的关系[18,29]

(a) CO_2,CH_4 和 He 试验结果;(b) He 试验结果

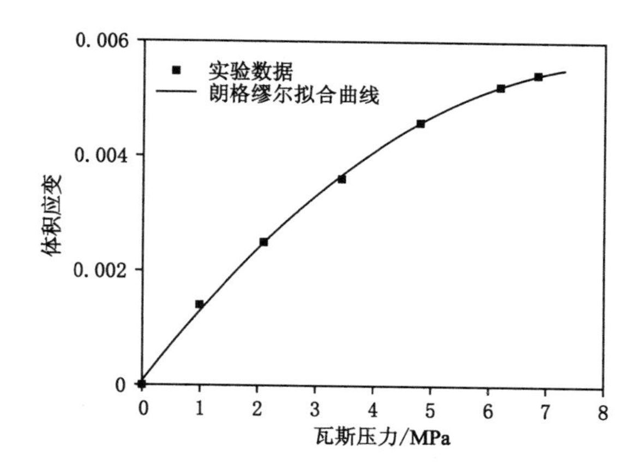

图 2-13 吸附体积应变实测值与朗格缪尔形式拟合结果对比[30]

式中 p ——瓦斯压力,MPa;

K_m ——煤基质的体积模量,MPa;

ε_{exp} ——实验测定的煤样变形,%;

ε_{cp} ——瓦斯压缩煤样产生的压缩变形(%),压缩变形为负。

综合上述现象表明,煤样在吸附膨胀的同时,也被游离瓦斯压缩。实验结果是吸附膨胀变形与瓦斯压缩变形之间的净结果,即

$$\varepsilon_{exp} = \varepsilon_{sw} + \varepsilon_{cp} \tag{2-29}$$

式中 ε_{sw} ——煤样吸附瓦斯产生的吸附变形,%。

利用式(2-28)和式(2-29)对实验数据进行处理,煤体的吸附膨胀变形与瓦斯压力之间符合朗格缪尔方程形式,即

$$\varepsilon_{sw} = \frac{\varepsilon_{max} p}{p + p_L} \tag{2-30}$$

式中 ε_{max} ——最大吸附变形(瓦斯压力为无穷大时),%;

p_L ——膨胀变形达到最大变形一半时的压力,MPa。

2.5.3 煤发生吸附变形的原因

煤具有很大的比表面积,吸附瓦斯后,造成煤的表面能降低。研究表明,煤的膨胀变形与吸附瓦斯后表面能的降低量之间存在很好的线性关系。其吸附膨胀变形可通过下列方程推导。

煤吸附瓦斯后,其表面张力变化量(或表面能的变化量)π_s 为

$$\pi_s = \psi_0 - \psi \tag{2-31}$$

式中 ψ_0 ——煤真空状态下的表面自由能,N/m;

ψ ——吸附瓦斯后煤体的表面自由能,N/m。

根据吉布斯吸附方程[31]:

$$\pi_s = RT \int_0^p \Gamma \mathrm{d}(\ln p) \tag{2-32}$$

式中 R ——气体常数,8.314 J/(mol·K);

Γ ——煤的表面超量,mol/m²。

表面浓度与本体浓度的差别,称为表面过剩,或表面超量,定义为

$$\Gamma = \frac{V}{V_{mol} \sum} \tag{2-33}$$

式中 $\sum$ ——比表面积,m²/t;

V ——瓦斯吸附量,m³/t;

V_{mol} ——气体的摩尔体积,22.4 L/mol。

煤对瓦斯的吸附量采用朗格缪尔方程表示,将朗格缪尔方程和方程(2-33)代入方程(2-32)可得煤吸附瓦斯后表面能的变化量

$$\pi_s = \frac{aRT}{V_{mol} \sum} \ln(1 + bp) \tag{2-34}$$

根据 Bangham 原理[32],固体的线应变 ε_l 与固体的表面自由能的变化成正比,即

$$\varepsilon_l = \vartheta \pi_s = \frac{\sum \rho_m}{E_m} \pi_s \tag{2-35}$$

式中 ϑ ——变形常数,$\vartheta = \frac{\sum \rho_m}{E_m}$;

E_m ——煤基质的弹性模量,MPa;

ρ_m ——煤基质的密度,kg/m³。

将式(2-34)代入式(2-35)可得煤的线膨胀应变为

$$\varepsilon_l = \frac{a\rho_m RT}{E_m V_{mol}} \ln(1 + bp) \tag{2-36}$$

假设煤体为各向同性的均质体，则煤吸附瓦斯的体积膨胀变形为

$$\varepsilon_{sw} = \frac{3a\rho_m RT}{E_m V_{mol}} \ln(1 + bp) \tag{2-37}$$

通过式(2-36)或式(2-37)可知，煤的吸附膨胀变形是煤吸附常数、瓦斯压力和煤的物理性质（弹性模量 E_m 和密度 ρ_m）的函数。因此，煤的吸附变形与煤的吸附量之间必然存在一一对应关系。

参 考 文 献

[1] 杨其銮，王佑安. 煤屑瓦斯扩散理论及其应用[J]. 煤炭学报，1986(3)：87-94.

[2] ZHANG Y. Geochemical Kinetics[M]. Boston：Princeton University Press，2008.

[3] 张力，何学秋，聂百胜. 煤吸附瓦斯过程的研究[J]. 矿业安全与环保，2000(6)：1-2，4.

[4] 王兆丰. 空气、水和泥浆介质中煤的瓦斯解吸规律与应用研究[D]. 徐州：中国矿业大学，2001.

[5] 杨其銮. 关于煤屑瓦斯放散规律的试验研究[J]. 煤矿安全，1987(2)：9-16，58-65.

[6] 王兆丰. 用颗粒煤渗透率确定煤层透气性系数的方法研究[J]. 煤矿安全，1998(6)：3-5.

[7] BARRER R M. Diffusion in and Through Solids[M]. Cambridge：Cambridge University Press，1951.

[8] WINTER K，JANAS H. Gas emission characteristics of coal and methods of determining the desorbable gas content by means of desorbometers[C]//XIV International Conference of Coal Mine Safety Research，1996.

[9] ПЕТРОСЯН А Э. 煤矿沼气涌出[M]. 宋世钊，译. 北京：煤炭工业出版社，1983.

[10] AIREY E M. Gas emission from broken coal. An experimental and theoretical investigation[J]. International Journal of Rock Mechanics and Mining Sciences & Geomechanics Abstracts，1968，5(6)：475-494.

[11] BOLT B A，JINNES J A. Diffusion of Carbon dioxide from coal[J]. Fuel，

1959,38(3):333-337.

[12] 王佑安,杨思敬.煤和瓦斯突出危险煤层的某些特征[J].煤炭学报,1980(1):47-53.

[13] 孙重旭.煤样解吸瓦斯泄出的研究及其突出煤层煤样解吸的特点[D].重庆:重庆研究所,1983.

[14] KISSELL F N,MCCULLOCH C M,ELDER C H,et al. The direct method of determining methane content of coal beds for ventilation design[J]. Pittsburgh Pa Usdepartment of the Interior Bureau of Mines Ri, 1973:7767.

[15] WILLIAMS D M,SMITH F L. Diffusion models for gas production from coals[J]. Fuel,1984,63(2):251-255.

[16] SMITH D M, WILLIAMS F L. A new technique for determining the methane content of coal[C]//International Energy Conversion Engineering Conference United States,1981.

[17] SEIDLE J,HUITT L. Experimental measurement of coal matrix shrinkage due to gas desorption and implications for cleat permeability increases [C]//Proceedings of the International Meeting on Petroleum Engineering,F,1995.

[18] DURUCAN S, AHSANB M, SHIA J-Q. Matrix shrinkage and swelling characteristics of European coals[J]. Energy Procedia, 2009, 1(1): 3055-3062.

[19] ROBERTSON E P. Measurement and Modeling of Sorption-induced strain and Permeability Changes in Coal[R]. United States Department of Energy,2005.

[20] ROBERTSON E P,CHRISTIANSEN R L. Modeling permeability in coal using sorption-induced strain data[C]//Proceedings of the SPE Annual Technical Conference and Exhibition,F,2005.

[21] VAN BERGEN F,SPIERS C,FLOOR G,et al. Strain development in unconfined coals exposed to CO_2,CH_4 and Ar:Effect of moisture[J]. International Journal of Coal Geology,2009,77(1-2):43-53.

[22] JASINGE D,RANJITH P,CHOI X,et al. Investigation of the influence of coal swelling on permeability characteristics using natural brown coal and reconstituted brown coal specimens[J]. Energy,2012,39(1):303-309.

[23] BATTISTUTTA E,VAN HEMERT P,LUTYNSKI M,et al. Swelling and sorption experiments on methane,nitrogen and carbon dioxide on dry

Selar Cornish coal[J]. International Journal of Coal Geology,2010,84(1):39-48.

[24] MITRA A,HARPALANI S,LIU S. Laboratory measurement and modeling of coal permeability with continued methane production:Part 1-Laboratory results[J]. Fuel,2012,94(11):1-6.

[25] HARPALANI S,SCHRAUFNAGEL R A. Shrinkage of coal matrix with release of gas and its impact on permeability of coal[J]. Fuel,1990,69(5):551-556.

[26] MAZUMDER S,SCOTT M,JIANG J. Permeability increase in Bowen Basin coal as a result of matrix shrinkage during primary depletion[J]. International Journal of Coal Geology,2012,96-97(6):109-119.

[27] 赵阳升,胡耀青,杨栋,等.三维应力下吸附作用对煤岩体气体渗流规律影响的实验研究[J].岩石力学与工程学报,1999,18(6):651-653.

[28] 胡耀青,赵阳升.三维应力作用下煤体瓦斯渗透规律实验研究[J].西安矿业学院学报,1996,16(4):308-311.

[29] HOL S,SPIERS C J. Competition between adsorption-induced swelling and elastic compression of coal at CO_2 pressures up to 100 MPa[J]. Journal of the Mechanics and Physics of Solids,2012,60(11):1862-1882.

[30] LIU S,HARPALANI S. A new theoretical approach to model sorption induced coal shrinkage or swelling[J]. AAPG Bulletin, 2013, 97(7):1033-1049.

[31] ADAMSON A W,GAST A P. Physical Chemistry of Surfaces[M]. New York:Wiley New York,1990.

[32] BANGHAM D H,FAKHOURY N. The translation motion of molecules in the adsorbed phase on solids[J]. Journal of the Chemical Society,1931:1324-1333.

3　煤中瓦斯的渗流运动

3.1　煤的裂隙特征

3.1.1　煤的裂隙分类

煤的裂隙是指成煤过程以来煤受到自然界各种应力作用产生的破裂形迹，按成因不同可分为内生裂隙和外生裂隙。内生裂隙是在煤化作用过程中，由于煤脱水、脱挥发分、煤体积收缩等作用产生的裂隙；或者煤化作用生成的水、气体及温度升高，孔隙产生膨胀，形成异常高压产生的裂隙。外生裂隙是在煤层形成之后，煤在构造变形时期，应力作用而产生的裂隙。如图 3-1 所示，煤的内生裂隙也称为割理[1]。割理有大致互相垂直的两组，其中较发育的一组为面割理，另一组则为端割理。面割理与层理面近似平行，一般呈板状延伸，连续性较好，是煤层中的主要内生裂隙。端割理只发育于两条相邻的面割理之间，与层理面近似垂直，一般连续性较差，缝壁不规则，是煤层中的次内生裂隙。面割理垂直于煤层层理面或陡角相交，比较明显，端割理也垂直于层理面但不太明显，且与面割理近似成 90°。原始煤层裂隙结构以割理系统为主，而构造作用将会促进煤层变形、裂隙发育，破坏裂隙系统的规则性[2,3]。

煤中裂隙由内外多种作用力形成[4,5]，其形态分布十分复杂。面割理和端割理因其发育程度和成因不同，在空间具有多种组合类型。苏现波等根据我国不同煤田煤割理裂隙的分布形态，将割理裂隙系统分为网状形、多边形、孤立型和随机型裂隙[6-8]。外生裂隙是构造应力作用的产物，可以以任何角度与煤层层面相交，因此，可以根据外生裂隙与层面的关系将其分成三类：与层面平行的水平裂隙，包括原生沉积的层面裂隙（或称成岩裂隙）和构造作用产生的层间裂隙；与层面垂直的垂直裂隙；与层面有一定角度的斜交裂隙。

3.1.2　煤的裂隙分布

煤储层中裂隙分布十分复杂且呈现随机性，对裂隙多进行成因分类和大小分级，其分布规律难以描述。工程地质中对岩石裂隙的传统统计方法有节理极密图法、玫瑰花图法、频率直方图法、等角度统计方法等，可对节理裂隙的方位、间距、长度等特征进行统计分析。

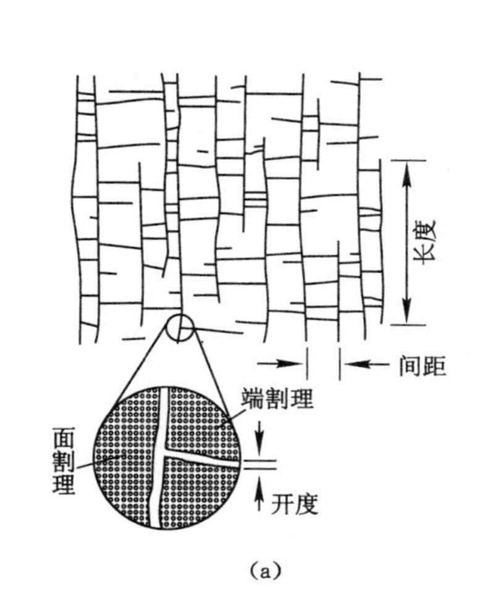

(a)

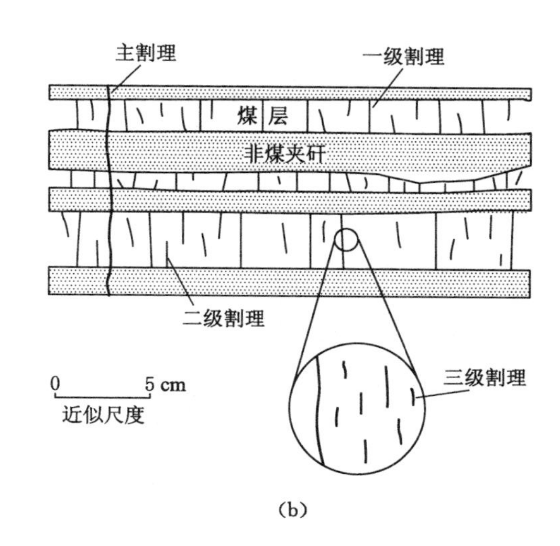

(b)

图 3-1 煤的割理分布示意图[9]

(a) 平行面割理平面图；(b) 平行面割理剖面图

煤裂隙的描述可借鉴描述岩石节理发育程度和方向的节理玫瑰花图，首先通过地面取芯钻孔或煤矿井下取得煤样，记录取样地点的煤层产状，然后在实验室中沿煤层层理面打磨出观测样品并标注标尺后拍摄高分辨率照片，借助计算机统计裂隙数目和方向，以 5°为一组，求出每组裂隙的数量和发育方向。将上述结果标注在标明地理方位的圆内，以半径上的长度单位表示该组裂隙的数量(或裂隙数量占总裂隙数量的比例)，将各组裂隙标注到图上，连接相邻各投影点，即得到煤裂隙分布玫瑰花图。通过煤裂隙分布玫瑰花图，人们可以直观地获得煤裂隙的发育程度和方向。

实际上煤中的裂隙分布远比前面的分类复杂得多。图 3-2 为地面钻井取得的煤样，在实验室中打磨并标注标尺后拍摄的照片，图 3-2(a)为顶部煤样照片，图 3-2(b)为底部煤样照片。图 3-3 为上述两个煤样表面裂隙分布的玫瑰花图。由图 3-2 和图 3-3 可知，上部煤样为光亮型，裂隙呈网状发育，长度小于 2 mm 的裂隙占 80%以上，裂隙方向呈随机性分布，裂隙分布比例最大的方向为 90°～96°，分布在区间的裂隙条数占 10.3%；下部煤样为暗淡型，裂隙发育较差，仅有少量长度 7～10 mm 的裂隙，裂隙方向主要集中在 165°～190°区间(近似照片南北向)，其中分布在 175°～180°区间的裂隙条数占 22.1%、分布在 180°～185°区间的裂隙条数占 20.4%。

上述地质统计的方法只能识别毫米级的宏观裂隙，而对于更小尺度的裂隙却没有较好的测量和分析方法。但人们更关注煤的裂隙率，即煤裂隙孔隙体积占煤体积的百分比。

(a)

(b)

图 3-2　煤样表面裂隙分布照片(图中圆点间距 5 mm)

(a) 顶部煤样照片;(b) 底部煤样照片

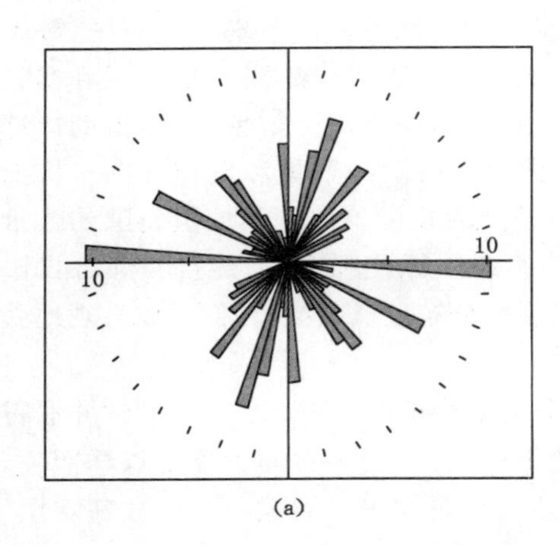

(a)

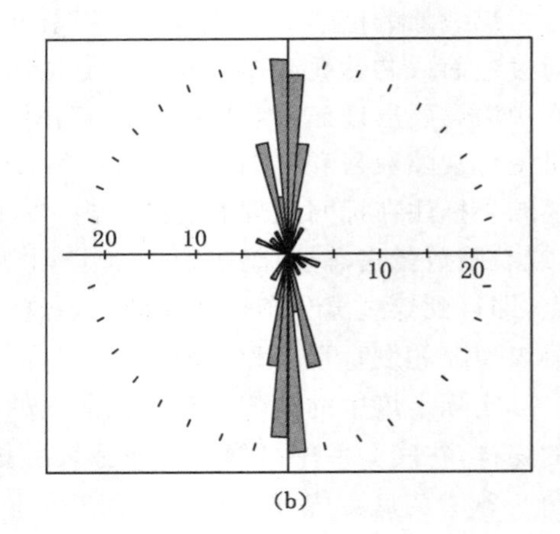

(b)

图 3-3　煤样表面裂隙分布玫瑰花图

(a) 顶部煤样裂隙分布;(b) 底部煤样裂隙分布

目前,一般采用气驱水的方法测定煤的裂隙率,首先将煤样抽真空后用水饱和,然后用氦气驱替煤样内的水,驱出的水称可流动水,代表煤样的裂隙孔隙体积。则煤的裂隙率可用下式表示

$$\phi_f = \frac{V_f}{V_t} \times 100\% \tag{3-1}$$

式中　ϕ_f ——煤的裂隙率,%;

V_f ——煤的裂隙孔隙体积，mL；

V_t ——煤的总体积，mL。

煤的基质孔隙率用下式表示

$$\phi_m = \frac{V_m}{V_t} \times 100\% \tag{3-2}$$

式中 ϕ_m ——煤的基质孔隙率，%；

V_m ——煤的基质孔隙体积，mL。

以 ϕ_t 表示煤的孔隙率，则煤的孔隙率、裂隙率和基质孔隙率之间的关系为

$$\phi_t = \phi_f + \phi_m \tag{3-3}$$

表 3-1 给出了我国柳林和安阳地区两个煤层煤的孔隙率、裂隙率和基质孔隙率的测定结果[10]。从表中可以看出，焦煤裂隙率为 0.94%～1.65%，在总孔隙中所占的比例为 10%～18%，基质孔隙率为 5.84%～10.51%，在总孔隙率中所占的比例为 82.00%～89.78%；瘦煤至无烟煤的裂隙率为 0.47%～0.79%，在总孔隙中所占的比例为 4.8%～11.52%，基质孔隙率为 3.93%～11.23%，在总孔隙率中所占的比例为 88.48%～91.00%。随煤阶增高，煤的裂隙率及其在总孔隙中所占的比例有降低的趋势。

表 3-1 柳林和安阳地区煤的孔隙率、裂隙率和基质孔隙率测定结果

样号	煤阶	ϕ_t/%	ϕ_f/%	ϕ_f/ϕ_t/%	ϕ_m/%	ϕ_m/ϕ_t/%
A-二$_{1-3}$	焦煤	7.20	1.36	18.00	5.84	82.00
LQ-8-1	焦煤	12.00	1.49	12.42	10.51	87.58
LQ-8-5	焦煤	8.50	1.17	13.76	6.33	86.24
LQ-10-1(1)	焦煤	9.20	0.94	10.22	8.26	89.78
LQ-10-1(2)	焦煤	9.10	1.12	12.31	7.98	87.69
LQ-10-2	焦煤	11.10	1.65	14.86	9.45	85.14
AH-二$_{1-2}$	瘦煤	7.20	0.79	10.97	6.41	89.06
AH-二$_{1-1}$	瘦煤	4.60	0.53	11.52	4.07	88.48
AH-二$_{1-2}$	贫煤	8.00	0.73	9.00	7.27	91.00
AH-二$_{1-1}$	贫煤	11.80	0.57	4.80	11.23	95.20
AL-二$_{1-3}$	无烟煤	4.40	0.47	10.68	3.93	89.32

3.2 裂隙中的瓦斯渗流

从上一小节对煤中孔隙和裂隙的介绍可知，煤中的孔隙和裂隙在尺度上存

在量级差异，进而影响瓦斯赋存和运移规律。煤中的裂隙（裂隙系统）是游离瓦斯的主要赋存场所，同时也是瓦斯渗流的通道。但是由于煤中裂隙系统具有复杂的空间形态，瓦斯在其中存在多种渗流形式，主要分为低速非线性渗流、线性渗流和高速非线性渗流。

一般情况下，对于低速非线性渗流，其成因主要可归纳为两点，一是低渗煤体自身的孔隙结构特点，二是流动介质的性质。低渗煤体结构致密，孔隙尺寸细小，固液界面上的分子作用力显著增强，产生流动边界效应。在渗流路径中，由于煤体内部微小颗粒的运移会堵塞孔隙通道，使得断面不断发生变化，最终造成了低速段出现非线性渗流现象。

对于高速非线性渗流运动形式，当气体的黏度低和气体流动速度较高时，此高速非线性渗流现象将会表现出来。在其他因素不变的条件下，煤层产气量越高，非线性渗流效应越高。这种高速非线性渗流现象也是影响煤层产气的主要因素之一。

线性瓦斯渗流理论是目前国内外指导煤矿瓦斯抽采与利用的重要基础理论。周世宁等[11]利用煤粉压制圆柱形人工煤样进行大量瓦斯渗流实验，并且实验是在严格保持恒温状态下进行的，得到瓦斯流量与煤样两端压力平方差的关系（图 3-4）。

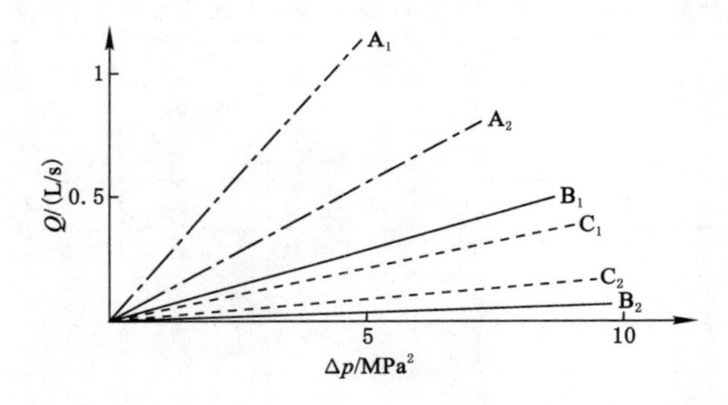

图 3-4　瓦斯流量与煤样两端压力平方差关系[11]

由于煤层的孔隙和裂隙的形态及尺度是不均匀的，在大裂隙中可能出现紊流，在微裂隙中属于层流，根据实验室和现场对瓦斯流动规律的测定，可以认为瓦斯在裂隙系统中的流动属于线性渗流，并主要遵循达西渗流定律：

$$v=-\frac{k_e}{\mu}\nabla p_f \tag{3-4}$$

式中　k_e ——煤层有效渗透率，mD；

μ ——气体动力黏度系数，CH_4 为 1.08×10^{-5} Pa · s。

从第 1 章的介绍可知，此时裂隙中的瓦斯渗流速度 v 属于时均流速的范畴，并不是瓦斯在裂隙中渗流的真实速度，也就是说其不是裂隙截面上的体积流量与裂隙截面面积的比值，而是空间截面上的体积流量与空间截面面积的比值。

煤层中存在诸多裂隙将煤切割成许多单元体，煤层中吸附瓦斯主要集中于基质孔隙系统，游离瓦斯主要赋存于裂隙系统中。当煤层裂隙系统与基质系统不存在压力梯度时，裂隙和基质中的瓦斯处于动态平衡状态，裂隙和基质间存在质量交换，但从宏观上看却没有物质传递。一旦裂隙系统与基质系统存在压力梯度时，裂隙和基质中原有的瓦斯动态平衡将会被打破；且由于裂隙系统中的瓦斯渗流速度远大于孔隙系统中的瓦斯扩散速度，基质瓦斯压力要大于裂隙瓦斯压力，进而孔隙系统中的瓦斯要扩散到基质表面进入裂隙，即孔隙系统和裂隙系统之间将发生质量交换；对于孔隙系统是流出，对于裂隙系统是流入，孔隙系统相当于是裂隙系统均匀分布的内质量源[12,13]，换言之也就是煤体基质系统为裂隙系统的正质量源，裂隙系统为基质系统的负质量源。

质量源因素的存在对瓦斯渗流状况有着重要的影响，建立流体质量守恒方程需要将它们直接补充到方程中，这种补充称为质量源项，但有的时候是通过利用施加边界条件来反映质量源对渗流运动的影响，考虑到煤体渗流运动中的质量源为基质内吸附瓦斯，这种质量源存在形式为渗流区内部的源项，在构建渗流运动的连续方程时必须考虑。为了能够定量地描述裂隙系统内渗流运动的质量守恒，以在煤中取一微元体为例，长、宽和高分别为 dx、dy 和 dz，如图 3-5 所示。令 v_x、v_y 和 v_z 分别为渗流速度通量 $\vec{v}$ 在微元体三个坐标轴方向上的分量。裂隙系统中参与渗流的为游离瓦斯（$\phi_f \rho_f$），且从前面的分析可知基质系统此时为裂隙系统正的质量源，则根据质量守恒定量，在各方向上单位时间流入微元体的质量减去流出的质量，再加上质量源的生成量应等于单位时间内微元体内游离瓦斯的质量变化量，即：

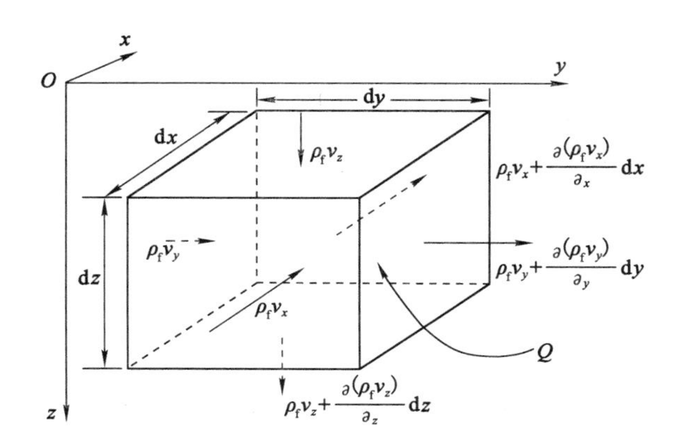

图 3-5　煤中微元体的质量守恒

x 方向单位时间流入微元体的质量为：

$$m_1 = \rho_f v_x \mathrm{d}y\mathrm{d}z \tag{3-5}$$

式中　m_1 ——单位时间流入微元体的质量，kg/s；

ρ_f ——裂隙系统中游离瓦斯密度，kg/m^3；

v_x ——x 方向瓦斯流动速度，m/s。

x 方向单位时间流出微元体的质量为：

$$m_2 = \left[\rho_f v_x + \frac{\partial(\rho_f v_x)}{\partial x}\mathrm{d}x\right]\mathrm{d}y\mathrm{d}z \tag{3-6}$$

式中　m_2 ——单位时间流出微元体的质量，kg/s。

而 x 方向单位时间微元体质量源平均生成量为 $Q/3$，因而结合方程(3-5)和方程(3-6)，利用质量守恒定律，可以得到在 x 方向上瓦斯运移的质量守恒表示方式：

$$\Delta m_x = m_1 - m_2 = \left[\rho_f v_x - \left(\rho_f v_x + \frac{\partial(\rho_f v_x)}{\partial x}\mathrm{d}x\right)\right]\mathrm{d}y\mathrm{d}z + \frac{1}{3}Q\mathrm{d}x\mathrm{d}y\mathrm{d}z \tag{3-7}$$

式中　Q ——单位时间单位体积微元体产生的质量源质量，$kg/(m^3 \cdot s)$。

系统中微元体内 y 和 z 方向上瓦斯运移的质量守恒表达式可以类比 x 方向上的表达式，即：

$$\Delta m_y = \left[\rho_f v_y - \left(\rho_f v_y + \frac{\partial(\rho_f v_y)}{\partial y}\mathrm{d}y\right)\right]\mathrm{d}x\mathrm{d}z + \frac{1}{3}Q\mathrm{d}x\mathrm{d}y\mathrm{d}z \tag{3-8}$$

$$\Delta m_z = \left[\rho_f v_z - \left(\rho_f v_z + \frac{\partial(\rho_f v_z)}{\partial z}\mathrm{d}z\right)\right]\mathrm{d}x\mathrm{d}y + \frac{1}{3}Q\mathrm{d}x\mathrm{d}y\mathrm{d}z \tag{3-9}$$

综合方程(3-7)～方程(3-9)得到整个系统内微元体的质量守恒表达式为：

$$\begin{aligned}\frac{\partial(\phi_f\rho_f)}{\partial t}\mathrm{d}x\mathrm{d}y\mathrm{d}z = &\left\{\rho_f v_x - \left[\rho_f v_x + \frac{\partial(\rho_f v_x)}{\partial x}\mathrm{d}x\right]\right\}\mathrm{d}y\mathrm{d}z + \left\{\rho_f v_y - \left[\rho_f v_y + \frac{\partial(\rho_f v_y)}{\partial y}\mathrm{d}y\right]\right\}\mathrm{d}x\mathrm{d}z \\ &+ \left\{\rho_f v_z - \left[\rho_f v_z + \frac{\partial(\rho_f v_z)}{\partial z}\mathrm{d}z\right]\right\}\mathrm{d}x\mathrm{d}y + Q\mathrm{d}x\mathrm{d}y\mathrm{d}z\end{aligned} \tag{3-10}$$

上式两端同时除以 $\mathrm{d}x\mathrm{d}y\mathrm{d}z$，进一步整理可得：

$$\frac{\partial(\phi_f\rho_f)}{\partial t} = -\left[\frac{\partial(\rho_f v_x)}{\partial x} + \frac{\partial(\rho_f v_y)}{\partial y} + \frac{\partial(\rho_f v_z)}{\partial z}\right] + Q \tag{3-11}$$

上式也可以表示为：

$$\frac{\partial}{\partial t}(\phi_f\rho_f) = -\nabla(\rho_f v) + Q \tag{3-12}$$

需要特别说明的是，此处的质量守恒，特别是质量源项概念的引入虽基于规则的长方体(微元体)推导，但针对不规则几何形状的微元体同样成立，即质量守恒与微元体的几何形状无关，这一特点将为我们后续开展数值模拟带来很大的便利。

3.3　煤的渗透性

3.3.1　渗透性的基本概念

瓦斯抽采是降低煤层瓦斯含量、消除瓦斯危险性的最主要技术手段。同时，我国是煤矿瓦斯(煤层气)资源十分丰富的国家，在煤炭资源开采之前将煤层中的瓦斯抽采出来并加以利用，不但可以保障煤炭资源的安全开采、促进煤矿瓦斯这一高效洁净能源的利用，同时还可以保护环境，实现煤矿瓦斯抽采与利用的"安全、能源、环境"三重效益。而控制瓦斯抽采或煤层气开采的关键因素是煤层渗透性。

渗透性是煤层的重要属性之一，它反映煤体允许流体通过的能力。表征煤体渗透性的量为渗透率，包括绝对渗透率、相渗透率和相对渗透率，其物理意义分别为：

(1) 若孔隙-裂隙中只存在一相流体，则煤体允许其通过的能力称为绝对渗透率；

(2) 若孔隙-裂隙中存在几相流体，则煤体允许每一相流体通过的能力称为每相流体的相渗透率，也称有效渗透率；

(3) 相渗透率与绝对渗透率的比值称为相对渗透率。

本书主要针对煤层瓦斯的绝对渗透率展开介绍，在不做特殊说明的情况下，下文统一简称为煤层渗透率。渗透率 k 是多孔介质的固有属性，只与多孔介质的骨架性质(颗粒成分、颗粒分布、颗粒大小、颗粒充填、比表面积、弯曲度和孔隙率等)有关。

根据达西定律，流体的流速与其压力梯度成正比，即

$$v = \frac{Q}{A} = KJ = K\frac{\Delta h}{l} \tag{3-13}$$

式中　v——流体流速，m/s；

Q——单位时间流过横截面积为 A 的多孔介质的流量，m^3/s；

A——多孔介质的横截面积(垂直流动方向)，m^2；

K——渗透系数，m/s；

J——沿流动方向的水力坡度；

Δh——沿流动方向的水头差，m；

l——产生水头差 Δh 对应的流程，m。

在第 1 章已经介绍，渗透系数的大小不仅与多孔介质的物性有关，而且与流体的性质有关。人们对用渗透系数描述多孔介质渗透能力不是很满意，希望将多孔介质对渗透性的影响和流体的影响分开，提出

$$K = \frac{k\rho g}{\mu} \tag{3-14}$$

式中　k ——煤体的渗透率，m^2；

ρ ——流体密度，kg/m^3；

μ ——流体动力黏度，Pa·s。

将式(3-14)代入式(3-13)，考虑到流体流动方向与压力梯度方向相反，得

$$v = -\frac{k}{\mu}\frac{\partial p}{\partial x} \tag{3-15}$$

式中　$\frac{\partial p}{\partial x}$ ——流动方向的压力梯度，Pa/m；

p ——流体压力，Pa。

“—”表示流体流动方向与压力梯度方向相反。

在地下工程、石油天然气、煤层气开采等领域，渗透率应用广泛。但在工程中，其单位常采用“达西”或“毫达西”，即 D 或 mD。其物理意义是：对于长度为 1 cm、截面积为 1 cm^2 的多孔介质，其孔隙空间完全为 1 厘泊(10^{-3} Pa·s)黏度(水在 20.2 ℃时的黏度)的单相流体所充满，此单相流体在黏性流动条件下，在压差 1 atm(101 325 Pa)作用下，当流量为 1 cm^3/s 时，则该多孔介质的渗透率就是 1 D。

我国常采用煤层透气性系数(λ)表征煤层中瓦斯(主要成分 CH_4)流动的难易程度。由于瓦斯为可压缩性流体，流速应换成标准压力下的量，按等温过程 $pv = p_n v_n$ 代入方程(3-15)，得

$$v_n = -\frac{k}{2\mu_g p_n}\frac{dp^2}{dx} = -\lambda\frac{dp^2}{dx} \tag{3-16}$$

式中　λ ——煤层透气性系数，$m^2/(MPa^2 \cdot d)$；

p_n ——标准状态下大气压力，0.101 325 MPa；

μ_g ——瓦斯动力黏度系数，1.08×10^5 Pa·s；

v_n ——换算成标准压力下的流速，m/d。

透气性系数的物理意义是在 1 m^3 煤体的两侧，瓦斯压力平方差为 1 MPa^2 时，通过 1 m 长度的煤体，在 1 m^2 煤面上每日流过的瓦斯量(t ℃，标准大气压下)。透气性系数与渗透率之间的换算关系见表 3-2。

表 3-2　　渗透率与透气性系数换算关系

名称	渗透率				透气性系数
	D	mD	m^2	μm^2	$m^2/(MPa^2 \cdot d)$
数值	1	1 000	$9.869\ 233 \times 10^{-13}$	0.986 923 3	40 000

我国部分矿井实测的煤层透气性系数及换算的渗透率见表3-3。

表3-3　我国部分矿井突出煤层透气性系数及换算的渗透率

矿名	煤层	透气性系数λ /[m²/(MPa²·d)]	渗透率k/mD	矿名	煤层	透气性系数λ /[m²/(MPa²·d)]	渗透率k/mD
抚顺龙凤矿	本层	140～150	3.5～3.75	白沙里王庙井	6	0.12～0.32	$(0.3\sim0.8)\times10^{-2}$
抚顺胜利矿	本层	29.6～36.8	0.74～0.92	白沙坦家冲井	6	0.24～0.47	$(0.6\sim1.18)\times10^{-2}$
阳泉一矿	3	0.019	0.475×10^{-3}	涟邵立新井	4	1.10	0.027 5
北票台吉矿	10	0.002 8～0.004	$(0.7\sim1)\times10^{-4}$	六枝化处矿	7	0.017 8	0.445×10^{-3}
北票台吉矿	4	0.006	0.16×10^{-3}	六枝大用矿	7	0.086 2	2.15×10^{-3}
北票台吉矿	3	0.014 4	0.36×10^{-3}	包头河滩沟矿	G	11.3～17.4	0.28～0.44
北票三宝矿	9B	0.039	0.975×10^{-3}	鹤壁六矿	大煤	1.2～1.8	0.03～0.045
焦作朱村矿	大煤	0.55～3.6	0.013～0.09	鹤岗南山矿	15	30.8～62.4	0.77～1.56
中梁山北矿	K1	0.64～0.68	$(1.61\sim1.7)\times10^{-2}$	安阳龙山矿	大煤	0.7～1.0	0.018～0.025
天府磨心坡	9	0.042～0.14	$(1.06\sim3.5)\times10^{-3}$	沈阳红菱矿	12	0.02～0.06	$(0.5\sim1.5)\times10^{-3}$
淮南谢一矿	B11	0.092	2.3×10^{-3}	平顶山八矿	$己_{15}$	0.076	1.9×10^{-3}
淮南谢二矿	C13	0.135	3.37×10^{-3}	淮北芦岭矿	厚煤	0.028	0.7×10^{-3}
芙蓉白皎矿	K3	0.20	5×10^{-3}	石嘴山一矿		0.087	2.18×10^{-3}
红卫坦家冲	6	0.472	1.18×10^{-2}	沈阳红菱矿	12	0.014	3.5×10^{-4}
淮南潘一矿	C13	0.011 35	$2.837\,5\times10^{-4}$	淮南李二矿	B8	0.171 7	4.29×10^{-3}
淮南新庄孜	B4	0.044 5	1.11×10^{-3}	淮南新庄孜	B7	0.058 6	1.47×10^{-3}

由于煤层渗透率在瓦斯抽采及煤层气开采中的重要意义，国内外的学者对其从多个尺度和多个角度开展了大量的研究，取得了丰硕的研究成果：

从研究尺度的角度可将对煤体渗透特性的研究分为两类：一是现场尺度的透气性系数测定，一是实验室尺度的渗透率物理模拟与渗透率模型研究。透气性系数是一个间接可测定量，目前最常用的测定方法是周世宁提出的“钻孔流量法”[11,14-16]。在现场的实测中，“钻孔流量法”还可以细分成3种方法，通常需要根据扰动带的影响范围具体确定[11]：

（1）一般情况下，单向流量法适用于强度高和裂隙发育的煤层，但这种煤层只有当暴露面积大时才能满足单向流动理论的假设要求；

（2）当煤层透气性主要由较小的裂隙体现时，其流场的实际状态和径向流动理论的基本假设相吻合，这时采用径向流量法较为合适；

（3）对于松软煤层，其强度低、块度小，受钻孔的扰动影响大，这种情况下则以采用球向流量法较为合适。

实验室尺度的渗透率物理模拟试验则是从多个角度研究了影响煤体渗透特性的各种因素。国外，S. Harpalani、S. Mazumder 等[17-19]通过试验模拟煤层气开发过程中气体压力的变化，研究了有效应力和吸附膨胀变形竞争作用下煤样渗透率的演化规律。Chen Zhongwei、Pan Zhejun 等[20-22]分别使用吸附性气体和非吸附性气体测试了煤样的有效应力系数，并进一步研究了有效应力的单重作用对于煤样渗透率演化的影响。J. Seidle、S. Durucan、E. P. Robertson、F. Van Bergen、P. Ranjith 和 E. Battistutta 等[23-29]通过试验研究了煤体的吸附膨胀变形特性及其对渗透率的影响，其中，E. P. Robertson 研制了一种精密的光学测定吸附膨胀变形的仪器，测试了煤样吸附 CH_4、CO_2、N_2 和 He 时的吸附膨胀变形，并利用试验结果修正了 3 种常见的渗透率模型。考虑到实际煤储层所处的应力状态，S. Harpalani、Liu Shimin、M. S. A. Perera 等[17,30,31]在实验室模拟了单轴应变条件，测试了煤样渗透率随孔隙压力和围压改变时的演化规律，并基于试验结果对常见的渗透率模型进行了修正。此外，L. Klinkenberg[32]、Y. S. Wu 和 P. Karsten[33]等研究了 Klinkenberg 效应对低渗透裂隙煤体渗透率的影响。G. K. W. Dawson 等[34]试验揭示了不同变质程度煤样的渗透率同割理系统(割理间距、割理高度、煤样的条带特性)之间关系。M. S. A. Perera 等[35]试验揭示了温度对于煤体渗透特性的影响。

国内，从 20 世纪 90 年代初，鲜学福、周军平和姜永东等学者共同探讨了煤样渗透率与地应力、孔隙压力、温度以及地电场参数之间的关系，并建立相关的经验公式和理论模型[36-39]。林柏泉等[40]试验研究了含瓦斯煤体在围压不变时，孔隙压力同煤样渗透率和吸附变形之间的关系，并得出在围压不变的前提下，孔隙压力和渗透率以及煤样变形值间的关系基本上服从指数方程。赵阳升、胡耀青等[41,42]实验揭示了气体吸附作用和变形作用对渗流的影响，并得出煤样渗透率随孔隙压力呈抛物线形变化。秦勇和傅雪海等[43,44]分别测试了有效应力不变或气体(CH_4)压力不变时，煤样渗透率随围压改变的演化规律，并分别建立了煤体渗透率随裂隙面密度、裂隙产状和裂隙宽度演化的预测数学模型。孙培德等[45]通过变化围压和孔隙压力，研究了含瓦斯煤在变形过程中渗透率的变化规律，并拟合得到了渗透率随围压和孔隙压力变化的经验方程。吴世跃和李祥春等[46,47]建立了考虑煤骨架吸附变形的渗透率模型。尹光志、许江等[48-56]对不同力学路径下含瓦斯煤体的渗透特性进行了大量研究，并分析了有效应力、吸附变形、煤体损伤破坏、温度和蠕变等因素对渗透率的影响。彭永伟等[57]试验研究并构建了考虑尺度效应的煤样渗透率模型。谢和平等[58]建立了煤体在支承压力、孔隙压力和瓦斯吸附膨胀耦合作用下渗透率的理论表达式。在作者所在团队前期的研究工作中，陈海栋等[59,60]选择与保护层煤体受力过程相近的卸载力学路径分别开展了 CT 扫描试验和渗透率测试，研究了卸载过程中煤体损伤与渗透率演化特性；潘荣锟[61]使用垂直层理、平行层理和斜交层理三种原煤样，测试了卸载过程中煤样的渗透率演化规律，获得了渗透率突变的卸载增透模型。

通过对煤体渗透率物理模拟试验研究现状的梳理可以发现，国内外的众多学者在开展渗透率物理模拟试验时均是根据特定的工程背景设定试验条件。其中，国外学者主要以煤层气开采过程中煤储层的渗透率变化为研究对象，重点研究了煤储层处于原始应力状态时，有效应力和吸附膨胀变形在渗透率演化中起到的作用。国内学者除了对上述研究热点进行了跟踪研究以外，更长于采动卸压条件下煤体渗透率的演化特性研究，在研究获得煤层在实际工程中的应力状态演化规律的基础上，在实验室开展了大量的不同加-卸载力学路径下的煤样渗透率物理模拟试验。

3.3.2　渗透性演化的理论基础

F. Seelheim 于 1880 年提出多孔介质的渗透率与裂隙（孔隙）直径的某些特征量的平方值有关[62]。此后，大量的经验型和半经验型方程被相继提出，用以预测多孔介质的渗透率，其中最著名的是由 J. Kozeny[63] 于 1927 年提出，并由 P. Carman[64] 随后修正的 Kozeny-Carman（KC）方程。由于煤层与油气储层等多孔介质相比裂隙（孔隙）结构及其连通性非常复杂，很难建立广义上严格的数学模型来准确描述渗透率和裂隙（孔隙）特征之间的关系，因此目前 KC 方程仍然被广泛用于地下渗流、油气田开采、化学工程、生物化学和电化学等众多领域。

下面，我们介绍 KC 方程的主要实验依据和推导过程。如图 3-6 所示，在一圆柱形的容器内，下部装有一定厚度压实的细沙，从顶部向容器内注水，水在重力的作用下渗流穿过细沙层，从底部出口流出。

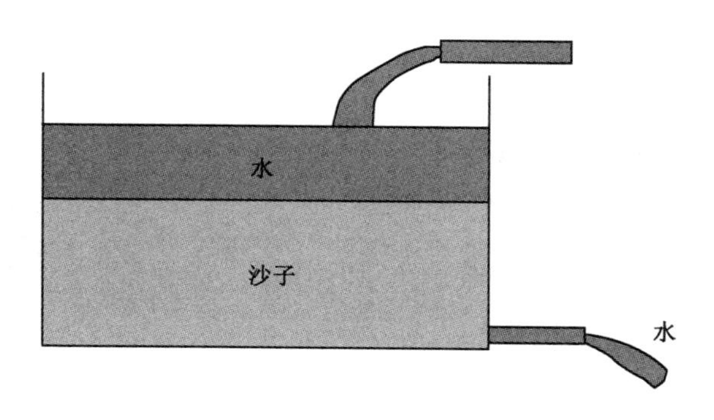

图 3-6　细沙层渗水试验

水在细沙层中的渗流过程可以用图 3-7 形象地表示，水在重力的作用下从顶部缓慢地通过细沙层中贯通的裂隙渗流到底部。为了用数学的语言描述水流在裂隙中的运移特征，需进一步将多孔介质的裂隙结构和水渗流的物理过程进行抽象和简化。目前应用最为广泛的简化模型为毛束管模型，即，将裂隙视为圆柱状的渗流空间，四周为不可渗流的多孔介质骨架，如图 3-8 所示。

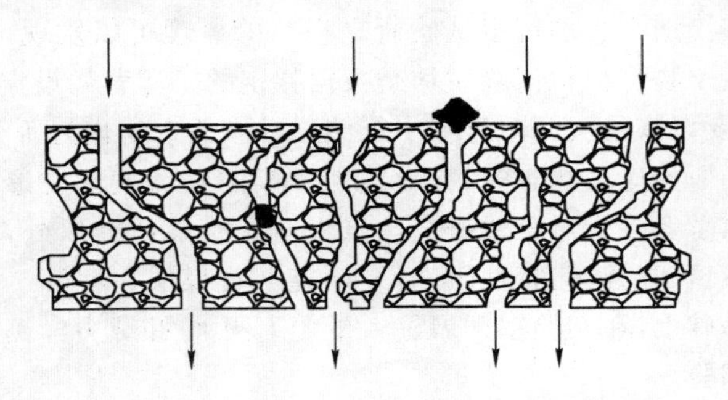

图 3-7　细沙层渗水试验物理简化模型

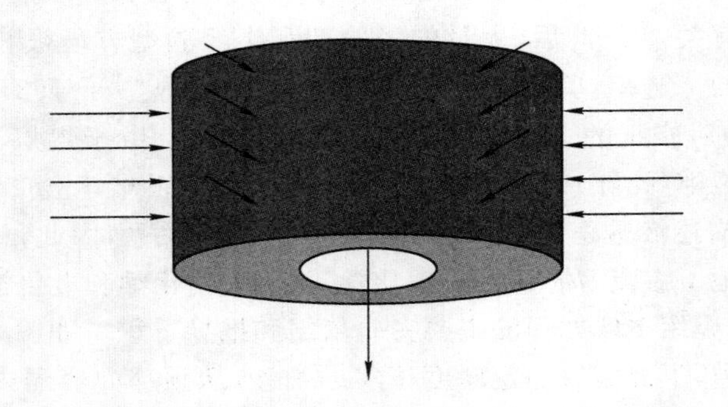

图 3-8　三维毛细管束模型

对于多条裂隙存在的情况，其毛管束模型则为图 3-9 所示。

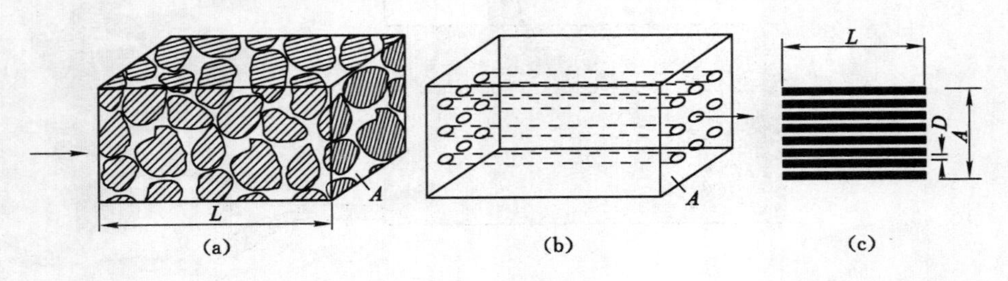

图 3-9　多孔介质物理简化模型

(a) 多孔介质；(b) 三维毛细管束简化模型；(c) 二维毛细管束简化模型

为了进一步推导 KC 方程，此处将三维的毛管束模型处理为二维的毛管束模型，如图 3-9(c)所示。其中，多孔介质层的厚度(长度)为 L，毛细管的直径为 D，多孔介质层的顶底面积均为 A，n 组毛管束的顶底面积为 A'。在上述设定的情况下有：

$$\phi_f = \frac{A'}{A} \tag{3-17}$$

式中 ϕ_f ——多孔介质的裂隙率，%。

设 Q 为单位时间从多孔介质层底部流出的水流量，则有：

$$Q = Av = A'v' \tag{3-18}$$

式中 v ——流过多孔介质层底面的平均流速，m/s；

v' ——流过毛管束底面的平均流速，m/s。

于是我们可以得到：

$$v' = \frac{Av}{A'} \tag{3-19}$$

即：

$$v' = \frac{v}{\phi_f} \tag{3-20}$$

P. Carman[64]在对 Kozeny 方程进行修正时意识到，毛管束内流体的流速要大于通过上式求得的流速，这是因为毛管束渗流长度要大于多孔介质层的厚度，因此存在：

$$v' = \frac{vl'}{\phi_f l} \tag{3-21}$$

式中 l' ——渗流长度的平均值，m。

同时，由裂隙率的概念可知：

$$\phi_f = \frac{V_f}{V} = \frac{V_f}{V_f + V_s} \tag{3-22}$$

式中 V ——多孔介质总体积，m^3；

V_f ——裂隙孔隙体积，m^3；

V_s ——多孔介质骨架体积，m^3。

根据多孔介质总体积、裂隙孔隙体积和骨架体积之间的相互关系，下述各式也成立：

$$V_f = V\phi_f \tag{3-23}$$

$$V_s = V(1-\phi_f) \tag{3-24}$$

$$V_f + V_s = \frac{V_s}{(1-\phi_f)} \tag{3-25}$$

$$V_f = \frac{\phi_f V_s}{(1-\phi_f)} \tag{3-26}$$

定义 S 为毛管束表面积，则有：

$$S = n\pi Dl' \tag{3-27}$$

$$V_{\mathrm{f}}=\frac{n\pi D^{2}l'}{4}=\frac{SD}{4} \tag{3-28}$$

$$D=\frac{4\phi_{\mathrm{f}}V_{\mathrm{s}}}{S(1-\phi_{\mathrm{f}})} \tag{3-29}$$

式中　n——毛管束总个数；

　　D——毛管束直径，m。

S即是毛管束的表面积，同时也是骨架的表面积，则有：

$$S=\pi d_{\mathrm{s}}^{2} \tag{3-30}$$

$$V_{\mathrm{s}}=\frac{\pi d_{\mathrm{s}}^{3}}{6} \tag{3-31}$$

式中　d_{s}——骨架颗粒的等效平均直径，m。

将式(3-30)和式(3-31)代入式(3-29)可得：

$$D=\frac{2\phi_{\mathrm{f}}d_{\mathrm{s}}}{3(1-\phi_{\mathrm{f}})} \tag{3-32}$$

此外，由 Poiseuille 方程可知，对于厚度为l的多孔介质层，其上下压差为Δp时有[65]：

$$\frac{\Delta p}{l}=-32\frac{\mu v'}{D^{2}} \tag{3-33}$$

将式(3-21)代入式(3-33)，并转化为微分方程的形式，有：

$$\frac{\mathrm{d}p}{\mathrm{d}x}=-32\frac{\mu vl'}{\phi_{\mathrm{f}}lD^{2}} \tag{3-34}$$

将式(3-32)代入式(3-34)，得：

$$\frac{\mathrm{d}p}{\mathrm{d}x}=-72\frac{\mu vl'(1-\phi_{\mathrm{f}})^{2}}{ld_{\mathrm{s}}^{2}\phi_{\mathrm{f}}^{3}} \tag{3-35}$$

顺序调整后，有：

$$v=-\frac{\dfrac{ld_{\mathrm{s}}^{2}\phi_{\mathrm{f}}^{3}}{72l'(1-\phi_{\mathrm{f}})^{2}}}{\mu}\frac{\mathrm{d}p}{\mathrm{d}x} \tag{3-36}$$

由达西定律可知：

$$v=-\frac{k}{\mu}\frac{\mathrm{d}p}{\mathrm{d}x} \tag{3-37}$$

则：

$$k=\frac{ld_{\mathrm{s}}^{2}\phi_{\mathrm{f}}^{3}}{72l'(1-\phi_{\mathrm{f}})^{2}} \tag{3-38}$$

对于由气固耦合作用造成的渗透率演化而言，由于没有新裂隙的生成，则l、l'和d_{s}基本不会发生变化：

$$\frac{k}{k_0}=\frac{\dfrac{ld_s^2\phi_f^3}{72l'(1-\phi_f)^2}}{\dfrac{ld_s^2\phi_{f0}^3}{72l'(1-\phi_{f0})^2}}=\left(\frac{\phi_f}{\phi_{f0}}\right)^3\frac{(1-\phi_{f0})^2}{(1-\phi_f)^2} \tag{3-39}$$

由于裂隙率远小于1，上式可进一步简化为：

$$\frac{k}{k_0}=\left(\frac{\phi_f}{\phi_{f0}}\right)^3 \tag{3-40}$$

式(3-40)为推导由气固耦合作用引起渗透率演化的理论基础，常被称为“立方定律”。

3.3.3　Klinkenberg 效应

对于气体在低密度(低压力状态)下的渗流，达西定律不再适用。气体流动按其密度的高低可分为连续流、过渡区、滑流和自由分子流四个层次。气体分子运动过程中与其他分子两次碰撞之间的距离为一个自由程。气体的密度可用平均自由程来表示。当气体分子的平均自由程接近毛细管管径尺寸时就会出现滑流现象，即管壁上分子处于运动状态。这与连续流情形相比，多一个附加流量，这种现象效应称为 Klinkenberg 效应。Klinkenberg 效应最初由 M. Muskat 等[66]在实验室发现：对于同一岩石试样，使用水作为测试介质测定的渗透率要小于使用空气时的测定值，对低渗透样品，这种差异更显著。1941 年 L. Klinkenberg在他的论文中指出，这种差异不是归因于液体的自然性，而是测量空气渗透率时压力的关系。随后，国内外学者针对低渗透多孔介质中气体渗流的 Klinkenberg 效应开展了大量的试验和理论研究，取得了诸多有益的成果[32,33,67-70]。Klinkenberg 效应又称气体滑脱效应：气体在低渗透多孔介质中的渗流特性不同于液体，液体由于切应力的存在，其在裂隙壁面的流速等于零，而气体分子并不是全部黏附于裂隙壁面上，在裂隙壁面仍具有一定的流速，这也使得多孔介质对于气体的克氏渗透率大于其绝对渗透率。其他条件相同时，Klinkenberg 效应主要受气体压力的影响，气体压力越小，气体分子间的相互碰撞越少，气体的 Klinkenberg 效应越显著；若气体压力增大至无穷大时，气体的流动性质接近于液体，Klinkenberg 效应基本消失，此时测得的渗透率即是绝对渗透率，其同克氏渗透率之间存在如下关系[33,71]：

$$k=k_e/\left(1+\frac{4c\lambda}{r}\right)=k_e/\left(1+\frac{b_k}{p_f}\right) \tag{3-41}$$

式中　c——接近于1的比例系数；

λ——测量压力下气体的平均自由程，m；

r——管径尺寸，m；

k_e——有效渗透率(克氏渗透率)，mD；

b_k——Klinkenberg 因子，Pa。

Klinkenberg 因子的大小主要跟多孔介质的孔隙结构和气体分子的平均自由程有关,其同多孔介质绝对渗透率之间的关系可表示为 $b_k = \alpha_k k^{-0.36}$,式中 α_k 为计算系数,F. O. Jones 等[72]通过测试 100 组渗透率介于 0.01～1 000 mD 的岩芯求得,α_k 一般取值为 0.251。

3.4 有效应力与吸附变形对煤体渗透性的控制作用

3.4.1 渗透性演化的测试方法

3.4.1.1 渗透率测定原理

渗透率测定方法主要分为稳态测定法和瞬态压力脉冲测定法,其中稳态测定法通常适用于渗透率较大的试件,而瞬态测定法主要用于渗透率较小的试件。由于煤体的渗透率相对而言都是较小的,所以一般实验室测定煤体渗透率演化规律直接利用瞬态测定法,因而本小节仅介绍煤样渗透率测试时使用的瞬态压力脉冲法的基本原理。

瞬态压力脉冲法最早由 W. Brace 等[73]提出并用于花岗岩的渗透率测定。同稳态渗透率测定方法相比,使用瞬态法测量渗透率较低的煤岩体时所需的时间更短,减少了长时间测量可能带来的系统泄漏和温度变化的影响。此外,使用瞬态压力脉冲法时,系统监测的是上下游的压差而不需要监测流量,高精度的压力测量比高精度的流量测量更容易实现,因此瞬态压力脉冲法的精度更高,近年来也得到了非常广泛的应用[74,75]。

瞬态压力脉冲法的原理如图 3-10 所示。试验时,待试样及上下游储气罐压力平衡一段时间后,突然提高上游储气罐内压力,在上下游压力梯度的作用下,气体会在试样内部形成一维渗流。随后,上游储气罐的压力逐渐降低,下游储气罐的压力逐渐增加,压力差逐渐减小。

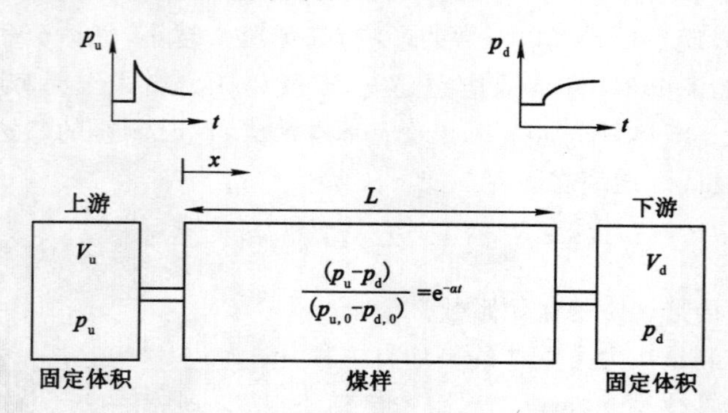

图 3-10　瞬态压力脉冲法原理图[74,75]

上下游储气罐的压力差由压差传感器、数据采集卡和计算机实时采集并存储，试验时采集的压力差随时间变化的典型曲线如图 3-11 所示。

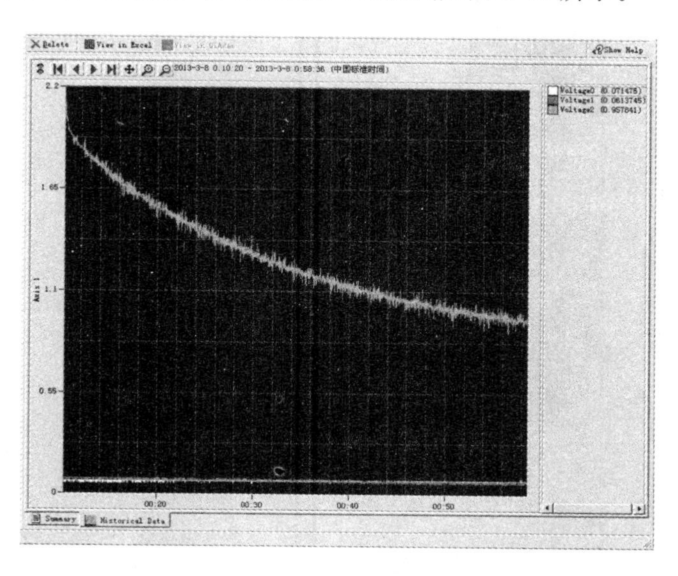

图 3-11 瞬态压力脉冲法测定压差脉冲曲线

上下游储气罐的压力差同时间的关系还符合下式的函数关系[22]：

$$\frac{p_u - p_d}{p_{u,0} - p_{d,0}} = e^{-\alpha t} \tag{3-42}$$

式中 p_u ——上游储气罐的压力，kPa；

p_d ——下游储气罐的压力，kPa；

$p_{u,0}$ ——施加压力脉冲初始时刻上游储气罐的压力，kPa；

$p_{d,0}$ ——施加压力脉冲初始时刻下游储气罐的压力，kPa；

t ——时间，s。

以压力差为纵坐标，时间为横坐标，可以作出试样的压力衰减曲线，通过使用式(3-42)进行拟合，就可以获得系数 α。此外，α 还可以由下式计算获得[22]：

$$\alpha = \frac{k}{\mu\beta L^2} V_s \left(\frac{1}{V_u} + \frac{1}{V_d}\right) \tag{3-43}$$

式中 k ——试样渗透率，mD；

μ ——气体动力学黏度，Pa·s；

β ——气体压缩因子，Pa^{-1}；

L ——试样长度，m；

V_s ——试样体积，m^3；

V_u ——上游储气罐死空间,m^3;

V_d ——下游储气罐死空间,m^3。

上述参数中,除了渗透率 k 未知外,其余参数都已经事先测定,将实测数据拟合得到的 α 值代入式(3-43)中,就可以求得试样的渗透率。

3.4.1.2 渗透率测定装置简介

实验室测定主要利用煤岩"吸附-渗流-力学"耦合测试系统进行试验,试验装置及其测试系统原理图如图 3-12 和图 3-13 所示。其中最主要的两个模块为加载模块和渗流模块:加载模块主要包括单轴加压框架、压力室、伺服系统、轴压加载活塞泵(含液压源)、围压加载活塞泵(含液压源)、温控系统及加载控制系统。渗流模块主要包括由美国 Teledyne ISCO 公司生产的高精度计量泵(型号 500D)、真空泵、储气罐(缓冲罐)、水浴、气源及耐压管路系统。

图 3-12 煤岩"吸附-渗流-力学"耦合测试系统

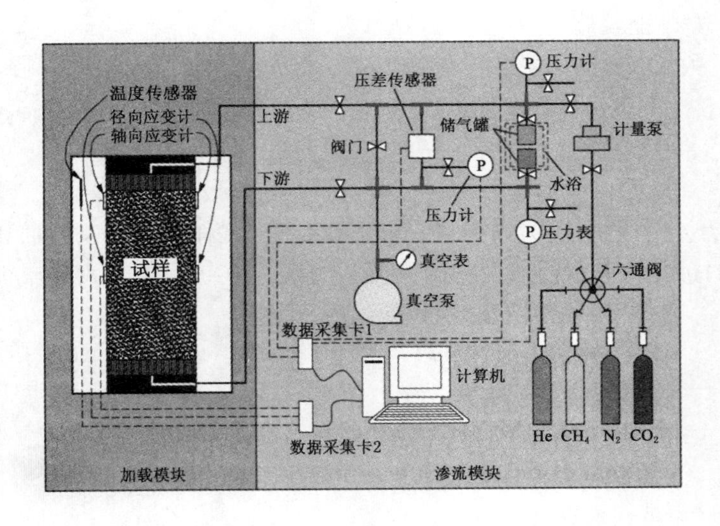

图 3-13 煤岩"吸附-渗流-力学"耦合测试系统原理图

3.4.1.3　试验煤样制取

测定煤的渗透率时，煤样规格等标准可参照煤岩力学试验时试样标准制备。国际岩石力学学会和中国国家标准化管理委员会对煤的力学试验所使用试样的采样标准、形状、尺寸、加载速率、湿度和温度等都制定了相应的标准，在测定煤样的强度时应符合试样标准和试验标准条件，主要包括：

(1) 标准试样宜采用直径为(50^{+5}_{-2}) mm 的圆柱体，高径比为(2±0.2)，高径比偏离标准时，应考虑对试验结果的影响。若开展真三轴试验，可采用50 mm×50 mm×100 mm 的长方体。

(2) 煤样加工精度应按照《工程岩体分级标准》(GB/T 50218—2014)执行，即需同时满足煤样两端面不平行度误差不大于 0.005 mm，端面不平整度误差不大于 0.02 mm；沿煤样高度上直径误差不大于 0.3 mm；端面垂直于试件轴线，最大偏差不大于 0.25°。

(3) 测试自然含水状态的煤样：煤样制备后，室温条件下，放在底部有水的干燥器内 1～2 d，以保持一定的湿度，但煤样不应接触水面；测试干燥状态的煤样：将煤样在 105～110 ℃下干燥 24 h。

目前煤矿井下常用的取样方法主要包括钻孔取芯法和块煤取样法。钻孔取芯法主要是利用钻机配合直径一定的取芯管，钻取获得直径相同的煤柱，运回实验室后利用岩石切割机和岩石打磨机制备标准尺寸的试验煤样。块煤取样法需要从井下获取完整性较好的大块煤样，经密封和加固措施运回实验室后，使用岩石钻芯机钻取获得煤柱，最后利用岩石切割机和岩石打磨机即可制备标准尺寸的试验煤样。无论是钻机还是岩石取芯机，在钻取过程中均会产生大量的震动，因此上述两种方法仅适用于完整性较好并且硬度较高的煤体。

对于裂隙发育或质地松软的煤，一般难制成满足力学和渗透率试验要求的标准尺寸原煤样，因此，使用型煤代替原煤完成相应的试验研究就显得尤为重要，型煤被国内外学者广泛使用[28,60,76]。同原煤相比，型煤具有均质且各向同性的特点，在试验研究煤样渗透率各影响因素的敏感性时变得尤为重要，避免了使用原煤无法剔除结构差异带来的干扰。本书中渗透率测试使用的型煤煤样，其制备主要包括如下步骤：

(1) 使用破碎机将散煤进行粉碎，然后筛分出 1 mm 以内粒径的煤颗粒作为制样的基料；

(2) 在干净的容器内将煤颗粒和少量蒸馏水混合搅拌均匀，称取一定质量后放入特制模具内(图 3-14)，模具的内径为 50 mm；

(3) 以 300 N/s 的速率加载轴压至 200 kN，稳压 3 h，脱模取出煤样；

(4) 利用真空干燥箱，将煤样以 60 ℃的温度真空干燥 24 h，密封备用，制备完成的型煤煤样如图 3-15 所示。

图 3-14　特制型煤模具

图 3-15　试验用型煤煤样

在型煤制备时有一个技巧很实用，因混合好的湿煤样在粒径和含水率上一致，可通过首个制备好的型煤计算出制备标准尺寸(ϕ50 mm×100 mm)型煤所需要湿煤样的质量，进而可以将湿煤样称重装袋密封备用。使用这种方法制备的型煤高度基本一致，均在 100 mm 左右。

3.4.1.4　静水压条件下煤样的渗透特性测试

静水压条件下煤样的渗透特性测试主要为了研究气固耦合作用，即基质吸附膨胀变形作用和有效应力作用对煤体渗透率演化特性的影响。目前比较常用的研究基质吸附膨胀变形作用的试验方法为：静水压条件下同时改变气压和围压，保持两者压差不变；研究有效应力作用的试验方法为：静水压条件下恒定气压改变围压或者静水压条件下恒定围压改变气压。具体试验步骤如下：

(1) 首先测定煤样吸附平衡过程中的渗透率演化特性，试验条件为恒定围压及瓦斯压力。因煤样完全吸附平衡时间较长，试验时将围压和气压都设定为较小的数值,从而来缩短试验周期,围压设置并恒定为 300 psia(1 psia=6.894 8 kPa,下同),上下游储气罐的气体压力设置并恒定为 100 psia。

(2) 测定吸附平衡不同时间时(保持瓦斯压力不变)煤样渗透率随围压改变的演化特性。

如此在一组试验中就能够获得基质吸附膨胀变形作用和有效应力作用对煤体渗透率演化特性的影响。同时,由于分别使用了型煤和原煤,两种煤样在等效基质尺度上的不同,便于根据其渗透率演化的差异分析等效基质尺度对煤样渗透率演化特性的影响。详细的试验步骤如下:

(1) 在试样侧面涂上 304 硅胶,待凝固后将其和上下压头对齐安装,套上热缩管,用热风机加热使热缩管收缩紧贴试样及上下压头。使用 3M 胶带将热缩管的两段紧紧缠绕住上下压头,并使用金属箍进行箍紧固定。试样密封完成后,安装环向应变仪和轴向应变仪,并将其移至三轴压力室固定,进一步连接应变采集接口以及上下游管路(图 3-16)。同时检验整个系统的气密性。

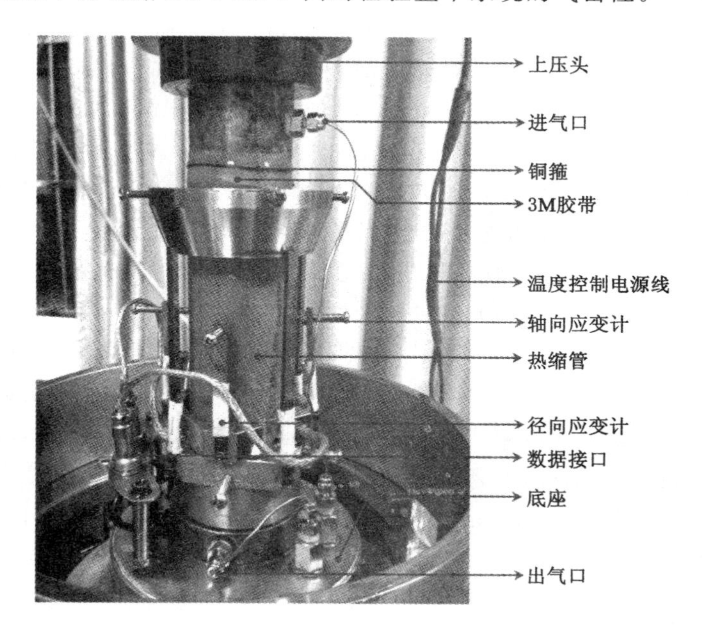

图 3-16 试验用型煤煤样

(2) 试样在压力室安装完成后,对压力室进行密封充液,以应力控制的方式将围压加载至 300 psia(静水压条件)。将径向应变及轴向应变进行清零设置,从而便于记录由气体压力引起的煤样变形量,打开真空泵将试样、管路以及上下游储气罐抽真空 24 h。

(3) 充 CH_4,气压 100 psia,同时将试样上下游联通减少吸附平衡所需时间。使用瞬态法分别测定试样吸附平衡不同时间时的渗透率。特别的，对于两个型煤因使用瞬态法测试渗透率所需时间较短，在吸附平衡过程中，保持瓦斯压力 100 psia 不变，逐步改变围压至 400 psia、600 psia、800 psia、1 000 psia，并依次测定对应状态的渗透率（围压改变只针对型煤，因为原煤测定的所需时间较长，影响吸附平衡的进行）。试样吸附平衡的过程中需要同时做好试样变形量的采集工作。

3.4.2 煤样径向应变的演化规律

煤样的径向应变演化规律是抽真空和开始注气吸附平衡短时间内的规律，而不是整个渗透率测试过程中的煤样径向应变的演化规律。对于这一时间段内煤样径向应变的演化规律进行研究和分析，主要目的是通过试验获得裂隙瓦斯压力和基质瓦斯压力对于目标瓦斯压力响应速度的差异。为了说明其中的演化规律本小节选取其中一个煤样的试验数据进行详细分析和说明。

型煤煤样在抽真空和开始注气阶段的径向应变演化规律如图 3-17 所示。该项试验进行时的围压恒定为 300 psia，同时规定基质收缩时应变值为正，基质膨胀时应变值为负。在开始进行试验时，将应变传感器的读数清零。在试验进行到 23.5 h 之前，一直对煤样进行抽真空操作，此时煤样的径向应变值大于 0 并随时间缓慢上升，说明随着空气被抽出，基质逐渐收缩。抽真空结束后开始注入 CH_4，在计量泵的作用下保持注气压力恒定为 100 psia。可以看到，随着注气开始，煤样的径向应变值先是快速下降至小于 0（约至－0.15%），进一步随着时间的增加缓慢下降，说明煤样首先快速膨胀，当注气时间超过某一阈值时（下文详述这一阈值的物理意义），煤样缓慢膨胀。

当围压恒定时，导致煤样的膨胀的原因有两个，一是有效应力减小，二是吸附膨胀变形量增大，而煤样径向膨胀速度的快慢则与上述两个因素谁占据主导地位有关。而我们知道吸附膨胀变形量的改变是十分缓慢的[25,77]，因此可以得出煤样的快速膨胀是由于有效应力快速降低引起的，更确切地讲是由于裂隙瓦斯压力快速升高造成的。快速膨胀结束并转化为缓慢膨胀，则是由于裂隙瓦斯压力已经升至同目标压力值（此处为 100 psia）接近的状态，此后煤样膨胀主要由于基质瓦斯压力缓慢增大造成的（引起有效应力减小和吸附膨胀变形量增大），因此煤样缓慢膨胀。从图 3-17 可以看出，从开始注入 CH_4 后，煤样的径向膨胀速度存在突变，快速膨胀在注气开始后 0.5 h 内就基本结束，也就是说当煤样的平衡状态被打破后，裂隙瓦斯压力很快就能达到目标值，而基质瓦斯压力的增大则非常缓慢。裂隙瓦斯压力和基质瓦斯压力的差值主要受煤基质瓦斯扩散特性的影响而不是主要受裂隙瓦斯渗流特性的影响。

通过对试验结果的分析可以发现，当煤样的吸附平衡状态被打破后，例如增大气体压力（对应不可采煤层 CO_2 封存的工况）和减小气体压力（对应煤层瓦斯

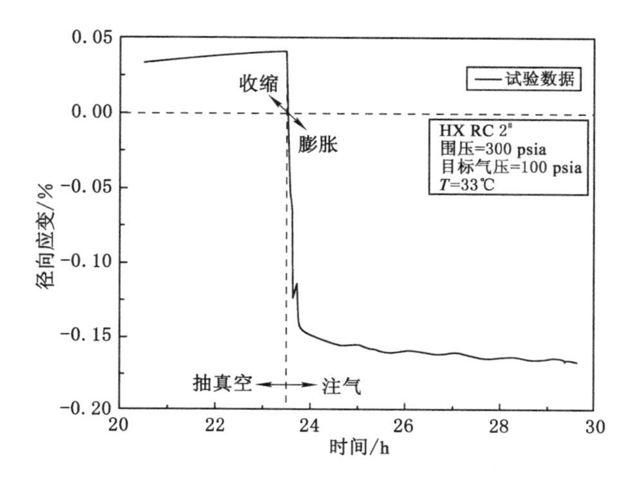

图 3-17　型煤煤样在抽真空和开始注气阶段的径向应变演化规律

抽采的工况)，在新的目标平衡状态没有达到之前，由于裂隙内的瓦斯渗流和基质内的瓦斯扩散对于目标压力响应速度的不同，裂隙瓦斯压力和基质瓦斯压力是不相等的。然而在众多的渗透率模型中，往往只存在一个瓦斯压力，众多学者之所以假设裂隙瓦斯压力和基质瓦斯压力相等，是因为他们认为两个瓦斯压力虽然不相等，但差值很小，以至于可以忽略不计。但已经有学者通过追踪美国圣胡安盆地的煤层气产量等手段得出，煤的扩散特性可以成为整个煤层气开采阶段的主控因素[78-80]，其本质反映出当忽略裂隙瓦斯压力和基质瓦斯压力之间的差异时，使用理论预测的产量跟实际产量会有很大的差异。然而目前在建立渗透率模型及煤与瓦斯气固耦合模型时，对由煤的扩散特性造成的两瓦斯压力的差异关注程度是不够的。

煤样的径向应变演化特性对于我们理解煤的双孔特性非常有益，煤的双孔特性使得瓦斯在煤中存在两种不同瓦斯运移方式，即基质中的瓦斯扩散和裂隙中的瓦斯渗流。两种运移方式在速度上的不同，又使得当煤中的瓦斯吸附平衡状态被打破后，存在了两个瓦斯压力，即基质瓦斯压力 p_m 和裂隙瓦斯压力 p_f。煤的双孔特性也使得对煤适用的有效应力定律异于适用于一般的多孔介质，对于煤这种典型的双重介质而言，双重有效应力定律更加适用[81,82]：

$$\sigma_{ij}^{e} = \sigma_{ij} - (\beta_f p_f + \beta_m p_m)\delta_{ij} \tag{3-44}$$

式中　σ_{ij}^{e}——有效应力，MPa；

σ_{ij}——总应力，MPa；

β_f——裂隙有效应力系数；

β_m——基质有效应力系数；

δ_{ij} ——Kronecker 张量；

同时，使用基质瓦斯压力计算吸附膨胀变形量 ε_s 更加精确：

$$\varepsilon_s = \varepsilon_L \frac{p_m}{p_m + P_L} \tag{3-45}$$

式中 ε_L ——Langmuir 体积应变，即在无限大气体压力下的煤样体积应变；

P_L ——Langmuir 气体压力，即体积应变为 0.5 ε_L 时对应的气体压力，MPa。

3.4.3 煤样渗透率随吸附平衡时间的演化规律

当一个吸附平衡状态被打破后，向新的吸附平衡状态过渡的过程就是裂隙瓦斯压力和基质瓦斯压力之间差值逐渐减小的过程，这个过程所耗费的时间也就是吸附平衡时间。众多学者已经指出吸附平衡所需时间对于吸附-解吸试验，吸附膨胀变形量试验以及煤体渗透率试验的重要意义，因为只有充分吸附平衡才能保证试验结果的准确，并且得出影响吸附平衡时间的主要因素包括：气体类型、试验温度、煤样粒径[18,20,23,25,29,77,83-86]。此外，E. Battistutta[29] 指出煤吸附瓦斯达到热力学平衡状态所需的时间，在任何现场应用中都是需要考虑的非常重要的影响因素。因此研究煤样渗透率随吸附平衡时间的变化规律，不仅有助于提高渗透率试验的准确性，还对于理解 CBM，CO_2-ECBM 开采以及不可采煤层 CO_2 封存过程中煤体渗透率的演化规律有重要的帮助。

利用贺西原煤和型煤渗透率随吸附平衡时间的变化，分别如图 3-18 和图 3-19所示。从上一小节的分析可以知道，对于煤样这种小尺寸的煤体而言，在开始注气后很短的时间内裂隙瓦斯压力就同注气压力基本相等(100 psia)，造成在试验中捕捉渗透率上升(由于有效应力迅速减小而基质缓慢膨胀引起)的试验现象有一定的困难，因此试验测试的结果均为渗透率下降阶段的结果。试验测试时，随着吸附平衡时间的增加，基质瓦斯压力逐渐增大。依据方程(3-44)和方程(3-45)可知：基质瓦斯压力逐渐增大，一方面使得有效应力减小，另一方面使得基质膨胀，渗透率的演化受有效应力和吸附膨胀变形的竞争作用所控制。显然在这个阶段，基质吸附膨胀占主导地位，渗透率随着吸附平衡时间的增加而逐渐减小。

通过图 3-18 和图 3-19 可以发现，渗透率在试验的初期减小较快，随着时间的增加，减小速度逐渐降低。对于型煤而言，吸附平衡 36 h 后，渗透率的变化已经很小，几乎无法分辨；对于原煤，渗透率随时间增大而减小的过程中出现了一些波动，但基本上在 96 h 后，渗透率减小的幅度已经很小。原煤所需的吸附平衡时间约为型煤的 2.7 倍。至 3 个煤样的渗透率基本稳定时，原煤和两个型煤的渗透率基本稳定在 0.27 mD、0.75 mD 和 0.72 mD。型煤煤样和原煤煤样在同一取样地点获得，因此各自的吸附常数应差别不大。而从上一小节的研究结果可知，吸附平衡所需时间主要受煤样的基质特性所控制。因此两种类型的煤样在吸附平衡时间上差异可以说明，型煤制备时经历的粉碎和筛分改变了煤样的基质特性和形状因子，型煤的基质尺度小于原煤的基质尺度。

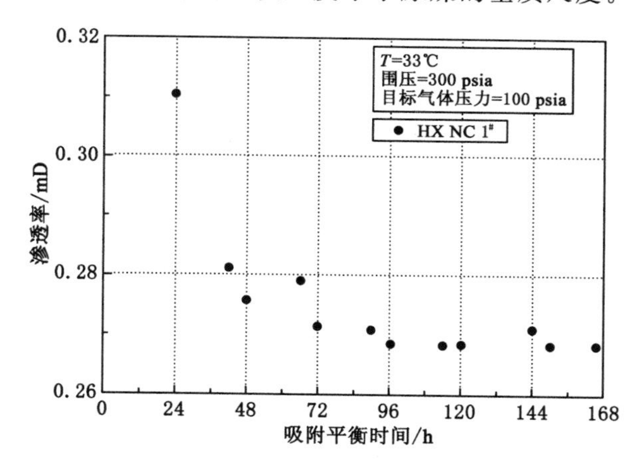

图 3-18 原煤渗透率随吸附平衡时间的演化规律

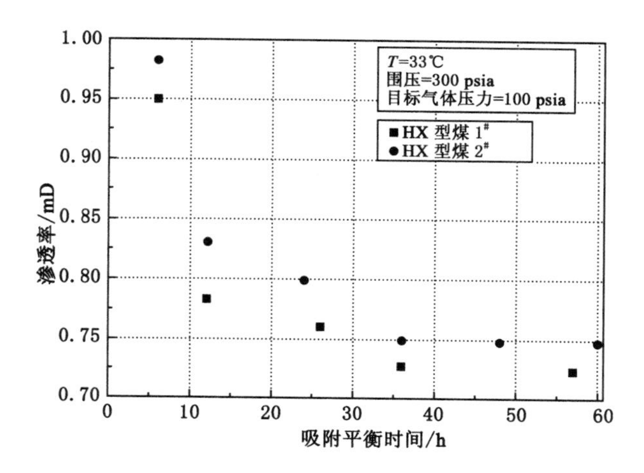

图 3-19 型煤渗透率随吸附平衡时间的演化规律

依据众多学者对于煤样吸附膨胀变形的测试结果可知，吸附平衡是一个非常缓慢的过程，需要很长的时间才能使应变测试数据趋于稳定。J. Seidle 和 L. Huitt[23] 通过测试煤样的吸附膨胀变形量得出每改变一次试验压力需要将近 3 个月的时间才能使应变测试数据趋于稳定。A. Zutshi 和 S. Harpalani[77] 通过测试煤样的吸附膨胀变形量得出达到完全吸附平衡需要至少 75 d。然而吸附膨胀变形量测试试验一般使用打磨好的小煤块(一般约为 1.5 英寸，约 3.81

cm[25])，其体积远小于我们开展渗透率试验时所使用的煤柱（ϕ50 mm×100 mm）体积，因此可以推测煤柱要想达到吸附膨胀变形量的完全稳定则需要更长的时间。但是我们的试验结果显示渗透率在数天后（小于一周）就趋于稳定，此时吸附膨胀变形量仍在缓慢增大，而吸附膨胀变形量的增大没有引起渗透率减小。造成这种现象的原因主要跟试验时煤样所处的应力环境有关，即试验时的边界加载条件会对煤样渗透率演化产生影响。

3.4.4 煤样渗透率随有效应力的演化规律

前面章节已经分析了型煤和原煤在吸附性能上的差异，本小节致力于探讨型煤和原煤渗透率演化在恒定瓦斯压力，改变围压时的特点和差异。试验时，目标瓦斯压力一直恒定为 100 psia，初始围压设定为 300 psia，并依次增大至 400 psia、600 psia、800 psia 和 1 000 psia。由于型煤渗透率较大，使用瞬态法测试渗透率所需时间较短，因此在不同吸附平衡时间时也测试了渗透率随围压改变的演化规律，测试完成后将围压降为 300 psia，继续吸附平衡。对于原煤，则是当渗透率基本不随时间变化后进行测量。

原煤及两个型煤渗透率随围压改变的演化规律分别如图 3-20、图 3-21 和图 3-22 所示。对于原煤开展改变围压的试验时，试验过程中气体压力恒定为 100 psia，由于渗透率基本不随时间的增加而改变，可以认为试验时吸附膨胀变形对煤样渗透率演化不起作用，或作用很小可以忽略。因此对于原煤而言，随着围压的增大，有效应力逐渐增大，煤样的骨架压缩，裂隙宽度减小，煤样的渗透率随着有效应力的增大逐渐减小。在对型煤的多组测试中，煤样中的裂隙瓦斯压力已经基本达到了目标值 100 psia，而基质瓦斯压力仍小于 100 psia 并且在缓慢增大，因此除了有效应力的作用，基质吸附变形也使得裂隙宽度减小，所以对

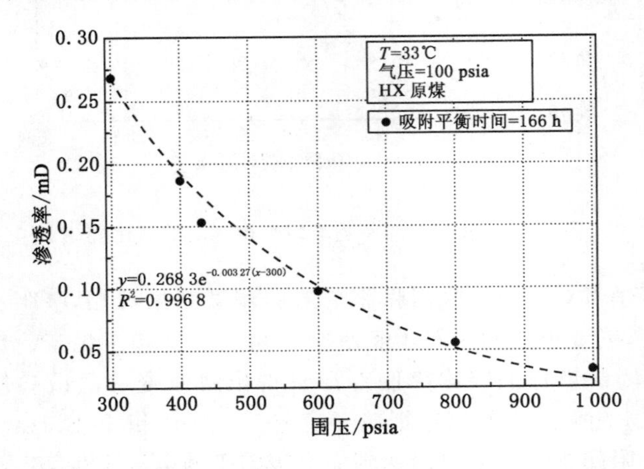

图 3-20 原煤渗透率随围压改变的演化规律

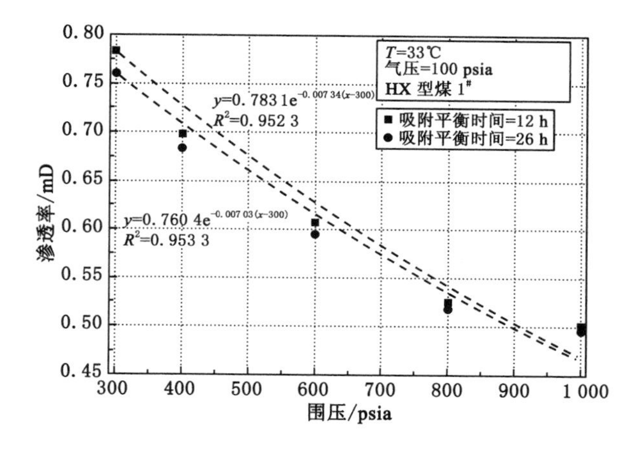

图 3-21 1# 型煤渗透率随围压改变的演化规律

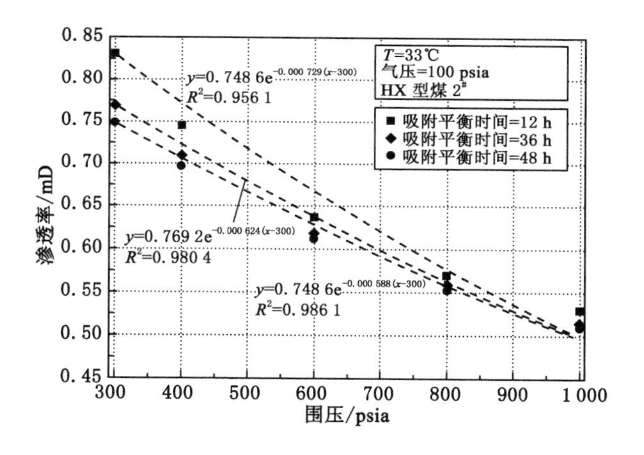

图 3-22 2# 型煤渗透率随围压改变的演化规律

两个型煤而言，相同围压条件吸附平衡时间较长时测定的渗透率更小一些。整体来看，对于三个煤样而言，随着围压的增大，渗透率均逐渐降低，但是同时减小的幅度也在逐渐减小。从相同围压条件下，3 个煤样渗透率的绝对值来看，原煤的渗透率远小于型煤的渗透率，说明型煤的裂隙系统特性（主要包括裂隙率和裂隙连通性）异于原煤的裂隙系统特性；而两个型煤的渗透率则相差不大，说明型煤的均质性较好。

从图 3-21 和图 3-22 可以看出，不同吸附平衡时间时煤样渗透率之间的差异随着围压的增大而逐渐减小，但这并不意味着说随着煤层埋深的增加，裂隙瓦斯压力和基质瓦斯压力之间的差异对于渗透率的影响减小甚至能够忽略。这是因为，试验中，目标气体压力一直恒定 100 psia，仅增加围压，而在实际工程中，地应力会随着煤层埋深增加而增加（即围压会随着煤层埋深增加而增加），但同时瓦斯压力并不恒定，也会随着煤层埋深增加而增加，有效应力增大值显然小于围压的增大值，裂隙瓦斯压力和基质瓦斯压力之间的差异仍然会对煤层渗透率产生相当的影响。

上述章节通过对比原煤和型煤渗透率的差异，研究了两种类型的煤样在裂隙系统特性方面（主要包括裂隙率和裂隙连通性）的差异。而裂隙系统更为重要的一个属性就是对应力改变的响应特征，即裂隙系统的应力敏感性。接下来我们处理试验数据来分析各煤样在应力敏感性方面的异同。目前最常用的衡量裂隙系统应力敏感性的参数被称为裂隙压缩因子，该参数综合反映了煤样的弹性模量、初始裂隙率和基质的吸附特性[87]。目前计算裂隙压缩因子的方法主要有两种，一种是理论计算的方法，另一种则通过对试验数据进行反演拟合获得。

理论计算方法最早由 C. McKee 等[88]在 1988 年时提出：

$$c_f = \frac{c_0}{\alpha_c(\sigma - \sigma_0)}\left[1 - e^{-\alpha_c(\sigma-\sigma_0)}\right] \tag{3-46}$$

式中　c_f ——裂隙压缩因子，$psia^{-1}$；

c_0 ——初始裂隙压缩因子，$psia^{-1}$；

α_c ——裂隙压缩因子改变率，无量纲；

σ_0 ——初始围压，MPa；

σ ——围压，MPa。

使用理论计算方法获得的裂隙压缩因子是围压的函数，使用时需要已知初始裂隙压缩因子 c_0。目前更常用的计算裂隙压缩因子的方法是通过对渗透率随围压改变的试验数据进行反演拟合获得，拟合函数的形式为[89,90]：

$$k = k_0 e^{-3c_f[(\sigma-\sigma_0)-\alpha(p-p_0)]} \tag{3-47}$$

式中　k_0 ——煤体初始渗透率，mD；

p ——孔隙压力，MPa；

p_0 ——初始孔隙压力，MPa。

通过方程(3-47)的形式可以看出其建立时使用了对单重介质适用的有效应力定律，没有考虑裂隙瓦斯压力和基质瓦斯压力之间的差异。引入对双重介质适用的有效应力定律后，我们将式(3-47)进行改进可得：

$$k = k_0 e^{-3c_f[(\sigma-\sigma_0)-\beta_f(p_f-p_{f0})-\beta_m(p_m-p_{m0})]} \tag{3-48}$$

式中　p_{f0} ——初始裂隙瓦斯压力，MPa；

p_{m0} ——初始基质瓦斯压力，MPa。

如果试验时保持气体压力恒定并且煤样已经达到吸附平衡状态（即 $p_f = p_m = p_0$），则方程(3-47)和方程(3-48)又可以有机地统一起来，且可以简化为：

$$k = k_0 e^{-3c_f(\sigma-\sigma_0)} \tag{3-49}$$

上述三个方程分别可以用于拟合各种特定试验状态时的试验数据。对于原煤，由于其测试时已经吸附平衡了 166 h(从 3.4.3 小节的结论可以知道其基本已经达到了吸附平衡状态)，且在试验过程中保持气体压力恒定，因此可以使用方程(3-49)对其试验数据进行拟合。两个型煤在进行改变围压的试验时吸附平衡时间均超过了 10 h，根据 3.4.3 小节中的结论可知，此时煤样内的裂隙瓦斯压力基本等于目标压力 100 psia，并且随着吸附平衡时间的增加变化很小，而此时基质瓦斯压力仍小于 100 psia，并且随着吸附平衡时间的增加而逐渐增大，因此式(3-48)更加适用于对型煤数据进行拟合。但是由于试验时很难测定基质瓦斯压力的绝对值[79]，因此在拟合型煤试验数据时仍然使用方程(3-49)并对由于没有达到吸附平衡产生的误差进行了分析，形如式(3-48)的区分裂隙瓦斯压力和基质瓦斯压力的渗透率模型可以用于煤层气解算。

使用方程(3-49)对三个煤样的试验数据进行拟合，拟合的结果分别绘制于各自对应的试验结果图中(图 3-20、图 3-21 和图 3-22)。拟合结果的 R^2 最小值为 0.952 3，最大值为 0.996 8，说明使用方程(3-49)对试验数据进行拟合具有很高的拟合精度。首先，我们来分析不同吸附平衡时间时裂隙压缩因子的变化规律。对于 1# 型煤，吸附平衡 12 h 和 26 h 时，裂隙压缩因子分别为 2.45×10^{-4} psia^{-1} 和 2.34×10^{-4} psia^{-1}。对于 2# 型煤，吸附平衡 12 h、36 h 和 48 h 时，裂隙压缩因子分别为 2.43×10^{-4} psia^{-1}、2.08×10^{-4} psia^{-1} 和 1.96×10^{-4} psia^{-1}。随着吸附平衡时间的增加，求得的裂隙压缩因子在逐渐减小，由 2# 型煤的数据可以看出这种减小的幅度也在逐渐减小，可以预计的是当完全达到吸附平衡后，两个型煤的裂隙压缩因子应同上述的结果在一个数量级。进一步地，我们来分析两种不同类型煤样的裂隙压缩因子的差异。对于原煤，吸附平衡 166 h 时，裂隙压缩因子为 1.09×10^{-3} psia^{-1}。对比原煤和型煤的裂隙压缩因子可以发现，原煤的裂隙压缩因子远大于型煤的裂隙压缩因子，差别在一个数量级以上。裂隙压缩因子反映出煤样的应力敏感性，其值越大则对于应力的改变越敏感。围压为 300 psia 时煤样的渗透率为初始渗透率 k_0，当围压增至 1 000 psia 时，原煤的渗透率同初始渗透率(k/k_0)的比值为 12.8%，1# 型煤和 2# 型煤的渗透率(选择吸附时间更长时的数据)同初始渗透率(k/k_0)的比值分别为 65.2% 和 68.2%。也就是说原煤的应力敏感性远大于型煤，而两个型煤的裂隙压缩因子和应力敏感性则基本相同。

3.4.5 有效应力及吸附膨胀变形竞争作用分析

国内外学者对于有效应力和吸附膨胀变形在煤体渗透率演化中所起的作用开展了大量的研究，目前被众多学者普遍所接受的观点是，由瓦斯压力改变引起的有效应力改变和吸附膨胀变形在渗透率演化中起到相互竞争的作用。例如，在煤层瓦斯抽采过程中，若煤层未受到采动应力扰动的影响（首采层的原位抽采），则煤层渗透率的改变主要由瓦斯压力的改变所控制，即随着抽采的进行瓦斯持续降低，一方面使得有效应力增大，另一方面使得煤基质收缩。有效应力增大使得煤体骨架压缩，进而使得煤体裂隙被压缩，引起渗透率减小。基质收缩则使煤体裂隙开度增大，引起渗透率增大。综合起来煤体渗透率的改变则是两种作用的竞争结果，符合优势控制的原则。众多学者已经建立了多种形式的渗透率理论模型来描述这种竞争作用，具体使用时，往往仅需要通过试验测定模型中所需要的有效应力特征参数和吸附膨胀特征参数即可。本书不对这种较常规的处理方式作过多介绍，重点分析渗透率模型、试验结果和实际煤储层条件之间的内在联系，进而较深入地探讨有效应力和吸附膨胀的竞争作用。

我们知道，目前较多的渗透率试验在静水压条件下开展。按照 J. S. Liu 等[91]对渗透率模型建立时两种极端边界条件的分析可知，在静水压条件时煤样外部的边界条件为自由膨胀边界，如图 3-23 所示。然而很多渗透率模型都基于将煤体结构简化为火柴杆模型或立方体模型建立，同时又假设裂隙瓦斯压力和基质瓦斯压力相等，在这些假设条件下，当煤样处于自由膨胀边界条件时，注入瓦斯，由于基质是自由的均匀膨胀（或收缩）的，并不会造成裂隙开度减小，因此不会对裂隙渗透率有影响[83,91-93]。使用这些理论模型分析前面开展的静水压条件下煤样渗透率随吸附平衡时间的演化规律可以发现，由于基质膨胀对渗透率不产生影响，则煤样的渗透率应在有效应力的作用下一直增大直至稳定，而这一结论显然同我们所观测到的试验现象是相矛盾的。

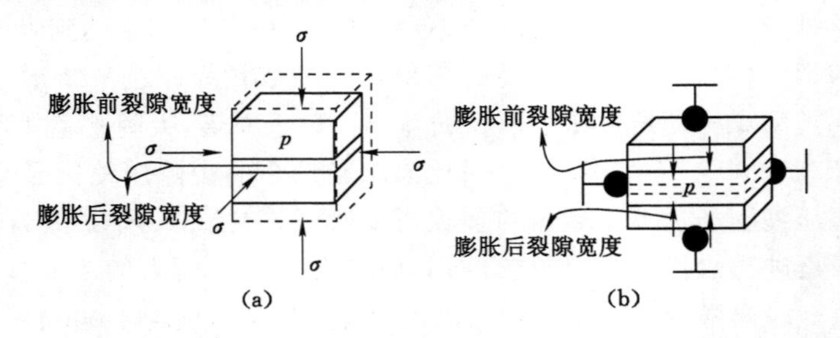

图 3-23　两种理想的煤样外部力学边界条件[91]

(a) 自由膨胀模型；(b) 恒定体积模型

为了分析理论和试验结果相矛盾的原因，本书以实测的煤样径向应变的演化规律和煤样渗透率随吸附平衡时间的演化规律为基础，建立描述煤样吸附平衡整个过程（注气过程）中渗透率演化的概念模型，并进一步对达到某一吸附平衡时刻后吸附膨胀变形量的增大没有引起渗透率减小的原因进行解释。如图 3-24 所示，在初始吸附平衡状态，裂隙瓦斯压力和基质瓦斯压力相等,定义此时的渗透率为 k_0。根据煤样径向应变的演化规律可知,随着以恒定压力开始注气,煤样内部的裂隙瓦斯压力在很短的时间内就同注气压力相等,而基质瓦斯压力则上升缓慢。因此在注气初期,有效应力作用大于基质吸附膨胀作用,渗透率在有效应力的主导下迅速上升。随着吸附平衡时间的增加,基质吸附膨胀作用持续增大,而有效应力作用经过了初期的迅速增大后,增大的速度显著降低(这是由于,煤样内部的裂隙瓦斯压力同注气压力趋于相等后,有效应力作用的增大主要由基质瓦斯压力的增大引起,因此增大的速度显著降低)。当吸附平衡到 t_1 时,有效应力的作用刚好与基质吸附膨胀作用能够抵消,此时煤样的渗透率达到整个吸附平衡阶段最大值。t_1 时刻后,基质吸附膨胀作用大于有效应力的作用,且基质吸附膨胀作用的增大速度要大于有效应力作用的增大速度,因此煤样的渗透率逐渐减小。正是这一时段的渗透率演化规律同理论预测的不一致,为此本书引入刘继山等[83,91-93]提出的“吸附膨胀区域”理论进行解释。根据“吸附膨胀区域”理论可知,在这一吸附平衡阶段,受煤基质扩散特性的控制,裂隙内的瓦斯仅扩散到其相邻的煤基质,即吸附膨胀变形仅发生在裂隙周围区域。由于瓦斯在基质内扩散速度较慢,在这一区域外,基质瓦斯压力改变得非常微小,因此远离裂隙区域(几乎没有发生吸附膨胀的区域)的基质像一堵墙一样阻止了裂隙周围基质的自由膨胀,基质的膨胀仍会对裂隙开度产生影响,进而造成煤样的渗透率降低。当吸附平衡到 t_2 时刻后,吸附膨胀变形仍在增大,说明此时应尚未达到完全的吸附平衡,因此有效应力同时也仍在减小,而试验观测到的渗透率基本趋于稳定,没有像图 3-24 的虚线部分所示继续下降,这可能是由于两点原因造成:一是此时有效应力和吸附膨胀变形的作用恰好能够抵消;二是由于吸附平衡的持续进行,裂隙周围基质的吸附膨胀变形更加均衡,外围基质“墙”的作用消失,煤样渗透演化又表现出自由膨胀条件下的演化特性。

从上述分析可以发现,由基质的瓦斯扩散特性造成的基质不均匀膨胀对渗透率的演化具有非常重要的影响。可以推测,这种影响的程度不仅同基质的尺度特征密切相关,还同气体的吸附特性紧密相关。煤的等效基质尺度越大,气体吸附性越强,则由基质吸附的不均衡性对煤体渗透率演化特性的影响越大。可以预见,在未来进行 CO_2-ECBM 开发,CO_2 封存的过程中,由于煤对 CO_2 的吸附能力更强,吸附膨胀的作用也更大,同时煤吸附 CO_2 所需的吸附平衡时间远大于吸附 CH_4 所需的吸附平衡时间[29],同时对于大面积的煤层而言基质吸附的不均衡性更大,因此裂隙瓦斯压力和基质瓦斯压力之间的差别将更大。如果在建立渗透率模型时仍然忽略两个瓦斯压力之间的差异,则使用理论模型来分析煤层渗透率的演化时会出现很大的偏差。

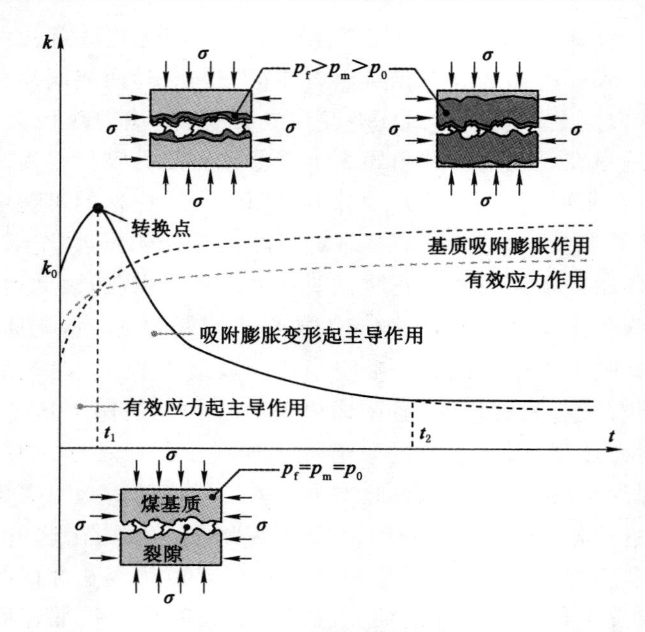

图 3-24　有效应力及吸附膨胀竞争作用示意图

参 考 文 献

[1] 范章群,夏致远.煤基质形状因子理论探讨[J].煤田地质与勘探,2009,37(3):15-18.

[2] LI H Y. Major and minor structural features of a bedding shear zone along a coal seam and related gas outburst,Pingdingshan coalfield,northern China[J]. International Journal of Coal Geology,2001,47(2):101-113.

[3] GAMSON P D,BEAMISH B B,JOHNSON D P. Coal microstructure and micropermeability and their effects on natural gas recovery[J]. Fuel,1993,72(1):87-99.

[4] 张胜利,李宝芳.煤层割理的形成机理及在煤层气勘探开发评价中的意义[J].中国煤炭地质,1996,8(1):72-77.

[5] 毕建军,苏现波,韩德馨,等.煤层割理与煤级的关系[J].煤炭学报,2001,26(4):346-349.

[6] 苏现波,冯艳丽,陈江峰.煤中裂隙的分类[J].煤田地质与勘探,2002,30(4):21-24.

[7] SU X B,FENG Y L,CHEN J F,et al. The characteristics and origins of

cleat in coal from Western North China[J]. International Journal of Coal Geology,2001,47(1):51-62.
[8] LI H,SHIMADA S,ZHANG M. Anisotropy of gas permeability associated with cleat pattern in a coal seam of the Kushiro coalfield in Japan[J]. Environmental Geology,2004,47(1):45-50.
[9] LAUBACH S E,MARRETT R A,OLSON J E,et al. Characteristics and origins of coal cleat:A review[J]. International Journal of Coal Geology,1998,35(1):175-207.
[10] 管俊芳,侯瑞云.煤储层基质孔隙和割理孔隙的特征及孔隙度的测定方法[J].华北水利水电大学学报(自然科学版),1999,20(1):23-27.
[11] 周世宁,林柏泉.煤层瓦斯赋存与流动理论[M].北京:煤炭工业出版社,1999.
[12] 葛家理,宁正福,刘月田,等.现代油藏渗流力学原理[M].北京:石油工业出版社,2001.
[13] VALLIAPPAN S,ZHANG W. Numerical modelling of methane gas migration in dry coal seams[J]. International Journal for Numerical and Analytical Methods in Geomechanics,1996,20(8):571-593.
[14] 周世宁,孙辑正.煤层瓦斯流动理论及其应用[J].煤炭学报,1965,2(1):24-36.
[15] 周世宁.煤层透气系数的测定和计算[J].中国矿业大学学报,1980(1):1-5.
[16] 马跃龙.煤层透气性系数的测定及其分析[J].辽宁工程技术大学学报(自然科学版),1998,17(3):240-243.
[17] MITRA A,HARPALANI S,LIU S. Laboratory measurement and modeling of coal permeability with continued methane production:Part 1-Laboratory results[J]. Fuel,2012,94(1):110-116.
[18] HARPALANI S,SCHRAUFNAGEL R A. Shrinkage of coal matrix with release of gas and its impact on permeability of coal[J]. Fuel,1990,69(5):551-556.
[19] MAZUMDER S,SCOTT M,JIANG J. Permeability increase in Bowen Basin coal as a result of matrix shrinkage during primary depletion[J]. International Journal of Coal Geology,2012,96:109-119.
[20] CHEN Z W,PAN Z J,LIU J S,et al. Effect of the effective stress coefficient and sorption-induced strain on the evolution of coal permeability:Experimental observations[J]. International Journal of Greenhouse Gas

Control,2011,5(5):1284-1293.

[21] CHEN Z W,LIU J S,PAN Z J,et al. Influence of the effective stress coefficient and sorption-induced strain on the evolution of coal permeability: Model development and analysis[J]. International Journal of Greenhouse Gas Control,2012,8(5):101-110.

[22] PAN Z J,CONNELL L D,CAMILLERI M. Laboratory characterisation of coal reservoir permeability for primary and enhanced coalbed methane recovery[J]. International Journal of Coal Geology,2010,82(3):252-261.

[23] SEIDLE J,HUITT L. Experimental measurement of coal matrix shrinkage due to gas desorption and implications for cleat permeability increases [C]//Proceedings of the International Meeting on Petroleum Engineering,F,1995.

[24] DURUCAN S, AHSANB M, SHIA J-Q. Matrix shrinkage and swelling characteristics of European coals [J]. Energy Procedia, 2009, 1 (1): 3055-3062.

[25] ROBERTSON E P. Measurement and modeling of sorption-induced strain and permeability changes in coal[D]. United States:Colorado School of Mines,2005.

[26] ROBERTSON E P,CHRISTIANSEN R L. Modeling permeability in coal using sorption-induced strain data[C]//Proceedings of the SPE Annual Technical Conference and Exhibition,F,2005.

[27] VAN BERGEN F,SPIERS C,FLOOR G,et al. Strain development in unconfined coals exposed to CO_2,CH_4 and Ar:Effect of moisture[J]. International Journal of Coal Geology,2009,77(1):43-53.

[28] JASINGE D,RANJITH P,CHOI X,et al. Investigation of the influence of coal swelling on permeability characteristics using natural brown coal and reconstituted brown coal specimens[J]. Energy,2012,39(1):303-309.

[29] BATTISTUTTA E,VAN HEMERT P,LUTYNSKI M,et al. Swelling and sorption experiments on methane,nitrogen and carbon dioxide on dry Selar Cornish coal[J]. International Journal of Coal Geology,2010,84(1):39-48.

[30] LIU S,HARPALANI S,PILLALAMARRY M. Laboratory measurement and modeling of coal permeability with continued methane production: Part 2-Modeling results[J]. Fuel,2012,94(1):117-124.

[31] PERERA M S A,RANJITH P G,CHOI S K. Coal cleat permeability for

gas movement under triaxial, non-zero lateral strain condition: A theoretical and experimental study[J]. Fuel, 2013, 109(7): 389-399.

[32] KLINKENBERG L. The permeability of porous media to liquids and gases[J]. Drilling and Production Practice, 1941, 2(2): 200-213.

[33] WU Y S, KARSTEN P. Gas flow in porous media with Klinkenberg effects[J]. Transport in Porous Media, 1998, 32(1): 117-137.

[34] DAWSON G K W, ESTERLE J S. Controls on coal cleat spacing[J]. International Journal of Coal Geology, 2010, 82(3): 213-218.

[35] PERERA M S A, RANJITH P G, CHOI S K, et al. Investigation of temperature effect on permeability of naturally fractured black coal for carbon dioxide movement: An experimental and numerical study[J]. Fuel, 2012, 94(1): 596-605.

[36] 谭学术，鲜学福，张广洋，等. 煤的渗透性研究[J]. 西安矿业学院学报，1994，14(1)：22-25.

[37] 李志强，鲜学福，隆晴明. 不同温度应力条件下煤体渗透率实验研究[J]. 中国矿业大学学报，2009，38(4)：523-527.

[38] 姜永东，阳兴洋，鲜学福，等. 应力场、温度场、声场作用下煤层气的渗流方程[J]. 煤炭学报，2010，35(3)：434-438.

[39] 周军平，鲜学福，姜永东，等. 考虑有效应力和煤基质收缩效应的渗透率模型[J]. 西南石油大学学报，2009，31(1)：4-8.

[40] 林柏泉，周世宁. 煤样瓦斯渗透率的实验研究[J]. 中国矿业大学学报，1987，16(1)：21-8.

[41] 赵阳升，胡耀青，杨栋，等. 三维应力下吸附作用对煤岩体气体渗流规律影响的实验研究[J]. 岩石力学与工程学报，1999，18(6)：651-553.

[42] 胡耀青，赵阳升. 三维应力作用下煤体瓦斯渗透规律实验研究[J]. 西安矿业学院学报，1996，16(4)：308-311.

[43] 傅雪海，秦勇，姜波，等. 山西沁水盆地中南部煤储层渗透率物理模拟与数值模拟[J]. 地质科学，2003，38(2)：221-229.

[44] 陈金刚，秦勇，傅雪海. 高煤级煤储层渗透率在煤层气排采中的动态变化数值模拟[J]. 中国矿业大学学报，2006，35(1)：49-53.

[45] 孙培德，凌志仪. 三轴应力作用下煤渗透率变化规律实验[J]. 重庆大学学报(自然科学版)，2000(Z1)：28-31.

[46] 吴世跃. 煤层气与煤层耦合运动理论及其应用的研究[D]. 沈阳：东北大学，2006.

[47] 李祥春，郭勇义，吴世跃. 煤吸附膨胀变形与孔隙率、渗透率关系的分析

[J]. 太原理工大学学报,2005,36(3):264-266.

[48] 尹光志,黄启翔,张东明,等. 地应力场中含瓦斯煤岩变形破坏过程中瓦斯渗透特性的试验研究[J]. 岩石力学与工程学报,2010,29(2):336-343.

[49] 尹光志,蒋长宝,李晓泉,等. 突出煤和非突出煤全应力-应变瓦斯渗流试验研究[J]. 岩土力学,2011,32(6):1613-1619.

[50] 尹光志,蒋长宝,王维忠,等. 不同卸围压速度对含瓦斯煤岩力学和瓦斯渗流特性影响试验研究[J]. 岩石力学与工程学报,2011,30(1):68-77.

[51] 尹光志,李铭辉,李文璞,等. 瓦斯压力对卸荷原煤力学及渗透特性的影响[J]. 煤炭学报,2012,37(9):1499-1504.

[52] 尹光志,李晓泉,赵洪宝,等. 地应力对突出煤瓦斯渗流影响试验研究[J]. 岩石力学与工程学报,2008,27(12):2557-2561.

[53] 尹光志,蒋长宝,许江,等. 含瓦斯煤热流固耦合渗流实验研究[J]. 煤炭学报,2011,36(9):1495-1500.

[54] 许江,李波波,周婷,等. 加卸载条件下煤岩变形特性与渗透特征的试验研究[J]. 煤炭学报,2012,37(9):1493-1498.

[55] 许江,彭守建,陶云奇,等. 蠕变对含瓦斯煤渗透率影响的试验分析[J]. 岩石力学与工程学报,2009,28(11):2273-2279.

[56] 许江,彭守建,尹光志,等. 含瓦斯煤热流固耦合三轴伺服渗流装置的研制及应用[J]. 岩石力学与工程学报,2010,29(5):907-914.

[57] 彭永伟,齐庆新,邓志刚,等. 考虑尺度效应的煤样渗透率对围压敏感性试验研究[J]. 煤炭学报,2008,33(5):509-513.

[58] 谢和平,高峰,周宏伟,等. 煤与瓦斯共采中煤层增透率理论与模型研究[J]. 煤炭学报,2013,38(7):1101-1108.

[59] 陈海栋. 保护层开采过程中卸载煤体损伤及渗透性演化特征研究[D]. 徐州:中国矿业大学,2013.

[60] CHEN H D,CHENG Y P,REN T,et al. Permeability distribution characteristics of protected coal seams during unloading of the coal body[J]. International Journal of Rock Mechanics and Mining Sciences,2014(71):105-116.

[61] 潘荣锟. 载荷煤体渗透率演化特性及在卸压瓦斯抽采中的应用[D]. 徐州:中国矿业大学,2014.

[62] SEELHEIM F. Methoden zur Bestimmung der Durchlässigkeit des Bodens[J]. Analytical and Bioanalytical Chemistry,1880,19(1):387-418.

[63] KOZENY J. Über kapillare Leitung des Wassers im Boden[J]. Sitzungsber Wien,Aksd Wiss,1927,136(2a):271-306.

[64] CARMAN P. Fluid flow through granular beds[J]. Chemical Engineering Research and Design,1997(75):32-48.

[65] KLINKENBERG L. The permeability of porous media to liquids and gases[C]//Proceedings of the Drilling and Production Practice,F. American Petroleum Institute,1941.

[66] MUSKAT M, WYCKOFF R D. The Flow of Homogeneous Fluids Through Porous Media[M]. New York:McGraw-Hill,1937.

[67] ZHU W C,LIU J S,SHENG J,et al. Analysis of coupled gas flow and deformation process with desorption and Klinkenberg effects in coal seams [J]. International Journal of Rock Mechanics and Mining Sciences,2007,44(7):971-980.

[68] HU G,WANG H,FAN X,et al. Mathematical model of coalbed gas flow with Klinkenberg effects in multi-physical fields and its analytic solution [J]. Transport in Porous Media,2009,76(3):407-420.

[69] 朱益华,陶果,方伟,等. 低渗气藏中气体渗流 Klinkenberg 效应研究进展[J]. 地球物理学进展,2007,22(5):1591-1596.

[70] JONES F O, OWENS W. A laboratory study of low-permeability gas sands[J]. Journal of Petroleum Technology,1980,32(9):1631-1640.

[71] LIU Q Q,CHENG Y P,ZHOU H X,et al. A mathematical model of coupled gas flow and coal deformation with gas diffusion and klinkenberg effects[J]. Rock Mechanics and Rock Engineering, 2015, 48(3): 1163-1180.

[72] JONES F O, OWENS W. A laboratory study of low-permeability gas sands[J]. Journal of Petroleum Technology,1980,32(9):1631-1640.

[73] BRACE W,WALSH J,FRANGOS W. Permeability of granite under high pressure[J]. Journal of Geophysical Research,1968,73(6):2225-2236.

[74] 李小春,高桥学,吴智深,等. 瞬态压力脉冲法及其在岩石三轴试验中的应用[J]. 岩石力学与工程学报,2001,20(z):1725-1733.

[75] SIRIWARDANE H,HALJASMAA I,MCLENDON R,et al. Influence of carbon dioxide on coal permeability determined by pressure transient methods[J]. International Journal of Coal Geology,2009,77(1):109-118.

[76] 于永江,张华,张春会,等. 温度及应力对成型煤样渗透性的影响[J]. 煤炭学报,2013,38(6):936-941.

[77] ZUTSHI A, HARPALANI S. Matrix Swelling with CO_2 Injection in a CBM Reservoir and its Impact on Permeability of Coal[C]//Proceedings

of the International Coalbed Methane Symposium, University of Alabama, Tuscaloosa, Alabama, F, 2004.

[78] ZUBER M, SAWYER W, SCHRAUFNAGEL R, et al. The use of simulation and history matching to determine critical coalbed methane reservoir properties[C]//Proceedings of the Low Permeability Reservoirs Symposium, F, 1987.

[79] GILMAN A, BECKIE R. Flow of coal-bed methane to a gallery[J]. Transport in Porous Media, 2000, 41(1): 1-16.

[80] PILLALAMARRY M, HARPALANI S, LIU S. Gas diffusion behavior of coal and its impact on production from coalbed methane reservoirs[J]. International Journal of Coal Geology, 2011, 86(4): 342-348.

[81] 陈勉, 陈至达. 多重孔隙介质的有效应力定律[J]. 应用数学和力学, 1999, 20(11): 1121-1127.

[82] ZHANG J, ROEGIERS J-C, BAI M. Dual-porosity elastoplastic analyses of non-isothermal one-dimensional consolidation[J]. Geotechnical & Geological Engineering, 2004, 22(4): 589-610.

[83] QU H, LIU J, PAN Z, et al. Impact of matrix swelling area propagation on the evolution of coal permeability under coupled multiple processes[J]. Journal of Natural Gas Science and Engineering, 2014(18): 451-466.

[84] ZHAO W, CHENG Y, YUAN M, et al. Effect of Adsorption Contact Time on Coking Coal Particle Desorption Characteristics[J]. Energy & Fuels, 2014, 28(4): 2287-2296.

[85] MAJEWSKA Z, CEGLARSKA-STEFANSKA G, MAJEWSKI S, et al. Binary gas sorption/desorption experiments on a bituminous coal: Simultaneous measurements on sorption kinetics, volumetric strain and acoustic emission[J]. International Journal of Coal Geology, 2009, 77(1): 90-102.

[86] GOODMAN A, BUSCH A, DUFFY G, et al. An inter-laboratory comparison of CO_2 isotherms measured on Argonne premium coal samples[J]. Energy & Fuels, 2004, 18(4): 1175-1182.

[87] SHI J Q, DURNCAN S. Drawdown induced changes in permeability of coalbeds: A new interpretation of the reservoir response to primary recovery[J]. Transport in Porous Media, 2004, 56(1): 1-16.

[88] MCKEE C, BUMB A, KOENIG R. Stress-dependent permeability and porosity of coal and other geologic formations[J]. SPE Formation Evaluation, 1988, 3(1): 81-91.

[89] LIU Q Q,CHENG Y P,REN T,et al. Experimental observations of matrix swelling area propagation on permeability evolution using natural and reconstituted samples[J]. Journal of Natural Gas Science and Engineering,2016(34):680-688.

[90] ROBERTSON E P,CHRISTIANSEN R L. A permeability model for coal and other fractured sorptive-elastic media[J]. SPE Journal,2008,13(3):314-324.

[91] LIU J S, CHEN Z W, ELSWORTH D, et al. Interactions of multiple processes during CBM extraction:A critical review[J]. International Journal of Coal Geology,2011,87(3):175-189.

[92] QU H,LIU J,CHEN Z,et al. Complex evolution of coal permeability during CO_2 injection under variable temperatures[J]. International Journal of Greenhouse Gas Control,2012(9):281-293.

[93] LIU J,WANG J,CHEN Z,et al. Impact of transition from local swelling to macro swelling on the evolution of coal permeability[J]. International Journal of Coal Geology,2011,88(1):31-40.

4 煤与瓦斯气固耦合模型

4.1 物理模型及基本假设

在前面章节，我们已经对多孔介质流体力学的基础及煤层瓦斯运移的基本物理规律进行了介绍，为了基于上述一般物理规律建立煤与瓦斯气固耦合模型，本小节首先对煤层瓦斯运移过程中气固耦合运动的物理模型及基本假设进行归纳总结和分析。从而使得读者在阅读此书时按照从普遍到特殊、从整体到具体这样一种循序渐进的过程。

从前面章节可以了解到自然界中煤体呈现异常复杂的非均匀孔隙与裂隙结构的特征，瓦斯运移过程以及由瓦斯运移引起的气固耦合作用是一个“双向的”复杂的物理过程。建立完全真实地描述煤与瓦斯气固耦合运动的数学模型将非常复杂，甚至无法实现，因此需根据其物理本质及各影响因素的重要程度对耦合运动的物理模型进行适当的简化处理。结合前人的研究成果[1,2]，以及我们对于煤与瓦斯气固耦合作用新的理解，本书针对煤与瓦斯气固耦合运动的物理模型及基本假设做如下处理：

(1) 从前面章节对于煤的孔隙和裂隙结构的介绍可知，自然界中煤内部的孔隙系统和裂隙系统极其复杂，孔隙和裂隙的几何形态具有极大的不确定性，大尺度条件下难以准确测量和描述，而要定量描述瓦斯在孔隙-裂隙中运移时所发生的各种微观物理现象则更为困难。通过前面章节的介绍我们已经知道，瓦斯在煤层中的运移形态是扩散或者渗流，与煤层中的孔隙大小和孔径分布密切相关。因此，人们常常为了简化研究对象，往往根据瓦斯在煤层中扩散和渗流的主次作用，将煤体孔隙结构理想化为：纯扩散的均匀孔隙介质模型、纯渗流的均匀裂隙介质模型和扩散渗流并存的孔隙-裂隙双重介质模型[3]。

近几十年中，孔隙-裂隙双重介质模型越来越被众多的学者所认同和使用[4-6]。如图 4-1 所示，孔隙-裂隙双重介质模型的物理意义是指，煤体被裂隙切割为尺度大小不等的基质，基质内部含有大量以微孔和小孔为主的孔隙，煤体由孔隙-裂隙-基质组成的双重孔隙介质。在孔隙-裂隙双重介质模型中，基质及其内部的孔隙系统是瓦斯的吸附和扩散空间，基质孔隙率是其重要的特征参数，它

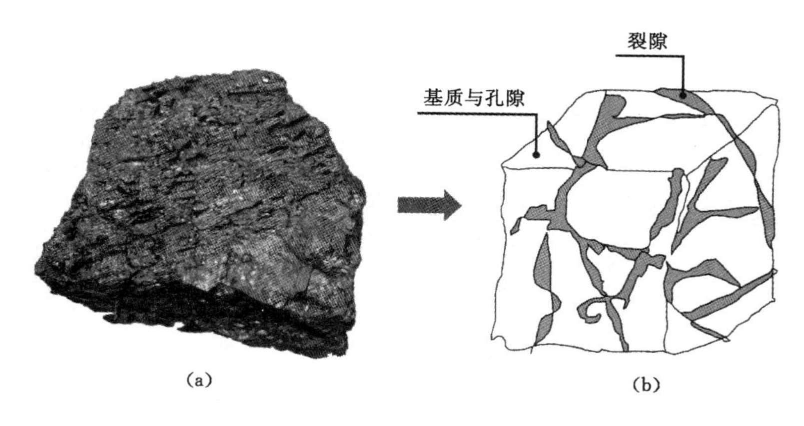

图 4-1 孔隙-裂隙双重介质模型

(a) 煤;(b) 物理简化模型

决定了煤的吸附性能;裂隙系统是由包围基质的天然裂隙组成的网络,是渗流空间,裂隙率是反映其渗透性能的重要参数,在研究和工程实践中,常常将煤的渗透率与其裂隙率相关联。

孔隙-裂隙双重介质简化模型为研究煤中瓦斯运移奠定了基础,但从第 3 章的介绍可知,瓦斯运移过程中压力的改变会引起煤的有效应力和吸附膨胀变形改变,进而改变煤的渗透率。因此,为了定量化的分析有效应力作用和吸附膨胀变形作用在渗透率演化中起到的作用,认为煤为均匀且各向同性介质,忽略其渗透率在不同方向上的差异,且在建立渗透率模型时对煤体的物理结构在图 4-1 的基础上进行进一步的简化。目前最常用的两种简化模型是火柴杆模型和立方体模型[7,8],如图 4-2 所示。火柴杆模型认为煤体被相互垂直的裂隙分割,基质为长方体,类似于火柴杆捆在一起;立方体模型认为煤体被相互垂直的裂隙分割,基质为正方体。

图 4-2 中,a 为裂隙间距(基质长度),b 为裂隙宽度。基于火柴杆模型和立方体模型更易于定量计算煤的裂隙率的演化。为了方便推导,将图 4-2 的立方体模型转化为图 4-3 所示的计算示意图。煤的裂隙率可由煤体裂隙体积和煤的体积(表观体积)计算获得:

$$\phi_f = \frac{V_f}{V_t} == \frac{(a+b)^3 - a^3}{(a+b)^3} = \frac{3a^2b + 3ab^2 + b^3}{a^3 + 3a^2b + 3ab^2 + b^3} \tag{4-1}$$

式中 ϕ_f ——煤的裂隙率,%;

V_f ——煤的裂隙体积,m^3;

V_t ——煤的表观体积,m^3。

由于 $b \ll a$,则忽略式(4-1)中的高次项 b^2 和 b^3 可得:

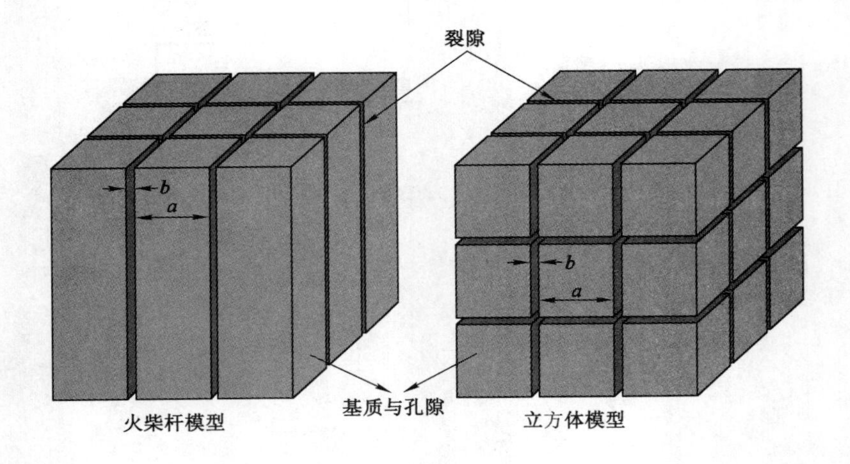

图 4-2　煤的物理简化模型

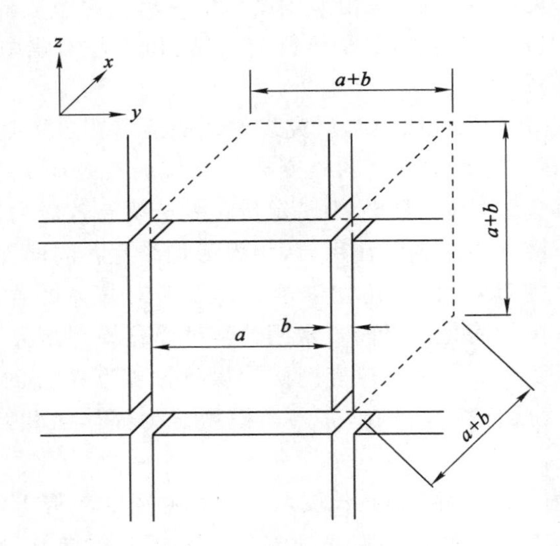

图 4-3　煤体裂隙率计算示意图

$$\phi_f = \frac{3a^2b}{a^3 + 3a^2b} = \frac{3b}{a + 3b} \tag{4-2}$$

同理，由于 $b \ll a$，上式可进一步简化为：

$$\phi_f = \frac{3b}{a} \tag{4-3}$$

对于火柴杆模型，可用类似的推导方法得到裂隙率为：

$$\phi_f = \frac{2b}{a} \tag{4-4}$$

需要特别说明的是，式(4-3)和式(4-4) a 和 b 的含义相同，差别在于同一块煤分别简化为火柴杆模型和立方体模型时，a 和 b 的值将存在差异。

因 $b \ll a$，可以忽略裂隙交叉点对瓦斯流动的影响。假设煤中瓦斯流动方向为 x 方向(垂直纸面向里)，则可以将流动看成是在光滑平板型矩形管内的流动。当瓦斯在矩形管内的流动为层流时，其流速为：

$$v = \frac{b^2}{12\mu}\frac{\Delta p}{L} \tag{4-5}$$

式中　Δp——裂隙入口端与出口端压力差，MPa；

　　　L——裂隙矩形管长度，m。

对于矩形管，流量与流速的关系为

$$q = vA_f = vab \tag{4-6}$$

式中　q——矩形管内的瓦斯流量，m^3/s；

　　　A_f——裂隙矩形管截面积，m^2。

将式(4-5)代入式(4-6)，可得

$$q = \frac{ab^3}{12\mu}\frac{\Delta p}{L} \tag{4-7}$$

在立方体模型中，在某一方向上的流动受控于两组裂隙，并且这两组裂隙是相互垂直的，假设煤体断面内有 n 个基质块，则此时通过煤体断面的瓦斯流量应该是光滑平板流量的两倍，即

$$Q = \frac{2nab^3}{12\mu}\frac{\Delta p}{L} = \frac{nab^3}{6\mu}\frac{\Delta p}{L} \tag{4-8}$$

根据第1章的介绍，当瓦斯在矩形管内的流动为层流时，从宏观角度可认为瓦斯可从煤体整个断面流过，则根据达西定律，通过煤体断面的瓦斯流量：

$$Q = \frac{kA}{\mu}\frac{\Delta p}{L} \tag{4-9}$$

式中　A——煤体断面面积(m^2)，可表示为：

$$A = n\,(a+b)^2 = n(a^2 + 2ab + b^2) \tag{4-10}$$

同样的，由于 $b \ll a$，忽略式(4-10)中的高次项 $2ab$ 和 b^2 可得：

$$A = na^2 \tag{4-11}$$

将式(4-11)代入式(4-9)，可得：

$$Q = \frac{kna^2}{\mu}\frac{\Delta p}{L} \tag{4-12}$$

则根据质量守恒，由式(4-8)和式(4-12)可得：

$$\frac{kna^2}{\mu}\frac{\Delta p}{L} = \frac{nab^3}{6\mu}\frac{\Delta p}{L} \tag{4-13}$$

整理得：

$$k = \frac{b^3}{6a} \tag{4-14}$$

分别将式(4-3)和式(4-4)代入式(4-14)，可得：

$$k = \frac{a^2}{162}\phi_f^3 \tag{4-15}$$

$$k = \frac{b^3}{12a} = \frac{a^2}{96}\phi_f^3 \tag{4-16}$$

式(4-15)和式(4-16)分别为将煤体的物理结构简化为立方体模型和火柴杆模型时，其渗透率与裂隙率之间的关系。进一步地，由式(4-15)或式(4-16)可得：

$$\frac{k}{k_0} = \left(\frac{\phi_f}{\phi_{f0}}\right)^3 \left(\frac{a}{a_0}\right)^2 \tag{4-17}$$

当煤体为弹性变形时，煤体裂隙的演化不会对基质形成切割作用，即 $a \approx a_0$，则式(4-17)中的平方项约等于1，可简化为：

$$\frac{k}{k_0} = \left(\frac{\phi_f}{\phi_{f0}}\right)^3 \tag{4-18}$$

从上述基于立方体模型和火柴杆模型推导的煤体渗透率与裂隙率之间函数关系可以发现，将煤体简化为立方体模型和火柴杆模型时，渗透率同裂隙率仍然满足第3章推导出的“立方关系”，说明在处理煤体渗透率与裂隙率关系时，将煤体的物理结构简化为立方体模型或火柴杆模型是可行的。

需要特别说明的是，将煤体的物理结构简化为立方体模型或火柴杆模型时，裂隙系统为连续介质系统，基质及孔隙系统被裂隙系统所分割，为了建模和数值模拟更易实现，需要将基质及孔隙系统处理为裂隙系统均匀分布的内质量源，进一步的解释也将在下文详述。

(2) 瓦斯以游离态和吸附态两种形式存在于煤层中(图4-4)。其中，裂隙系统中的游离瓦斯以气相状态存在，单位体积煤体裂隙系统中赋存的游离瓦斯质量为：

$$m_f = \phi_f \rho_f \tag{4-19}$$

式中 m_f ——单位体积煤体裂隙系统中赋存的游离瓦斯质量，kg；

ϕ_f ——煤的裂隙率，%；

ρ_f ——裂隙系统中的游离瓦斯密度，kg/m^3。

裂隙系统中的游离瓦斯密度可由理想气体状态方程计算：

$$\rho_f = \frac{M_c}{RT}p_f \tag{4-20}$$

式中 M_c ——甲烷分子摩尔质量，kg/mol；

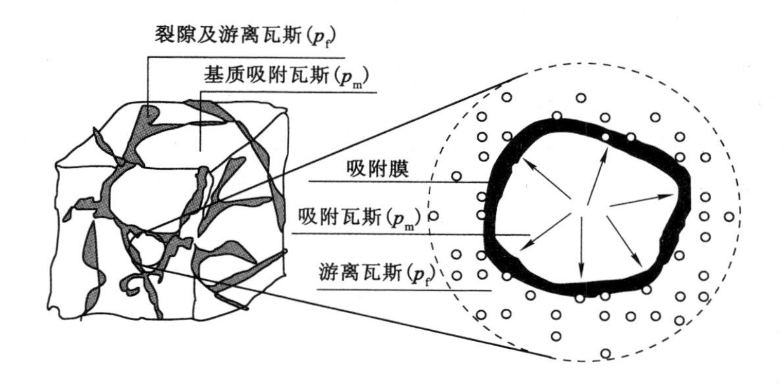

图 4-4 煤中瓦斯赋存形式示意图

R ——理想气体常数,J/(mol · K);

T ——煤层温度,K;

p_f ——裂隙系统中的瓦斯压力,MPa。

则单位体积煤体裂隙系统中赋存的游离瓦斯质量为:

$$m_f = \phi_f \frac{M_c}{RT} p_f \tag{4-21}$$

煤的孔隙系统中则既存在吸附态瓦斯又存在游离态瓦斯,其中吸附态瓦斯为主要赋存形式。吸附态的瓦斯符合朗格缪尔吸附平衡状态方程:

$$m_m^a = \frac{V_L p_m}{p_m + P_L} \rho_a \rho_s \tag{4-22}$$

式中 m_m^a ——单位体积煤体孔隙系统中赋存的吸附瓦斯质量,kg;

V_L ——朗格缪尔体积,单分子层最大吸附量,m^3/kg;

P_L ——朗格缪尔压力,为最大吸附量一半时的吸附平衡压力,MPa;

ρ_a ——煤体视密度,kg/m^3;

ρ_s ——瓦斯在标准状态时的密度,kg/m^3;

p_m ——基质孔隙中的瓦斯压力,MPa。

瓦斯在标准状态时的密度可通过下式计算:

$$\rho_s = \frac{M_c}{V_M} \tag{4-23}$$

式中 V_M ——标准状态时甲烷的摩尔体积,m^3/mol。

孔隙系统中的游离瓦斯质量同样可以使用理想气体状态方程计算获得:

$$m_m^f = \phi_m \frac{M_c}{RT} p_m \tag{4-24}$$

式中 m_m^f ——单位体积煤体孔隙系统中游离瓦斯赋存质量,kg;

ϕ_m ——煤的基质孔隙率,%。

这里需要特别说明的是基质孔隙中瓦斯压力 p_m,因为以目前的技术手段很难直接测定基质孔隙系统中的瓦斯压力,此处的基质瓦斯压力是一个“假想的”气体压力,即为与孔隙系统吸附状态的瓦斯浓度相对应的假想平衡压力[9]。此外,V_L、P_L 同在煤矿瓦斯治理中通常采用吸附常数具有如下对应关系:

$$V_L = a \tag{4-25}$$

$$P_L = \frac{1}{b} \tag{4-26}$$

式中 a ——煤的瓦斯极限吸附量,m^3/kg;

b ——煤的吸附常数,MPa^{-1}。

单位体积煤体孔隙系统中总的瓦斯赋存质量为:

$$m_m = \frac{V_L p_m}{p_m + P_L} \frac{M_c}{V_M} \rho_c + \phi_m \frac{M_c}{RT} p_m \tag{4-27}$$

式中 m_m ——单位体积煤体孔隙系统中总的瓦斯赋存质量,kg。

单位体积煤体中总的瓦斯赋存质量为:

$$m = \frac{V_L p_m}{p_m + P_L} \frac{M_c}{V_M} \rho_a + \phi_m \frac{M_c}{RT} p_m + \phi_f \frac{M_c}{RT} p_f \tag{4-28}$$

式中 m ——单位体积煤体中总的瓦斯赋存质量,kg。

(3) 当煤层没有受到采动或抽采的影响时,裂隙和基质中的瓦斯处于动态平衡状态,裂隙和基质间存在质量交换,但从宏观上看却没有物质传递。一旦煤层受到采动或者抽采影响,在煤层和煤壁之间压差和浓度差的作用下,煤层内的吸附瓦斯和游离瓦斯会同时分别以菲克扩散和达西渗流的形式向煤壁运移;与此同时,由于裂隙系统中的瓦斯渗流速度远大于孔隙系统中的瓦斯扩散速度,破坏了煤层内的动态吸附平衡状态,基质瓦斯压力要大于裂隙瓦斯压力,进而孔隙系统中的瓦斯要扩散到基质表面进入裂隙,即孔隙系统和裂隙系统之间将发生质量交换;对于孔隙系统是流出,对于裂隙系统是流入,孔隙系统相当于是裂隙系统均匀分布的内质量源。

可以发现,实际煤层中的瓦斯运移是扩散与渗流并联和串联共存的过程,但由于直接通过扩散进入钻孔或巷道的瓦斯量很小,因此本书将煤层中的瓦斯运移简化为一个连续的两步过程:即扩散与渗流是一个串联的过程,第一步瓦斯分子首先从基质孔隙表面脱附,进而以菲克扩散的形式从基质扩散到裂隙中,第二步以达西渗流的形式通过裂隙渗流到巷道或钻孔中,如图 4-5 所示。

综合考虑煤的孔裂隙结构、瓦斯运移形式及渗透特性,则可以从系统的角度对煤的孔隙结构特性及瓦斯运移形式进行分类,包括:

① “单孔-单渗透”系统:将煤体孔隙结构理想化为均匀裂隙介质模型,仅考虑裂隙渗透率,煤层内的瓦斯压力平衡被打破后,基质中的瓦斯可以瞬间解吸扩

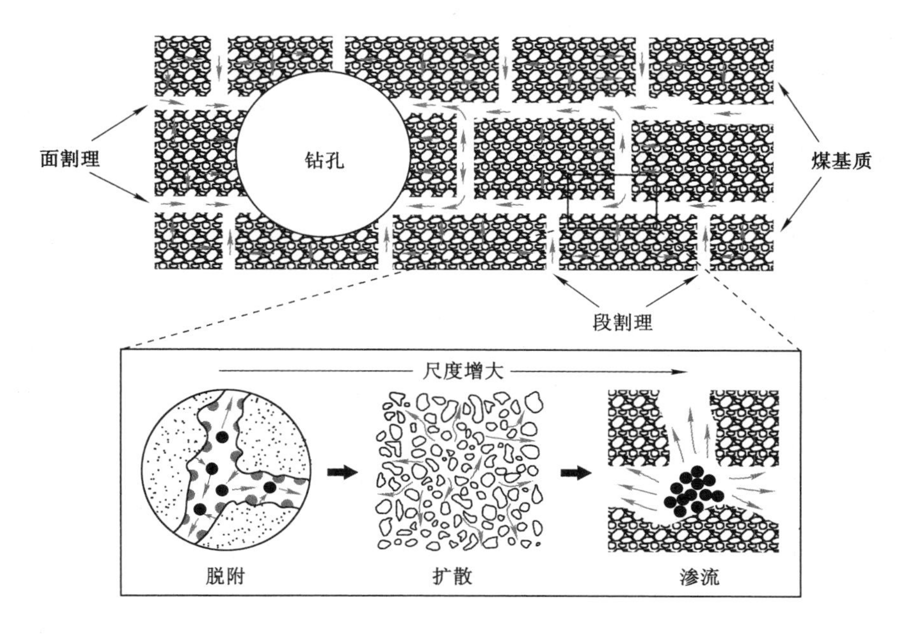

图 4-5 煤中瓦斯运移方式示意图

散进入裂隙，瓦斯运移为单一的达西渗流。

② “双孔-单渗透”系统：将煤体孔隙结构理想化为孔隙-裂隙双重介质模型，仅考虑裂隙渗透率，煤层中的瓦斯运移可视为一个串联的两步过程，上文已详述。

③ “双孔-双渗透”系统：将煤体孔隙结构理想化为孔隙-裂隙双重介质模型，同时考虑基质渗透率及裂隙渗透率，煤层中的瓦斯运移可视为一个串联-并联共存的两步过程，即煤基质内的瓦斯不仅以扩散的形式进入裂隙，同时以渗流的形式在基质间运移最终进入巷道或钻孔。

本书将煤层及其中的瓦斯运移视为“双孔-单渗透”系统进行研究。

此外，为突出研究重点，简化建模时的复杂程度，认为瓦斯是煤层中运移的唯一介质，忽略水分的影响；由于流场内的温度变化不大，将瓦斯在煤层中的运移按等温过程处理；将瓦斯视为理想气体，且等温条件下其动力学黏度保持不变。

(4) 基质孔隙系统作为裂隙系统均匀分布的内质量源，其质量流出主要受瓦斯扩散系数和基质形状因子控制。而煤基质形状因子和瓦斯扩散系数较难测定，如瓦斯扩散系数不仅受煤岩组分、煤阶、粒径等自身因素影响，还受到煤层温度、扩散气体等外部因素影响。为此，人们提出了吸附时间这一概念来代替扩散系数和基质形状因子对扩散量的控制作用。吸附时间是指煤样在瓦斯解吸测试中，解吸气体体积累计达到总吸附量（损失气量、解吸气量和残余气量之和）的63.2%时所用的时间[10]。

吸附时间这一概念最早被应用于评价煤层气开发潜力中，它是煤层气储层模拟中的重要储层特征参数，反映的是瓦斯（在煤层气开发领域被称为煤层气）在煤基质中的扩散能力，是煤的微观结构在时间上映射。一般情况下，吸附时间越长，瓦斯扩散速度越慢；吸附时间越短，则扩散速度越快。在煤层气开发中，不同吸附时间对应的产气高峰到来时间不同，且高峰期产量也不同：吸附时间越短，产气高峰出现的时间也越短，达到高峰时产气量就越高，反之亦然。若不考虑煤层气开发和瓦斯抽采在工艺上的不同，那么对于这两种不同的工程实践，煤中瓦斯的运移方式是一致的，因此也可将吸附时间应用在煤层瓦斯抽采的建模和后续的数值模拟中[11]。

鉴于吸附时间的重要意义，众多学者从不同角度对其影响因素展开了大量研究，主要包括煤的沉积环境、变质程度、煤岩组成、孔裂隙结构、粒度、温度和灰分等[12]。由于我国成煤期多，聚煤地域广阔，成煤环境多变，煤的物质组成复杂，煤级高低有别，成煤期后构造运动频繁，不同煤的瓦斯吸附时间差别明显。表4-1为我国部分代表性煤层实测的瓦斯吸附时间，可以看出吸附时间测试结果介于0.04～19.76 d，分布区间较大。

表 4-1　　代表性煤层实测瓦斯吸附时间[13]

<table>
<tr><th colspan="2">地区</th><th>煤层</th><th>$R_{o,max}$/%</th><th>吸附时间/d</th></tr>
<tr><td colspan="2" rowspan="2">山西沁水盆地</td><td>3</td><td>1.98～4.65</td><td>1.04～19.76</td></tr>
<tr><td>15</td><td>2.12～4.67</td><td>1.72～9.58</td></tr>
<tr><td colspan="2" rowspan="3">鄂尔多斯盆地东缘</td><td>4</td><td>1.41～1.52</td><td>2.97～4.60</td></tr>
<tr><td>8</td><td>1.63～1.95</td><td>0.81～2.73</td></tr>
<tr><td>10</td><td>1.66～1.74</td><td>0.18～5.05</td></tr>
<tr><td colspan="2" rowspan="2">陕西韩城</td><td>3</td><td>1.68～1.74</td><td>0.88～1.08</td></tr>
<tr><td>5</td><td>1.80</td><td>0.33</td></tr>
<tr><td rowspan="4">河北</td><td>大城</td><td>4</td><td>1.09</td><td>0.74</td></tr>
<tr><td rowspan="3">峰峰</td><td>2</td><td>1.27～2.25</td><td>0.06～1.61</td></tr>
<tr><td>4</td><td>1.28</td><td>0.63</td></tr>
<tr><td>6</td><td>2.27</td><td>0.38</td></tr>
<tr><td rowspan="3">河南</td><td rowspan="3">焦作
平顶山</td><td>二$_{1}$</td><td>3.27</td><td>0.41</td></tr>
<tr><td>二$_{1}$</td><td>0.95</td><td>0.54</td></tr>
<tr><td>二$_{9\sim10}$</td><td>0.82</td><td>2.59</td></tr>
</table>

续表 4-1

地区		煤层	$R_{o,max}$/%	吸附时间/d
安徽	淮北	8,9	0.84	3.14
	淮南	8	1.29	1.50
		11-2	1.04～1.14	0.04～1.80
		13-1	0.77～1.02	0.04～4.60

(5) 多孔介质中流体的存在会影响其本身的力学响应，反过来，多孔介质力学特性的改变又会进一步影响流体的运移特性，用来描述孔弹性介质的力学响应和体积响应的力学分支被称为孔弹性理论[14,15]，这种物理现象也是目前在多个工程领域都得到广泛关注的流固耦合作用。通过第1章的介绍我们已经了解到，有关流固耦合作用的研究最早见于 K. V. Terzaghi[16] 在 1923 年对地面沉降的研究中，提出了著名的一维的有效应力原理。随后，L. Rendulic[17] 在 1936 年将 Terzaghi 有效应力原理推广应用到三维情况。上述有关有效应力原理的研究为孔弹性理论提供了理论基础，毕奥在 1935 年和 1941 首次阐述并提出了线性孔弹性理论[18,19]。随着孔弹性理论的持续发展，逐步形成了经典单孔孔弹性理论、双孔孔弹性理论、三孔孔弹性理论和多孔隙度孔弹性理论[14]。

在孔弹性理论所涵盖的内容中，有效应力定律对于描述孔隙流体压力作用下的孔隙介质的力学响应十分重要[20]。虽然单孔有效应力定律式(1-34)对于单重多孔介质已经比较完善，但对于多重孔隙介质，如裂隙性岩体和煤体等孔隙-裂隙双重介质，单孔介质有效应力原理的应用受到了限制[21-24]。从第3章有效应力和吸附变形对煤体渗透性控制作用的介绍中，可以知道在煤(孔隙-裂隙双重介质)中，由于裂隙系统中的瓦斯渗流速度远大于孔隙系统中的瓦斯扩散速度，因此，必然导致在任意单元体出现两个大小不等的瓦斯压力(图 4-6)，孔隙与裂隙力学性质也有差别，因此孔隙、裂隙中流体对介质骨架受力影响程度也不同。

为了更好地描述瓦斯压力作用下的煤的力学响应，本书引入双重孔隙介质有效应力定律：

$$\sigma_{ij}^{e} = \sigma_{ij} - (\beta_{f} p_{f} + \beta_{m} p_{m})\delta_{ij} \tag{4-29}$$

式(4-29)中有效应力系数 β_f 和 β_m 可分别由下述公式计算[20]：

$$\beta_{f} = 1 - \frac{K}{K_{m}} \tag{4-30}$$

$$\beta_{m} = \frac{K}{K_{m}} - \frac{K}{K_{s}} \tag{4-31}$$

式中 K ——煤的体积模量，MPa；

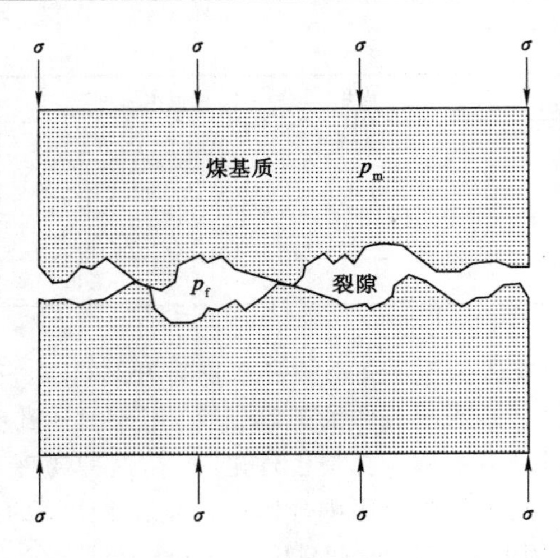

图 4-6　有效应力作用

K_m ——煤基质的体积模量，MPa；

K_s ——煤体骨架的体积模量，MPa。

目前，煤体骨架的体积模量很难直接测量，一般根据其物理意义使用理论计算的方法获得。上述三种体积模量可分别由下述公式计算[25]：

$$K = \frac{E}{3(1-2\upsilon)} \tag{4-32}$$

$$K_m = \frac{E_m}{3(1-2\upsilon)} \tag{4-33}$$

$$K_s = \frac{K_m}{1-3\phi_m(1-\upsilon)/[2(1-2\upsilon)]} \tag{4-34}$$

式中　E ——煤体的弹性模量，MPa；

E_m ——煤基质的弹性模量，MPa；

υ ——煤的泊松比。

4.2　基质瓦斯扩散控制方程

瓦斯在煤层中的扩散以气相扩散为主(非克型扩散)[26]，扩散的驱动力为煤基质孔隙中气相瓦斯与裂隙中气相瓦斯的浓度差异(图 4-7)，在瓦斯抽采过程中煤基质内吸附瓦斯作为质量源向外解吸使得扩散、渗流持续进行，煤基质与裂隙系统质量交换的通量公式可表示为[27,28]：

$$Q_s = D\sigma_c(c_m - c_f) \tag{4-35}$$

式中　Q_s ——单位体积煤基质同裂隙系统的质量交换率，kg/(m³ · s)；

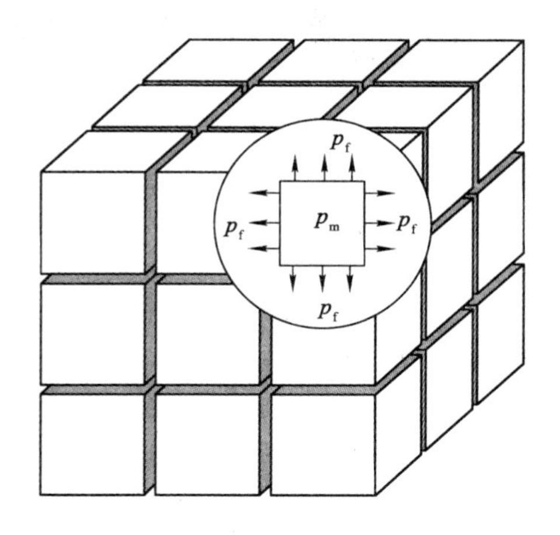

图 4-7 孔隙系统-裂隙系统间的质量交换

D ——瓦斯扩散系数，m^2/s；

σ_c ——基质形状因子，m^{-2}；

c_m ——基质中的气相瓦斯浓度，kg/m^3；

c_f ——裂隙中的气相瓦斯浓度，kg/m^3。

在煤基质与裂隙系统质量交换的通量公式中，基质形状因子 σ_c 是一个非常重要的参数，它是与煤基质的几何形态相关的特殊因子，控制着煤层中基质和裂隙系统的质量交换[29]。具有代表性的几何形态包括板状、长方柱和立方体三种，分别对应不同的形状因子和计算公式，对于立方体型的煤基质(图 4-7)，其形状因子的计算公式为[30]：

$$\sigma_c = \frac{3\pi^2}{a^2} \tag{4-36}$$

通过 4.1 小节的介绍可知，可使用吸附时间来代替扩散系数和基质形状因子对扩散量的控制作用，吸附时间同基质形状因子和扩散系数存在如下关系：

$$\tau = \frac{1}{\sigma_c D} \tag{4-37}$$

式中 τ ——吸附时间，d。

因此煤基质与裂隙系统质量交换的控制方程可转化为：

$$Q_s = \frac{M}{\tau RT}(p_m - p_f) \tag{4-38}$$

根据抽采过程中瓦斯的运移特性可知，基质系统为裂隙系统的正质量源，裂隙系统为基质系统的负质量源，因此根据质量守恒定律可知，基质系统同裂隙系统之间的质量交换速率应等于基质系统质量随时间的变化量，即：

$$\frac{\partial m_{\mathrm{m}}}{\partial t}=-\frac{M}{\tau RT}(p_{\mathrm{m}}-p_{\mathrm{f}}) \tag{4-39}$$

将式(4-27)代入式(4-39)中，并经合并与化简可得基质瓦斯压力随时间变化的控制方程为：

$$\frac{\partial p_{\mathrm{m}}}{\partial t}=-\frac{V_{\mathrm{M}}(p_{\mathrm{m}}-p_{\mathrm{f}})(p_{\mathrm{m}}+P_{\mathrm{L}})^{2}}{\tau V_{\mathrm{L}}RTP_{\mathrm{L}}\rho_{\mathrm{c}}+\tau\phi_{\mathrm{m}}V_{\mathrm{M}}(p_{\mathrm{m}}+P_{\mathrm{L}})^{2}} \tag{4-40}$$

4.3 裂隙瓦斯渗流控制方程

煤中的裂隙系统既是游离瓦斯的赋存场所又是其渗流通道，裂隙系统中参与渗流的为游离瓦斯。如图 4-8 所示，当外界条件改变，煤中的瓦斯开始运移后，在裂隙系统中取一微元体，长宽高分别为 dx、dy 和 dz。令 v_x、v_y 和 v_z 分别为渗流速度通量 $\vec{v}$ 在微元体三个坐标轴方向上的分量，且从前面的分析可知基质系统此时为裂隙系统正的质量源，则根据质量守恒定量，在各方向上单位时间流入微元体的质量减去流出的质量，再加上质量源的生成量应等于单位时间内微元体内游离瓦斯的质量变化量，即：

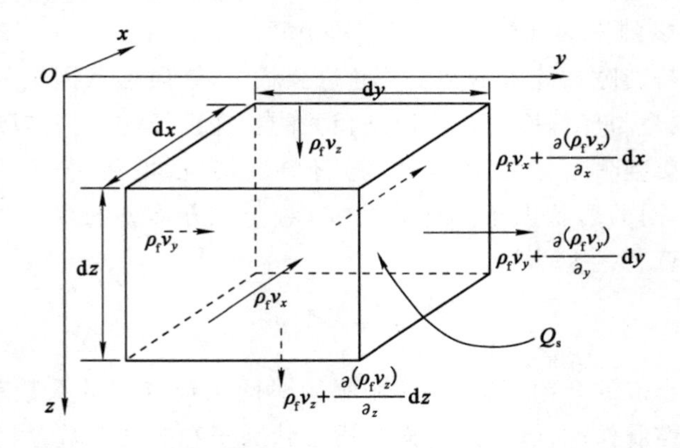

图 4-8 裂隙系统中微元体的质量守恒

$$\frac{\partial(\phi_{\mathrm{f}}\rho_{\mathrm{f}})}{\partial t}\mathrm{d}x\mathrm{d}y\mathrm{d}z=\left\{\rho_{\mathrm{f}}v_x-\left[\rho_{\mathrm{f}}v_x+\frac{\partial(\rho_{\mathrm{f}}v_x)}{\partial x}\mathrm{d}x\right]\right\}\mathrm{d}y\mathrm{d}z+\left\{\rho_{\mathrm{f}}v_y-\left[\rho_{\mathrm{f}}v_y+\frac{\partial(\rho_{\mathrm{f}}v_y)}{\partial y}\mathrm{d}y\right]\right\}\mathrm{d}x\mathrm{d}z$$
$$+\left\{\rho_{\mathrm{f}}v_z-\left[\rho_{\mathrm{f}}v_z+\frac{\partial(\rho_{\mathrm{f}}v_z)}{\partial z}\mathrm{d}z\right]\right\}\mathrm{d}x\mathrm{d}y+Q_{\mathrm{s}}(1-\phi_{\mathrm{f}})\mathrm{d}x\mathrm{d}y\mathrm{d}z \tag{4-41}$$

上式两端同时除以 dxdydz，进一步整理可得：

$$\frac{\partial(\phi_{\mathrm{f}}\rho_{\mathrm{f}})}{\partial t}=-\left[\frac{\partial(\rho_{\mathrm{f}}v_{\mathrm{x}})}{\partial x}+\frac{\partial(\rho_{\mathrm{f}}v_{\mathrm{y}})}{\partial y}+\frac{\partial(\rho_{\mathrm{f}}v_{\mathrm{z}})}{\partial z}\right]+Q_{\mathrm{s}}(1-\phi_{\mathrm{f}}) \tag{4-42}$$

上式也可以表示为：

$$\frac{\partial}{\partial t}(\phi_f\rho_f) = -\nabla(\rho_f v) + Q_s(1-\phi_f) \tag{4-43}$$

式中　v——裂隙中的瓦斯渗流速度，m/s。

将式(4-38)代入式(4-43)得：

$$\frac{\partial}{\partial t}(\phi_f\rho_f) = -\nabla(\rho_f v) + \frac{M}{\tau RT}(p_m - p_f)(1-\phi_f) \tag{4-44}$$

式(4-44)的物理意义即为对于单位体积的煤体而言，裂隙系统内游离瓦斯质量随时间的改变量等于单位时间裂隙系统流出的瓦斯质量同基质系统扩散的瓦斯质量之和。前文已经指出基质系统为裂隙系统的正质量源，裂隙系统为基质系统的负质量源(图 4-9)，式(4-44)定量地描述了两系统之间的质量交换对裂隙瓦斯渗流的影响。

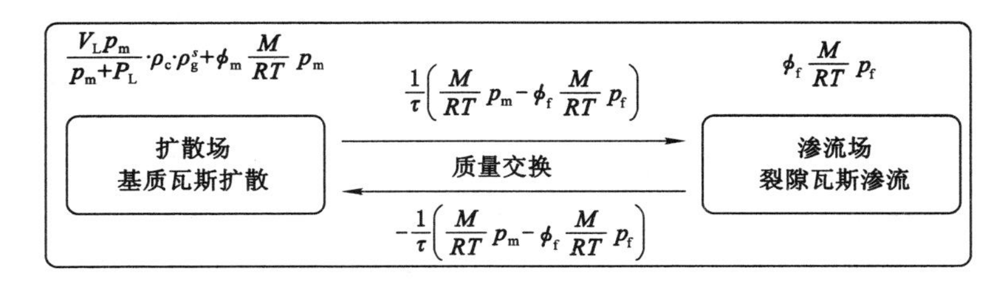

图 4-9　基质系统-裂隙系统间的质量交换

从第 1 章的介绍可知，裂隙中的瓦斯渗流速度 v 属于时均流速的范畴，并不是瓦斯在裂隙中渗流的真实速度，即其不是裂隙截面上的体积流量与裂隙截面面积的比值，而是空间截面上的体积流量与空间截面面积的比值。使用达西渗流定律避免了描述裂隙内瓦斯真实流动特征，大大简化了建立裂隙瓦斯渗流控制方程复杂性。将式(3-4)代入式(4-44)，并经合并化简可得裂隙瓦斯压力随时间变化的控制方程为：

$$\phi_f\frac{\partial p_f}{\partial t} + p_f\frac{\partial \phi_f}{\partial t} = \nabla\left(\frac{k_e}{\mu}p_f\nabla p_f\right) + \frac{1}{\tau}(1-\phi_f)(p_m - p_f) \tag{4-45}$$

4.4　煤体变形方程与渗透率演化模型

4.4.1　煤体变形方程

煤的渗透率是煤体裂隙特征的函数，当煤层内的吸附平衡状态被打破后，在有效应力和吸附膨胀的竞争作用下，煤体的裂隙特征会发生改变，进而引起渗透率改变。前文阐述了瓦斯压力对于煤体力学效应的影响，而为了获得能够描述有效应力和吸附膨胀的竞争作用的渗透率模型，还需要处理煤体总体积应变，骨架体积应变和裂隙体积应变之间的关系，即含瓦斯煤的体积响应。本小节首先处理煤体总体积应变，基于双孔孔弹性理论建立煤体变形方程。

含瓦斯煤体的变形场方程由应力平衡方程、几何方程及本构方程 3 部分组成。含瓦斯煤体的应力平衡方程为：

$$\sigma_{ij,j} + F_i = 0 \tag{4-46}$$

式中　F_i ——体积力，MPa。

弹性阶段煤体骨架发生的变形为小变形，则含瓦斯煤体的几何方程为：

$$\varepsilon_{ij} = \frac{1}{2}(u_{i,j} + u_{j,i}) \tag{4-47}$$

式中　ε_{ij} ——应变分量（$i,j=1,2,3$）；

　　　u ——变形位移。

基于含瓦斯煤体为均匀且各向同性介质的假设条件，在三维受力状态下其变形遵循广义胡克定律：

$$\sigma_{ij} = 2G\varepsilon_{ij} + \frac{2G\upsilon}{1-2\upsilon}\varepsilon_{\mathrm{v}}\delta_{ij} - \beta_{\mathrm{f}} p_{\mathrm{f}}\delta_{ij} - \beta_{\mathrm{m}} p_{\mathrm{m}}\delta_{ij} \tag{4-48}$$

式中　G ——煤体的剪切弹性模量，$G = E/[2(1+\upsilon)]$，MPa；

　　　ε_{v} ——煤体的体积应变，可表示为：

$$\varepsilon_{\mathrm{v}} = \varepsilon_{11} + \varepsilon_{22} + \varepsilon_{33} \tag{4-49}$$

联合式(4-46)～式(4-48)，即可获得以位移表示的考虑孔隙压力的 Navier 形式的煤体变形方程：

$$Gu_{i,jj} + \frac{G}{1-2\upsilon}u_{j,ji} - \beta_{\mathrm{f}} p_{\mathrm{f},i} - \beta_{\mathrm{m}} p_{\mathrm{m},i} + F_i = 0 \tag{4-50}$$

式(4-50)即是描述含瓦斯煤体弹性变形控制方程。

4.4.2　煤体渗透率演化模型

众多学者在建立渗透率模型时，对于煤层所处应力状态和煤体物理模型的简化假设往往匹配出现，如：在单轴应变假设条件下，以火柴杆模型为裂隙原型，I. Gray[31]、I. Palmer 和 J. Mansoori[32] 等建立了煤体的渗透率理论模型（PM 模型），J. Shi 和 S. Durucan[33]、X. Cui 和 R. M. Bustin[34]、H. Zhang 和 J. S. Liu[35] 等人对此类模型进行了完善（SD 模型、CB 模型）；在三轴应变假设条件下，以立方体模型为裂隙原型，J. Warren 等[36] 建立了渗透率理论模型，E. P. Robertson 和 R. L. Christiansen[37]、L. D. Connell[38]、J. S. Liu[39] 等对此类模型进行了完善（RC 模型）。因巷道和钻孔的施工一般仅对煤层产生局部的应力扰动，在煤层不受其他采动影响的情况下，可以认为大面积煤层预抽区域未受到采动影响。对于未受采动影响的煤层认为其顶部载荷恒定，当进行钻孔瓦斯抽采时，因孔隙压力减小，煤层将会产生横向变形和径向变形，然而煤层的纵向尺度（厚度）一般远远小于煤层横向尺度（长度和宽度），因此横向应变将远小于纵向应变，为了处理方便，假设横向应变为 0，这也就是所谓的单轴应变假设，同时，本书在渗透率模型时也以火柴杆模型为裂隙原型(图 4-10)。

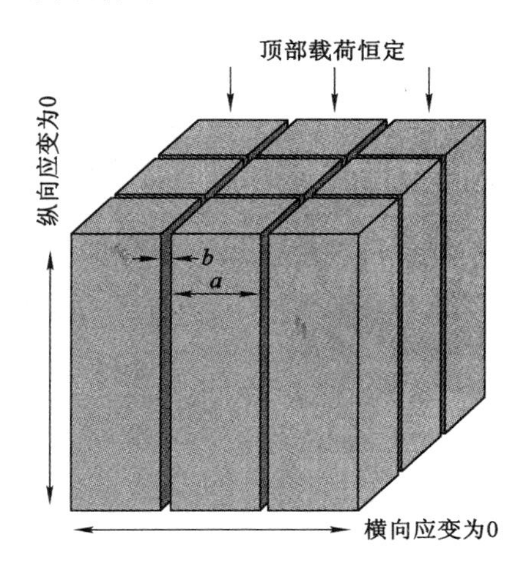

图 4-10　火柴杆模型及单轴应变条件

本书在单轴应变假设条件下,以火柴杆模型为裂隙原型推导双重孔隙介质瓦斯运移过程中渗透率演化模型。前文已经说明本书将煤体视为“双孔-单渗透”系统进行处理,仅考虑裂隙渗透率而忽略基质渗透率,因此下文中出现“渗透率”均特指裂隙渗透率,其值可表征为裂隙特征的函数。依据孔弹性理论可知,在瓦斯运移过程中(煤体处于弹性变形阶段),煤体体应变的改变量、煤体骨架体应变的改变量和裂隙体应变的改变量之间的关系可表示为[32,40]:

$$d\varepsilon_p = \frac{d\varepsilon_c}{\phi_f} - \left(\frac{1-\phi_f}{\phi_f}\right)d\varepsilon_g \tag{4-51}$$

式中　$d\varepsilon_p$——裂隙体应变的改变量;

$d\varepsilon_c$——煤体体应变的改变量;

$d\varepsilon_g$——煤体骨架体应变的改变量。

在单轴应变假设条件下,裂隙体应变的改变引起裂隙率的改变可表示为[41]:

$$d\phi_f = [\frac{1}{M} - (1-\phi_f)f\gamma](d\sigma - dp) + [\frac{K}{M} - (1-\phi_f)]\gamma dp - [\frac{K}{M} - (1-\phi_f)]\alpha dT \tag{4-52}$$

式中　M——轴向约束模量,$M = E(1-\upsilon)/[(1+\upsilon)(1-2\upsilon)]$,MPa;

f——简化系数,0～1;

γ——煤体骨架压缩系数,$\mathrm{MPa^{-1}}$;

α——煤体骨架热扩散系数,$^\circ\mathrm{F^{-1}}$。

可以发现式(4-52)在建立时仍然使用的是单孔介质有效应力定律,在引入

双孔介质有效应力定律式(4-29)后,裂隙体应变的改变引起裂隙率的改变可表示为:

$$-\mathrm{d}\phi_{\mathrm{f}}=\left[\frac{1}{M}-(1-\phi_{\mathrm{f}})f\gamma\right](\mathrm{d}\sigma-\beta_{\mathrm{f}}\mathrm{d}p_{\mathrm{f}}-\beta_{\mathrm{m}}\mathrm{d}p_{\mathrm{m}})+\left[\frac{K}{M}-(1-\phi_{\mathrm{f}})\right]\gamma(\beta_{\mathrm{f}}\mathrm{d}p_{\mathrm{f}}+\beta_{\mathrm{m}}\mathrm{d}p_{\mathrm{m}})-\left[\frac{K}{M}-(1-\phi_{\mathrm{f}})\right]\alpha\mathrm{d}T \tag{4-53}$$

煤又是吸附性很强的多孔介质,同时本书将瓦斯在煤层中的运移按等温过程处理,由瓦斯在煤中的吸附/解吸造成的煤体变形同温度改变引起的煤体变形之间的关系为[32]:

$$\alpha\mathrm{d}T\equiv\frac{\mathrm{d}}{\mathrm{d}p_{\mathrm{m}}}\left(\frac{\varepsilon_{\mathrm{L}}p_{\mathrm{m}}}{p_{\mathrm{m}}+P_{\mathrm{L}}}\right)\mathrm{d}p_{\mathrm{m}} \tag{4-54}$$

由于煤的裂隙率远小于1($\phi_{\mathrm{f}}\ll 1$),同时在单轴应变条件下顶部载荷恒定,将式(4-54)代入式(4-53)进行化简可得:

$$-\mathrm{d}\phi_{\mathrm{f}}=-\frac{1}{M}(\beta_{\mathrm{f}}\mathrm{d}p_{\mathrm{f}}+\beta_{\mathrm{m}}\mathrm{d}p_{\mathrm{m}})-\left(\frac{K}{M}-1\right)\frac{\mathrm{d}}{\mathrm{d}p_{\mathrm{m}}}\left(\frac{\varepsilon_{\mathrm{L}}p_{\mathrm{m}}}{p_{\mathrm{m}}+P_{\mathrm{L}}}\right)\mathrm{d}p_{\mathrm{m}} \tag{4-55}$$

将式(4-55)中的参数进行重新组合,可将其转化为全微分形式,便于计算:

$$\mathrm{d}\phi_{\mathrm{f}}(p_{\mathrm{f}},p_{\mathrm{m}})=\frac{\beta_{\mathrm{f}}}{M}\mathrm{d}p_{\mathrm{f}}+\left[\frac{\beta_{\mathrm{m}}}{M}+\left(\frac{K}{M}-1\right)\frac{\mathrm{d}}{\mathrm{d}p_{\mathrm{m}}}\left(\frac{\varepsilon_{\mathrm{L}}p_{\mathrm{m}}}{p_{\mathrm{m}}+P_{\mathrm{L}}}\right)\right]\mathrm{d}p_{\mathrm{m}} \tag{4-56}$$

求解全微分形式的多变量微分方程(4-56)可得:

$$\phi_{\mathrm{f}}-\phi_{\mathrm{f0}}^{e}=\frac{\beta_{\mathrm{f}}}{M}(p_{\mathrm{f}}-p_{0})+\frac{\beta_{\mathrm{m}}}{M}(p_{\mathrm{m}}-p_{0})+\left(\frac{K}{M}-1\right)\left[\frac{\varepsilon_{\mathrm{L}}p_{\mathrm{m}}}{p_{\mathrm{m}}+P_{\mathrm{L}}}-\frac{\varepsilon_{\mathrm{L}}p_{0}}{p_{0}+P_{\mathrm{L}}}\right] \tag{4-57}$$

式中　p_0 ——初始瓦斯压力,初始平衡状态有 $p_{\mathrm{f0}}=p_{\mathrm{m0}}=p_0$, MPa。

式(4-57)两端除以 ϕ_{f0} 整理可得:

$$\frac{\phi_{\mathrm{f}}}{\phi_{\mathrm{f0}}^{e}}=1+\frac{1}{M\phi_{\mathrm{f0}}^{e}}[\beta_{\mathrm{f}}(p_{\mathrm{f}}-p_{0})+\beta_{\mathrm{m}}(p_{\mathrm{m}}-p_{0})]+\frac{\varepsilon_{\mathrm{L}}}{\phi_{\mathrm{f0}}^{e}}\left(\frac{K}{M}-1\right)\left(\frac{p_{\mathrm{m}}}{P_{\mathrm{L}}+p_{\mathrm{m}}}-\frac{p_{0}}{P_{\mathrm{L}}+p_{0}}\right) \tag{4-58}$$

从4.1小节的介绍可知,煤在弹性变形时,其渗透率同裂隙率之间符合立方定律,即有:

$$\frac{k}{k_0^e}=\left(\frac{\phi_{\mathrm{f}}}{\phi_{\mathrm{f0}}^{e}}\right)^3=\left\{1+\frac{1}{M\phi_{\mathrm{f0}}^{e}}[\beta_{\mathrm{f}}(p_{\mathrm{f}}-p_{0})+\beta_{\mathrm{m}}(p_{\mathrm{m}}-p_{0})]+\frac{\varepsilon_{\mathrm{L}}}{\phi_{\mathrm{f0}}^{e}}\left(\frac{K}{M}-1\right)\left(\frac{p_{\mathrm{m}}}{P_{\mathrm{L}}+p_{\mathrm{m}}}-\frac{p_{0}}{P_{\mathrm{L}}+p_{0}}\right)\right\}^3 \tag{4-59}$$

上式即为双重孔隙介质瓦斯运移过程中渗透率随裂隙瓦斯压力和基质瓦斯压力改变的演化模型。

4.5 煤与瓦斯气固耦合模型

前述章节已经分别建立了考虑采动应力扰动的渗透率演化模型、基于双孔-孔弹性理论的煤与瓦斯气固耦合模型中各控制方程的推导,为了更清晰地分析采动应力扰动作用和煤与瓦斯气固耦合作用(即扩散场、渗流场和煤体变形场之间的耦合作用),将上述建立的各物理场主要控制方程进行汇总分析。

方程(4-40)和方程(4-45)构成了煤层瓦斯运移的控制方程,其中方程(4-45)中的裂隙率随时间的变化既是煤与瓦斯气固耦合作用的结果,又进一步地影响煤层瓦斯运移,则煤层瓦斯运移(游离瓦斯压力和基质瓦斯压力改变)引起的裂隙率随时间的变化可由式(4-57)两边对 t 求偏导获得:

$$\frac{\partial \phi_f}{\partial t}=\frac{1}{M}(\beta_f\frac{\partial p_f}{\partial t}+\beta_m\frac{\partial p_m}{\partial t})+\frac{\varepsilon_L P_L}{(P_L+p_m)^2}(\frac{K}{M}-1)\frac{\partial p_m}{\partial t} \tag{4-60}$$

综上,式(4-40)、式(4-45)、式(4-59)和式(4-60)就构成了考虑 Klinkenberg 效应、解吸-扩散效应、煤体骨架压缩效应及基质收缩效应的煤与瓦斯气固耦合模型。式(4-61)中包括基质瓦斯扩散控制方程、裂隙瓦斯渗流控制方程、裂隙率随时间变化的控制方程和双重孔隙介质瓦斯运移过程中渗透率演化控制方程。

$$\begin{cases}\dfrac{\partial p_m}{\partial t}=-\dfrac{V_M(p_m-p_f)(p_m+P_L)^2}{\tau V_L RTP_L\rho_c+\tau\phi_m V_M(p_m+P_L)^2}\\ \phi_f\dfrac{\partial p_f}{\partial t}+p_f\left[\dfrac{1}{M}\left(\beta_f\dfrac{\partial p_f}{\partial t}+\beta_m\dfrac{\partial p_m}{\partial t}\right)+\dfrac{\varepsilon_L P_L}{(P_L+p_m)^2}\left(\dfrac{K}{M}-1\right)\dfrac{\partial p_m}{\partial t}\right]\\ \quad=\nabla\left(\dfrac{k_e}{\mu}p_f\nabla p_f\right)+\dfrac{1}{\tau}(1-\phi_f)(p_m-p_f)\\ \dfrac{\partial \phi_f}{\partial t}=\dfrac{1}{M}\left(\beta_f\dfrac{\partial p_f}{\partial t}+\beta_m\dfrac{\partial p_m}{\partial t}\right)+\dfrac{\varepsilon_L P_L}{(P_L+p_m)^2}\left(\dfrac{K}{M}-1\right)\dfrac{\partial p_m}{\partial t}\\ k_e=k_0^e\left(1+\dfrac{b_k}{p_f}\right)\times\\ \quad\left\{1+\dfrac{1}{M\phi_{f0}^e}[\beta_f(p_f-p_0)+\beta_m(p_m-p_0)]+\dfrac{\varepsilon_L}{\phi_{f0}^e}\left(\dfrac{K}{M}-1\right)\left(\dfrac{p_m}{P_L+p_m}-\dfrac{p_0}{P_L+p_0}\right)\right\}^3\end{cases} \tag{4-61}$$

为了便于阐述各控制方程之间的关联,仍然使用各控制方程最初的编号。可以看出,在式(4-59)中,有效渗透率 k_e 的动态变化依赖于裂隙率 ϕ_f 的动态变化;裂隙率 ϕ_f 的变化是两个相反作用竞争的结果:瓦斯压力(p_m,p_f 的统称)减小,有效应力增大,煤体骨架压缩,同时煤基质收缩。在决定瓦斯压力 p_m,p_f 的式(4-40)及式(4-45)中,k_e 又来自受瓦斯运移影响的渗透率动态变化模型式(4-59)。煤体中的瓦斯运移包含扩散和渗流两种运动,基质赋存瓦斯解吸-扩散后参与渗流，成为渗流场正的质量源，受影响的渗流结果又对煤基质的扩散传质速率产生影响，两者互为边界条件[见式(4-40)及式(4-45)]。瓦斯运移场对煤体变形场的影响可以利用双重介质有效应力原理得到，煤体内瓦斯压力平衡打破后，压力梯度可以等效为体积力进行处理。上述各控制方程就构成了综合考虑 Klinkenberg 效应、煤的双孔特性(即解吸-扩散效应)、煤体骨架压缩效应(有效应力作用)及基质收缩效应的煤与瓦斯气固耦合模型，多物理场间的耦合关系如图 4-11 所示。

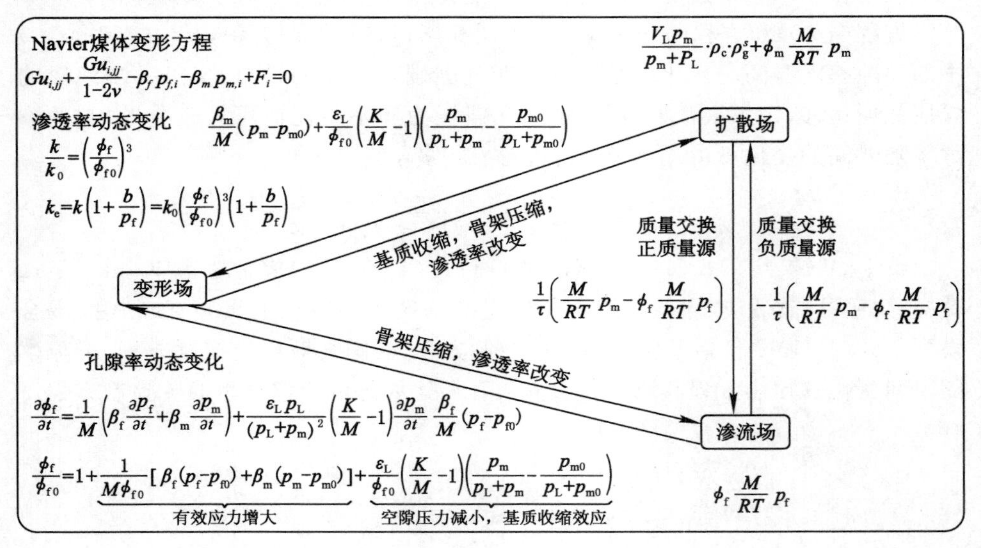

图 4-11　多物理场耦合关系示意图

前面建立的各物理场的控制方程，只有同初始条件和边界条件一起才能构成双重孔隙煤体瓦斯运移过程中的气固耦合模型。

边界条件可分为狄里克雷边界条件、纽曼边界条件及柯西边界条件。狄里克雷边界条件(Dirichlet boundary)也称其为必要条件，给出的是边界上解的值 u。纽曼边界条件(Neumann boundary)也称为自然边界条件，给出的是边界上导数的值 u_x 或 u_y。

(1) 初始条件

对于扩散场、渗流场和煤体变形场，其初始条件是初始基质瓦斯压力、初始裂隙瓦斯压力、煤体初始应力和初始位移，可表示为：

$$p_m(0) = p_f(0) = p_0 \tag{4-62}$$

$$u_i(0) = u_0 \tag{4-63}$$

$$\sigma_{ij}(0) = \sigma_0 \tag{4-64}$$

式中　p_0 ——求解域 Ω 内的初始气体压力值(初始状态吸附平衡)，MPa；

u_0 ——求解域 Ω 内的煤岩体初始位移,m;

σ_0 ——求解域 Ω 内的初始应力,MPa。

(2) 边界条件

对于煤体变形场,则要根据煤体实际所处的应力状态,定义位移边界条件或应力边界条件:

$$u_i = \tilde{u}_i(t) \tag{4-65}$$

$$\sigma_{ij}\vec{n} = \tilde{f}_i(t) \tag{4-66}$$

式中 $\tilde{u}_i(t)$ ——t 时刻边界 $\partial\Omega$ 上的给定的位移值,m;

$\tilde{f}_i(t)$ ——t 时刻边界 $\partial\Omega$ 上的给定的应力值,MPa。

瓦斯扩散场和渗流场的边界一般可定义为压力边界和流量边界:

① 压力边界(其中最常用的是恒压边界):

$$p_{\mathrm{m}} = p_{\mathrm{f}} = \tilde{p}(t) \tag{4-67}$$

式中 $\tilde{p}(t)$ ——t 时刻边界 $\partial\Omega$ 上的给定的气体压力,MPa。

② 流量边界(其中最常用的是零流量边界):

$$\frac{k_{\mathrm{m}}}{u}\nabla p_{\mathrm{m}} \cdot \vec{n} = \tilde{Q}_{\mathrm{m}}(t) \tag{4-68}$$

$$\frac{k_{\mathrm{f}}}{u}\nabla p_{\mathrm{f}} \cdot \vec{n} = \tilde{Q}_{\mathrm{f}}(t) \tag{4-69}$$

式中 $\tilde{Q}_{\mathrm{m}}(t)$ ——t 时刻边界 $\partial\Omega$ 上的给定的基质瓦斯流量,kg/(m^2 · s);

$\tilde{Q}_{\mathrm{f}}(t)$ ——t 时刻边界 $\partial\Omega$ 上的给定的裂隙瓦斯流量,kg/(m^2 · s)。

参考文献

[1] 周世宁,林柏泉. 煤层瓦斯赋存与流动理论[M]. 北京:煤炭工业出版社,1999.

[2] 吴世跃. 煤层中的耦合运动理论及其应用:具有吸附作用的气固耦合运动理论[M]. 北京:科学出版社,2009.

[3] 吴世跃. 煤层瓦斯扩散与渗流规律的初步探讨[J]. 山西矿业学院学报,1994,12(3):259-263.

[4] REISS L H. The Reservoir Engineering Aspects of Fractured Formations [M]. France:Editions Technip,1980.

[5] VALLIAPPAN S,WOHUA Z. Numerical modeling of methane gas migration in dry coal seams[J]. International Journal for Numerical and Analyti-

cal Methods in Geomechanics,1996,20(8):571-593.

[6] THARAROOP P,KARPYN Z T,ERTEKIN T. Development of a multi-mechanistic, dual-porosity, dual-permeability, numerical flow model for coalbed methane reservoirs[J]. Journal of Natural Gas Science and Engineering,2012,8(9):121-131.

[7] LIU J,CHEN Z,ELSWORTH D,et al. Interactions of multiple processes during CBM extraction:A critical review[J]. International Journal of Coal Geology,2011,87(3):175-189.

[8] PAN Z J,CONNELL L D. Modelling permeability for coal reservoirs:A review of analytical models and testing data[J]. International Journal of Coal Geology,2012(92):1-44.

[9] GILMAN A,BECKIE R. Flow of coal-bed methane to a gallery[J]. Transport in porous media,2000,41(1):1-16.

[10] AMINIAN K,RODVELT G. Chapter 4—evaluation of coalbed methane reservoirs[J]. Coal Bed Methance,2014,43(12):63-91.

[11] LIU Q,CHENG Y,ZHOU H,et al. A mathematical model of coupled gas flow and coal deformation with gas diffusion and klinkenberg effects[J]. Rock Mechanics and Rock Engineering,2015,48(3):1163-1180.

[12] 李喆,康永尚,姜杉钰,等. 沁水盆地高煤阶煤吸附时间主要影响因素分析[J]. 煤炭科学技术,2017,45(2):115-121.

[13] 王可新,傅雪海,权彪,等. 中国各煤级煤的吸附/解吸特征研究[C]//煤层气学术研讨会文集,2008.

[14] 白矛,刘天泉. 孔隙裂隙弹性理论及应用导论[M]. 北京:石油工业出版社,1999.

[15] DETOURNAY E,CHENG A. Fundamentals of Poroelasticity,Comprehensive Rock Engineering-Principles,Practice and Projects,vol. 2,Analysis and Design Methods,JA Hudson[M]. Oxford:Pergamon Press,1993.

[16] TERZAGHI K V. Die berechnung der durchlassigkeitsziffer des tones aus dem verlauf der hydrodynamischen spannungserscheinungen[J]. Akad Wissensch Wien Sitzungsber Mathnaturwissensch Klasse IIa,1923(132):125-138.

[17] RENDULIC L. Porenziffer und porenwasserdruck in Tonen[D]. Berlin:Springer,1936.

[18] BIOT M A. General theory of three-dimensional consolidation[J]. Journal of Applied Physics,1941,12(2):155-164.

[19] BIOT M. Le problème de la consolidation des matières argileuses sous une charge[J]. Annales de la Société Scientifique de Bruxelles, Série B, 1935 (55): 110-113.

[20] 陈勉,陈至达. 多重孔隙介质的有效应力定律[J]. 应用数学和力学,1999, 20(11):1121-1127.

[21] RICE J R, CLEARY M P. Some basic stress diffusion solutions for fluid-saturated elastic porous media with compressible constituents[J]. Reviews of Geophysics, 1976, 14(2): 227-241.

[22] RUDNICKI J. Effect of pore fluid diffusion on deformation and failure of rock[J]. Mechanics of Geomaterials, 1985: 315-347.

[23] ZHANG J. Dual-porosity approach to wellbore stability in naturally fractured reservoirs[D]. Oklahoma: University of Oklahoma, 2002.

[24] ZHANG J, BAI M, ROEGIERS J C. On drilling directions for optimizing horizontal well stability using a dual-porosity poroelastic approach[J]. Journal of Petroleum Science and Engineering, 2006, 53(1): 61-76.

[25] PABST W, GREGOROV E, TICH G. Elasticity of porous ceramics—A critical study of modulus-porosity relations[J]. Journal of the European Ceramic Society, 2006, 26(7): 1085-1097.

[26] 闫宝珍,王延斌,倪小明. 地层条件下基于纳米级孔隙的煤层气扩散特征[J]. 煤炭学报,2008,33(6):657-660.

[27] MORA C, WATTENBARGER R. Analysis and verification of dual porosity and CBM shape factors[J]. Journal of Canadian Petroleum Technology, 2009, 48(2): 17-21.

[28] WANG J, KABIR A, LIU J, et al. Effects of non-Darcy flow on the performance of coal seam gas wells[J]. International Journal of Coal Geology, 2012(93): 62-74.

[29] 范章群,夏致远. 煤基质形状因子理论探讨[J]. 煤田地质与勘探,2009,37(3):15-18.

[30] LIM K, AZIZ K. Matrix-fracture transfer shape factors for dual-porosity simulators[J]. Journal of Petroleum Science and Engineering, 1995, 13(3): 169-178.

[31] GRAY I. Reservoir engineering in coal seams: Part 1-The physical process of gas storage and movement in coal seams[J]. SPE Reservoir Engineering, 1987, 2(1): 28-34.

[32] PALMER I, MANSOORI J. How permeability depends on stress and pore

pressure in coalbeds:a new model[J]. SPE Reservoir Evaluation & Engineering,1998,1(6):539-544.

[33] SHI J,DURUCAN S. Drawdown induced changes in permeability of coalbeds:a new interpretation of the reservoir response to primary recovery [J]. Transport in Porous Media,2004,56(1):1-16.

[34] CUI X,BUSTIN R M. Volumetric strain associated with methane desorption and its impact on coalbed gas production from deep coal seams[J]. Aapg Bulletin,2005,89(9):1181-1202.

[35] ZHANG H, LIU J, ELSWORTH D. How sorption-induced matrix deformation affects gas flow in coal seams:a new FE model[J]. International Journal of Rock Mechanics and Mining Sciences, 2008, 45 (8): 1226-1236.

[36] WARREN J,ROOT P J. The behavior of naturally fractured eeservoirs [J]. SPE Journal,1963,3(3):245-255.

[37] ROBERTSON E P,CHRISTIANSEN R L. A permeability model for coal and other fractured sorptive-elastic media[J]. SPE Journal,2008,13(3): 314-324.

[38] CONNELL L D,LU M,PAN Z. An analytical coal permeability model for tri-axial strain and stress conditions[J]. International Journal of Coal Geology,2010,84(2):103-114.

[39] JISHAN LIU. Permeability evolution in fractured coal:The roles of fracture geometry and water-content[J]. International Journal of Coal Geology,2011,87(1):13-25.

[40] DETOURNAY E, CHENG H D. Fundamentals of poroelasticity[J]. Analysis and Design Methods,1993,140(1):113-171.

[41] BRADLEY J S,POWLEY D E. Pressure compartments in sedimentary basins:a review[J]. Basin Compartments and Seals,1994(61):3-26.

5 COMSOL 仿真基础与可行性分析

5.1 有限元法概述

在工程领域,对于许多力学问题和物理问题,人们已经得到了它们应遵循的控制方程(常微分方程或偏微分方程)和相应的定解条件(初始条件和边界条件)。但能用理论方法求出解析解的只有少数方程性质较为简单且几何形状比较规则的问题。对于多数问题,由于控制方程的复杂性,或者几何形状的不规则性,无法获得解析的答案。为了求解此类问题,人们探寻了多种求解途径,可归纳为两类:一是引入简化假设,将控制方程和几何模型简化为能够处理的状态,从而获得在简化状态下的解,但这种方法仅在有限的情况下可行,用于处理近年来工程领域快速发展的多物理场耦合问题则无能为力;因此人们多年来探寻和发展了一种新的求解途径和方法,即数值解法。特别地,随着近年来高速电子计算机的飞速发展和普及应用,数值解法已经成为求解复杂科学与工程问题的主要途径。

有限元法是一种典型的数值计算方法,又被称为有限单元法或有限元素法,其对于复杂的数学物理问题有着广泛的适应性,在力学、物理、地球科学及相关工程领域得到了广泛的应用。该方法最早于 20 世纪 50 年代由工程师提出,用于求解工程结构问题,随后在 60 年代中期,由国内外学者逐步奠定其数学基础,形成一种系统求解偏微分方程的数值方法。

有限元法的数学基础是变分法或加权余量法,主要包括最小势能原理、最小余能原理和混合变分原理(采用不同的变分方法将得到不同的未知场变量),由此导出的变分表达式或加权余量积分式是有限元方法的求解出发点[1,2]。

有限元法处理流体力学的基本思路,概括地说就是“分块逼近”,也就是将流场的求解域(连续的求解域)分割为有限个互不重叠的子区域,这些子区域称为离散单元。单元之间通过有限数量的节点联结,由于单元本身可以有不同的形状,且单元之间也可按不同的联结方式组合,因此可以模型化几何形状复杂的求解域。有限元法的另一个重要特点是利用在离散单元内部假设的近似函数分区地表示全求解域上待求的未知函数,该近似函数通常由未知函数或其导数在单元节点的数值及其插值函数表示。由于我们实际要处理的对象均是连续体,点无限多,基于上述思想,可将连续的无限自由度问题变成离散的有限自由度问题。一经求解出这些未知量,就可以通过插值函数计算单元内函数的近似值,进而获得整个求解域上的近似解。

气固耦合的数值解法通常包含有限差分法(FDM)和有限元法(FEM)。有限元法与有限差分法相比具有下述优点:

(1) 有限元法对于求解区域的单元剖分没有特别的要求,可用于处理各种拥有复杂几何模型及边界条件的数值计算,并且可以根据工程实际问题的物理特点,在求解域中安排网格划分的疏密,应用范围较有限差分法更为广泛。

(2) 有限元法是将区域进行分片离散,对每一个离散单元,其近似解是连续解析的,有限差分法中则是用离散的节点值来近似地表示连续函数。有限差分法的计算逼近精度比有限元法更高,而有限元法比有限差分法适用性强。

(3) 已经出现许多大型的基于有限元法的商业通用软件(如 COMSOL Multiphysics、ANSYS、SAP 和 ADINA 等),可供工程人员直接使用。

在数值计算中对于气固耦合的实现方式主要包括:全耦合、显式耦合、迭代耦合和解耦耦合[3]。本书对于多物理场解算时主要选用了全耦合解算及迭代耦合解算两类方法。全耦合求解是多物理场中各变量同时进行计算,求解的准确进行严格依赖各物理场实时的耦合结果,如求解第 4 章建立的气固耦合模型时,扩散场和渗流场则必须使用全耦合模式求解。但同时也应注意,全耦合求解模式虽然最逼近真实物理过程,但由于需同时求解多个偏微分方程,计算难度较大且不容易收敛。在各物理场间相互依赖性不强时可以选用迭代耦合求解方法,该求解模式是按特定顺序单独解算各物理场控制方程,然后将前置物理场控制方程的解算结果作为后置物理场控制方程计算时的初始条件或边界条件。迭代耦合解算相对全耦合解算方法效率高,解算难度低,其使用需基于对多物理场物理本质的准确把握,近年来在多物理场求解领域也得到了广泛的应用。

5.2 商用软件 COMSOL Multiphysics 简介

为了完成煤层瓦斯运移的计算,过去多是人们自己编写计算程序,但是由于偏微分方程(组)的复杂性与计算机软硬件的多样性,使得我们自主开发应用程序非常困难,耗时费力且往往缺乏通用性。使用通用性较强的成熟商用软件,学习资源丰富,易上手、计算方便、省时省力,模拟效果较好,大量研究成果也证明了用商业软件做理论研究的适用性。

本书中煤与瓦斯气固耦合的数值仿真即由 COMSOL Multiphysics(以下简称 COMSOL)完成,COMSOL 是一款基于偏微分方程组并能够对科学和工程问题进行建模和仿真计算的高级数值仿真软件(图 5-1),以有限元法为基础,通过求解偏微分方程(单场)或偏微分方程组(多场)来实现真实物理现象的仿真,用数学方法求解真实世界的物理现象,目前已被广泛用于流体、传热、力学和化工等多个领域的科学研究以及工程计算。

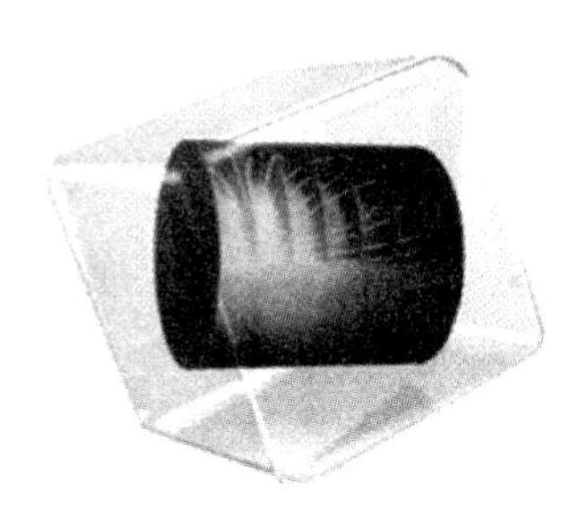

图 5-1　COMSOL 软件

使用 COMSOL 软件进行建模时,用户既可使用软件提供的特定的物理应用模型,也可以调用自己建立的偏微分方程,这就使得我们在使用 COMSOL 时既不需要编程基础,又避免了完全的“黑盒”作业,有利于我们将更多的精力着眼于研究问题的本质——数学模型的构建。为了便于读者更快速地掌握 COMSOL 的基本用法,本节内容将对 COMSOL 的界面及主要功能进行初步介绍。需特别说明,本书与 COMSOL 应用相关的内容均基于 Windows 系统下 COMSOL Multiphysics 5.2 版本。

为了更好地让读者学习和掌握使用 COMSOL 进行煤与瓦斯气固耦合的数值仿真,本小节首先简要介绍 COMSOL 的模型向导、主要用户图形界面组件与软件缺省参数、变量及函数。数值仿真中的几何构建、网格划分和求解器设定以及基本建模过程将在 5.3 小节和 5.4 小节,以一维线性稳态流动数值仿真和拟无限大流场瞬态流动数值仿真为例来进行说明。

需要特别说明的是,因耦合模型一般无法获得解析解,学者多采用对其组成的单物理场进行求解验证的方法[4],在后续章节具体展开煤与瓦斯气固耦合模型应用的模拟分析之前,也基于 5.3 小节和 5.4 小节对 COMSOL 求解的可行性进行分析。本书将选用 Y. Wu 等[5]求解的一维线性稳态流动和拟无限大流场瞬态流动的解析解作为参照,对比分析 COMSOL 求解多孔介质中稳态流动和瞬态流动的可行性。

5.2.1　模型向导

当 COMSOL 安装配置完成后,运行 COMSOL,将出现新建窗口(图 5-2),其中提供两个新建模型的选项:模型向导和空模型。如果 COMSOL 已经打开,用户可以点击“新建图标”进入新建窗口。

图 5-2　新建窗口

如果选择空模型，可以在模型树的根节点处手动添加组件和研究。此处，我们以选择模型向导为例说明使用 COMSOL 建模时的基本操作步骤，单击模型向导后，软件将指导用户设置空间维度、物理场和研究类型，具体步骤如下：

① 选择模型组件的空间维度(图 5-3)，COMSOL 提供包括：三维、二维轴对称、二维、一维轴对称和零维等多种空间维度。

选择空间维度

图 5-3　选择空间维度

② 空间维度选择完成后，可添加一个或多个物理场接口(图 5-4)。物理场接口根据不同的物理场分支进行组织，以便快速定位。这些分支并不直接与产品相对应。当 COMSOL 中添加新增产品时，一个或多个物理分支下会自动增加相应的物理场接口。

③ 物理场选择完成后，可根据实际需要选择研究类型(图 5-5)，即用于计算的求解器或求解器组。最后，单击完成，桌面会显示根据模型向导中的设定来配置的模型树。

5.2.2　界面及功能简介

当使用模型向导完成模型的初始配置后，会看到如图 5-6 所示的 COMSOL 图形化操作界面。该图形界面为物理场建模和仿真提供了一个完整的集成环境，当需要为模型创建一个友好的用户界面时，可在此访问所需的全部工具。常用的窗口和用户界面组件主要包括：快速访问工具栏、功能区、模型开发器、设定窗口、图形窗口、信息窗口和动态帮助。

5.2.2.1　快速访问工具栏

快速访问工具栏包含一组独立于当前所显示功能区选项卡的命令(图5-7)。

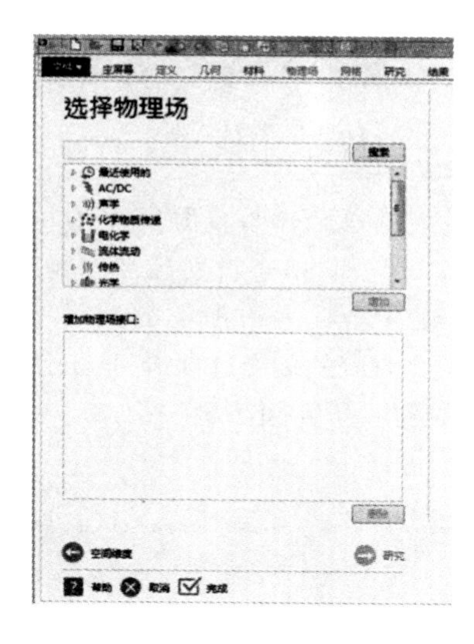

图 5-4 选择物理场

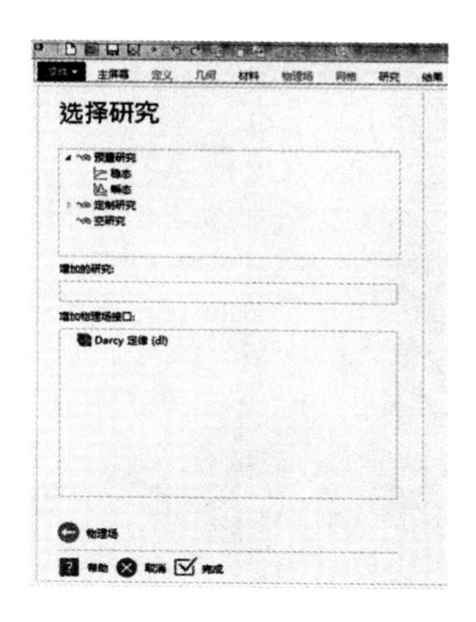

图 5-5 选择研究

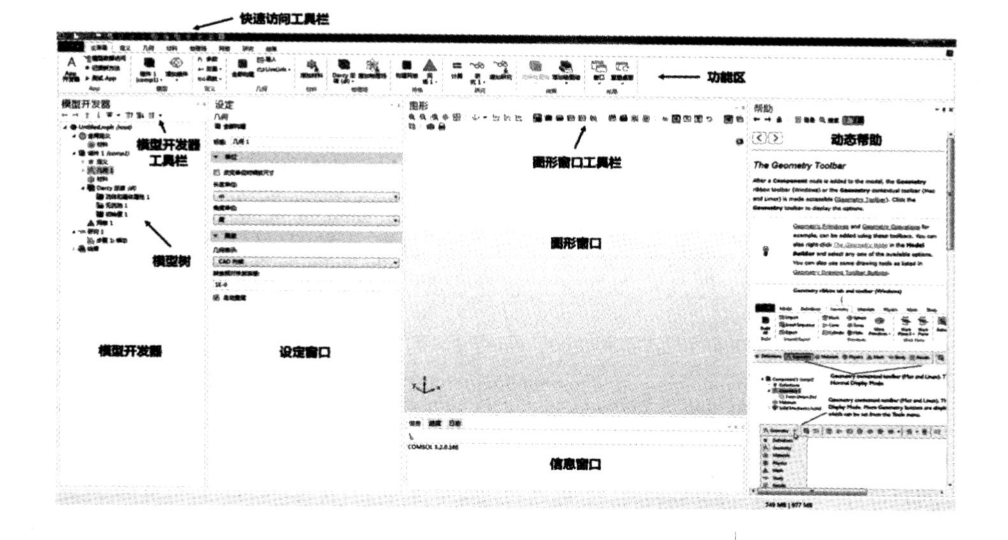

图 5-6 COMSOL 图形化操作界面

图 5-7 快速访问工具栏

可以定制快速访问工具栏;可以添加文件菜单中提供的大部分命令,如撤销和重做最近的操作、复制、粘贴、复制并粘贴,以及删除模型树中的节点等命令,也可以将快速访问工具栏置于功能区的上方或下方。

5.2.2.2 功能区

功能区选项卡反映了建模工作流程,并提供了每个建模步骤所需的功能概述。例如主屏幕选项卡包含更改模型、执行参数化几何、检查材料属性和物理场、构建网格、运行研究和可视化仿真结果,以及创建和测试 App 所需的大部分常规操作按钮。此外,建模过程中的每个主要步骤均有对应的标准选项卡,按工作流模式(从左至右)依次为:定义、几何、材料、物理场、网格、研究和结果(图 5-8)。

图 5-8 功能区

功能区用于快速访问各种命令,并对模型开发器窗口中的模型树进行补充。功能区提供的大部分功能还可通过右键单击模型树节点弹出的上下文菜单进行访问。仅有某些特定的操作只能通过功能区或模型树完成,例如选择显示哪个桌面窗口只能通过功能区实现,而例如重排和禁用节点则只能在模型树中实现。

5.2.2.3 模型开发器

模型开发器是定义模型及其组件的工具,包括模型的求解方式、结果分析和报告,可以通过构建模型树来实现这些操作。模型树可反映底层数据结构和模型对象,其中存储的模型状态包括对以下项的设置:几何、网格、物理场、边界条件、研究、求解器、后处理及可视化。当使用模型开发器时,可以首先使用缺省的模型树来构建模型,即添加节点和编辑节点设定。缺省模型树中的所有节点均为最高级父节点。右键单击节点可查看这些父节点下可增加的子节点或下一级节点列表。这是用于向模型树中添加节点的最常用方法。当单击某个子节点时,可以在设定窗口查看节点设定并进行编辑。

如图 5-9 所示,即便建立空模型,模型树仍包含一个根节点、一个全局定义节点和一个结果节点。根节点的初始标签为 Untitled. mph,也是 COMSOL 模拟文件的缺省保存名称,后缀“. mph”为 COMSOL 模拟文件的扩展名。

全局定义节点用于定义可在整个模型树中使用的参数、变量、函数及耦合(右键单击全局定义节点),可用于定义材料属性、力、几何及其他相关特征的值与函数依赖关系,全局定义节点本身没有任何设定,但其子节点包含许多设定。全局定义节点包含一个缺省的材料子节点,该节点中存储有材料属性信息,可以被模型的组件节点引用。

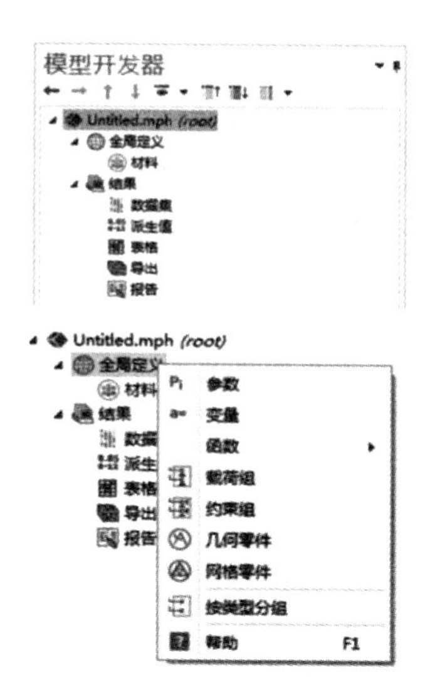

图 5-9 模型树的节点

通过结果节点访问数值模拟结果，结果节点包含五个缺省的子节点，分别为：

(1) 数据集：包含可以使用的解的列表。

(2) 派生值：定义要从使用大量后处理工具求得的解进行派生的值。

(3) 表格：方便地显示探针生成的派生值或结果的目标文件，该探针在运行仿真时实时监视仿真过程。

(4) 导出：定义要导出为文件的数值数据、图像和动画。

(5) 报告：包含自动生成或定制的模型报告，可选择存储为 HTML 文件或 Word 文件。

除了这五个缺省子节点，用户还可以添加更多绘图组子节点，用于定义在图形或绘制窗口中显示的图形。其中一部分会根据所执行的数值模拟类型和结果自动创建，用户也可以右键单击结果节点，从绘图类型列表中添加更多的图像。

如图 5-10 所示，除以上介绍的三个节点之外，还有两类最高等级的节点：组件节点和研究节点。这些节点通常在创建新模型时由模型向导创建。使用模型向导指定要建模的物理场类型、要执行的研究类型(如稳态、瞬态、频域或特征频率分析)之后，向导会自动为每种类型创建一个节点，并显示其内容。

可以在开发模型时继续增加更多的组件和研究节点。一个模型中可以包含多个组件和研究节点，如果它们的名称全部相同，可能会引起混乱，COMSOL 默认在其后面顺序添加数字进行区分，也可以根据这些节点的各自用途对其重新

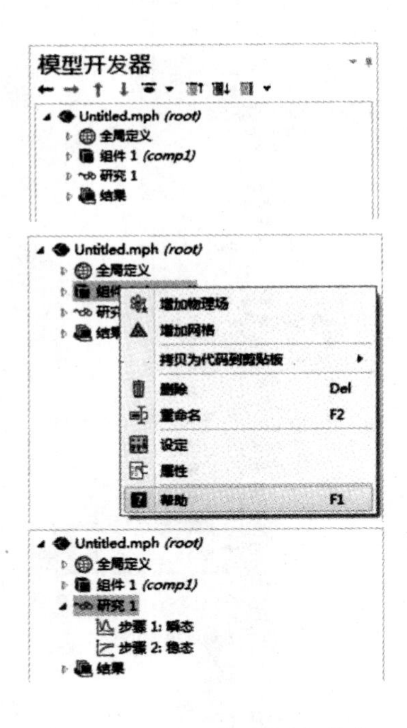

图 5-10　组件节点和研究节点

命名。

如果一个模型中包含多个组件节点，则可以将这些节点耦合在一起，形成一个更有条理的仿真序列。

每个研究节点都可以执行不同类型的计算，所以每个节点均设有一个单独的计算按钮。

在模型开发器窗口中，建模流程中从定义全局变量到最终结果报告的每一个步骤都显示在模型树中。模型树从上到下定义了一个有序的操作序列，在模型树的常见分支中，节点顺序很重要，一般建议按照如下顺序进行排列：

（1）几何

（2）材料

（3）物理场

（4）网格

（5）研究

（6）绘图组

若模型树中的节点顺序较为混乱，则可以通过上下移动子节点来更改操作序列。

5.2.2.4 设定窗口

用于输入模型的所有规格信息的主窗口，包括几何尺寸、材料属性、边界条件、初始条件以及在运行仿真时求解器需要的其他信息。图 5-11 显示的为设定几何模型时所需的信息。

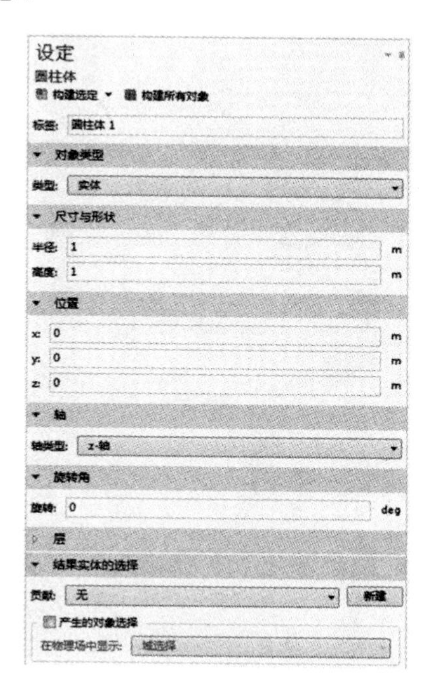

图 5-11 设定窗口

5.2.2.5 图形窗口

如图 5-12 所示，图形窗口是图形输出窗口，除可以可视化输出几何模型外，也可用于对数值模拟结果进行可视化显示，并且可以使用几个绘制窗口来同时显示多个结果。此外，收敛图窗口是一个特例，它是自动生成的绘制窗口，可显示模型运行时求解过程中所用不同求解器算法的收敛进度。

5.2.2.6 信息窗口

信息窗口是非图形信息的显示窗口，包含三个选项卡(图 5-13)，分别是：

(1) 信息：显示当前 COMSOL 会话的各种信息。

(2) 进度：显示求解器的进度信息，以及停止按钮。

(3) 日志：显示来自求解器的信息，例如自由度数、求解时间，以及求解器迭代数据。

5.2.2.7 动态帮助

帮助窗口提供有关窗口与模型树节点的上下文相关帮助文本。在桌面打开

图 5-12　图形窗口

图 5-13　快速访问工具栏

帮助窗口后（例如按下 F1 键），当您单击某个节点或窗口时，就会自动获得相关的动态帮助文件。除可以动态显示帮助文件外，帮助窗口还包含三个选项卡（图 5-14），分别是：

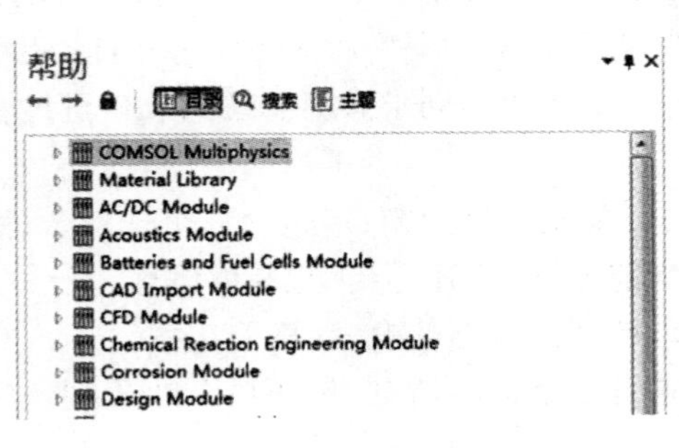

图 5-14　动态帮助

(1) 目录：显示 COMSOL 通用帮助文件与所有安装物理场的简介(Introduction)和用户指南(User's Guide)的目录。

(2) 搜索：可根据关键词搜索对应的帮助文件。

(3) 主题：显示在目录和搜索选项卡内选中词条。

此外，COMSOL 官网还提供了多种不同形式的教程，可通过访问以下网址进行学习：

① COMSOL 视频集锦：http://cn.comsol.com/videos。

② COMSOL 博客：http://cn.comsol.com/blogs。

5.2.3　参数、变量及函数

5.2.3.1　参数

参数是内置或用户定义的常数标量，可在整个模型中使用具有“全局”性质。如图 5-15 所示，在模型树中，可以在全局定义下定义参数，参数表达式可以包含数字、参数、内置常数，以及自变量、一元和二元算子等参数表达式所组成的内置函数，可以具有单位。

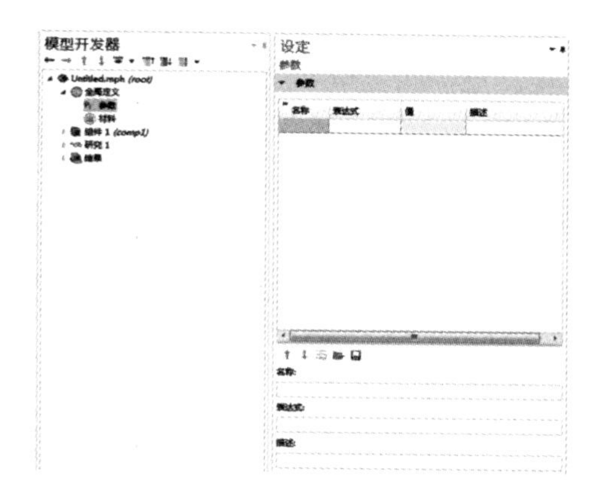

图 5-15　参数

参数的重要用途包括：① 参数化几何尺寸；② 指定网格单元尺寸；③ 定义参数化扫描，即数值模拟过程中针对特定参数值反复进行计算。

此外，需特别注意的是，COMSOL 内置了许多常数、变量和函数。这些对象具有的保留名称不能被用户重新定义。如果将保留的名称用于用户定义的变量、参数或函数，则输入的文本会变为橙色(警告)或红色(错误)，并在选择文本字符串时，将看到一条工具提示消息。本小节首先列出最常用的两种不同类型的内置常数：数学和数值常数及物理常数。分别将两者汇总于表 5-1 和表 5-2。

表 5-1　内置数学与数值常数

描述	名称	值
双浮点数的浮点相对精度，也称为机器最小数	eps	2^{-52}(～2.220 4×10^{-16})
虚数单位	i,j	i,sqrt(－1)
无穷大,∞	inf,Inf	大于可用浮点表示法处理的值
非数	NaN,nan	未定义或无法表示的值，例如 0/0 或 inf/inf 的结果
π	pi	3.141 592 653 589 79

表 5-2　内置物理常数

描述	名称	值
重力加速度	g_const	9.806 65[m/s^2]
阿伏伽德罗常数	N_A_const	6.022 141 29e23[1/mol]
玻尔兹曼常数	k_B_const	1.380 648 8e－23[J/K]
真空特性阻抗(自由空间阻抗)	Z0_const	376.730 313 461 770 66[ohm]
电子质量	me_const	9.109 382 91e－31[kg]
基本电荷	e_const	1.602 176 565e－19[C]
法拉第常数	F_const	96 485.336 5[C/mol]
精细结构常数	alpha_const	7.30E－03
重力常数	G_const	6.673 84e－11[m^3/(kg・s^2)]
理想气体摩尔体积(在 273.15 K 和 1 atm 下)	V_m_const	2.241 396 8e－2[m^3/mol]
中子质量	mn_const	1.674 927 351e－27[kg]
真空磁导率(磁常数)	mu0_const	4＊pi＊1e－7[H/m]
真空介电常数(电常数)	epsilon0_const	8.854 187 817 000 001e－12[F/m]
普朗克常数	h_const	6.626 069 57e－34[J＊s]
普朗克常数除以 2 pi	hbar_const	1.054 571 725 336 29e－34[J＊s]
质子质量	mp_const	1.672 621 777e－27[kg]
真空中光速	c_const	299 792 458[m/s]
斯蒂芬-玻尔兹曼常数	sigma_const	5.670 373e－8[W/(m^2＊K^4)]
通用气体常数	R_const	8.314 462 1[J/(mol＊K)]
维恩位移定律常数	b_const	2.897 772 1e－3[m＊K]

5.2.3.2　变量

COMSOL 中有两种类型的变量，即内置变量和用户自定义变量。变量可以为标量或场，并可以具有单位。同参数不同，可在全局定义节点或任意组件节点的定义子节点下定义变量(图 5-16)。一般情况下，选择在何处定义变量取决于希望变量是全局性的(即在整个模型树中可用)，还是在单个组件节点内进行局部定义。同参数表达式类似，变量表达式同样可以包含数字、参数、内置常数，以及一元和二元算子。此外，变量表达式中还可以包含变量(如 t、x、y 或 z)、以变量表达式为自变量的函数，以及待求解的因变量及其空间和时间导数。

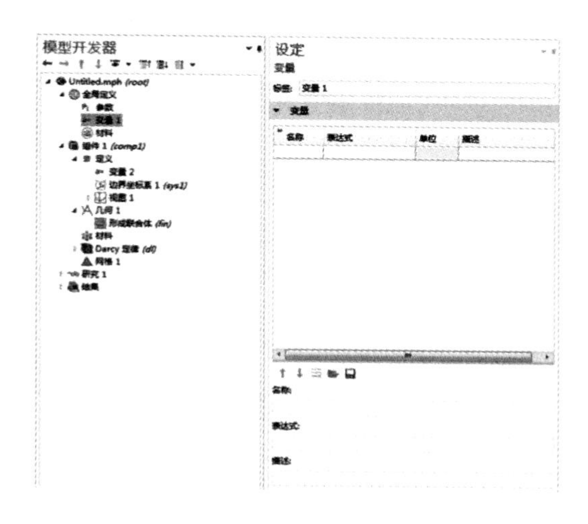

图 5-16　变量的设定

从上面的描述可以发现，参数和变量在“作用域”上存在以下差别：

(1) 所有参数都在模型树的全局定义节点中定义，这意味着它们的作用域是全局性的，可以在整个模型树中使用。

(2) 变量则既可以在全局定义中定义变量，又可以在组件定义中定义变量。前者具有全局作用域，后者具有局部作用域。

(3) 参数只能为常数标量，而变量则既可以为标量，也可以为变量或参数的函数。

此外，COMSOL 中有一组特别的用户定义变量：空间坐标变量和因变量。这些变量具有缺省名称，分别基于几何空间维度和物理场接口。根据为这些变量选择的名称，COMSOL 会创建一系列内置变量，如相对于空间和时间的一阶和二阶导数(表 5-3)。

表 5-3　用于生成内置变量的用户定义变量

缺省名称	描述	类型
x,y,z	空间坐标(笛卡尔)	场
r,phi,z	空间坐标(圆柱)	场
u,T,etc.	因变量(解)	场

以自变量温度 T 为例,其相对于空间和时间的一阶和二阶导数分别为:Tx、Txy、Tt 和 Ttt。若空间坐标为柱坐标,则相对于空间的一阶和二阶导数可写为:Tphi 和 Trphi。

COMSOL 中常用的内置变量见表 5-4。

表 5-4　内置变量

名称	描述	类型
t	时间	标量
freq	频率	标量
lambda	特征值	标量
phase	相角	标量
numberofdofs	自由度数	标量
h	网格单元尺寸(单元最长边的长度)	场
meshtype	网格单元的网格类型索引;它是单元中的边数	场
meshelement	网格单元编号	场
dvol	体积比例因子变量;这是从局部(单元)坐标映射到全局坐标的雅可比矩阵的行列式	场
qual	介于 0(质量差)和 1(质量完美)之间的网格质量测量	场

5.2.3.3　函数

同变量类似,COMSOL 中也有两种类型的函数,内置数学函数和用户自定义函数。函数可以是赋值的标量或依赖于输入自变量的赋值的场。某些函数的输入和输出自变量都可以具有单位。用户定义的函数可以在模型树的全局定义或组件定义分支中定义,方法是从函数菜单中选择模板,然后输入设定来定义函数的名称和详细形状。

COMSOL 中常用的内置数学函数、一元与二元算子分别如表 5-5 和表 5-6 所列。

表 5-5 内置数学函数

名称	描述	语法示例
abs	绝对值	abs(x)
acos	反余弦(以弧度为单位)	acos(x)
acosh	反双曲余弦	acosh(x)
acot	反余切(以弧度为单位)	acot(x)
acoth	反双曲余切	acoth(x)
acsc	反余割(以弧度为单位)	acsc(x)
acsch	反双曲余割	acsch(x)
arg	相角(以弧度为单位)	arg(x)
asec	反正割(以弧度为单位)	asec(x)
asech	反双曲正割	asech(x)
asin	反正弦(以弧度为单位)	asin(x)
asinh	反双曲正弦	asinh(x)
atan	反正切(以弧度为单位)	atan(x)
atan2	四象限反正切(以弧度为单位)	atan2(y,x)
atanh	反双曲正切	atanh(x)
besselj	第一类贝塞尔函数	besselj(a,x)
bessely	第二类贝塞尔函数	bessely(a,x)
besseli	第一类修正贝塞尔函数	besseli(a,x)
besselk	第二类修正贝塞尔函数	besselk(a,x)
ceil	向上舍入得到最近的整数	ceil(x)
conj	复共轭	conj(x)
cos	余弦	cos(x)
cosh	双曲余弦	cosh(x)
cot	余切	cot(x)
coth	双曲余切	coth(x)
csc	余割	csc(x)
csch	双曲余割	csch(x)
erf	误差函数	erf(x)
exp	指数	exp(x)
floor	向下舍入得到的最近整数	floor(x)
gamma	Gamma 函数	gamma(x)
imag	虚部	imag(u)

续表 5-5

名称	描述	语法示例
log	自然对数	log(x)
log10	以 10 为底的对数	log10(x)
log2	以 2 为底的对数	log2(x)
max	两个自变量的最大值	max(a,b)
min	两个自变量的最小值	min(a,b)
mod	模除算子	mod(a,b)
psi	Psi 函数及其导数	psi(x,k)
range	创建一个数列	range(a,step,b)
real	实部	real(u)
round	舍入为最接近整数	round(x)
sec	正割	sec(x)
sech	双曲正割	sech(x)
sign	正负号函数	sign(u)
sin	正弦	sin(x)
sinh	双曲正弦	sinh(x)
sqrt	平方根	sqrt(x)
tan	正切	tan(x)
tanh	双曲正切	tanh(x)

表 5-6　　算子

优先级	符号	描述
1	() {}	分组、列表、范围
2	^	幂
3	! - +	一元:逻辑非、差、和
4	[]	单位
5	* /	乘法、除法
6	+ -	二元:加法、减法
7	< <= > >=	比较:小于、小于等于、大于、大于等于
8	== !=	比较:等于、不等于
9	&&	逻辑与
10	||	逻辑或
11	,	列表中的元素分隔符

5.3 一维线性稳态流动数值仿真可行性分析

对于多孔介质中的流体渗流，COMSOL 中提供了专门的物理场，其接口名称为“Darcy 定律(dl)”。那么使用 COMSOL 对于多孔介质流体渗流的仿真精度如何？进行数值仿真时有哪些注意事项？为了回答这两个问题，作者将在本小节和 5.4 小节以稳态流动和瞬态流动为例，对比分析数值解和解析解的异同，并详细列出数值仿真实现的步骤和注意事项。本案例更多的分析细节参见文献[6]。

5.3.1 问题背景

在一个圆柱形的多孔介质渗流空间内，气体以恒定的质量注入速率从圆柱体的一个端面注入，从另一个端面流出，圆柱体的柱面不可渗透，因此气体流动方向为从入口端面流向出口端面。在圆柱形的多孔介质渗流空间内，气体流动遵循达西渗流定律，随着注气的持续进行，气体的流动逐步趋于稳定，最终形成一维线性稳态流场。在建立此一维线性稳态流场的控制方程时，为了能够获得形式较为简单的解析解，还需要做如下简化：

(1) 流动过程中多孔介质的孔隙率保持恒定，即忽略气固耦合作用；

(2) 此多孔介质仅作为气体渗流通道，而不作为存储空间，即忽略渗流场和扩散场之间的相互影响。

因此该一维线性稳态流场的控制方程可由式(4-43)简化获得：

$$\frac{\partial}{\partial x}\left[\rho_{\mathrm{f}}\frac{k_{\mathrm{e}}}{\mu}\frac{\partial p_{\mathrm{f}}}{\partial x}\right]=0 \tag{5-1}$$

将式(4-20)和式(3-41)代入式(5-1)整理可得：

$$\frac{\partial}{\partial x}\left[\frac{Mk}{RT\mu}(p_{\mathrm{f}}+b_{\mathrm{k}})\frac{\partial p_{\mathrm{f}}}{\partial x}\right]=0 \tag{5-2}$$

式中 M——气体分子摩尔质量，kg/mol。

一维线性稳态流场的几何模型及边界条件如图 5-17 所示，定义圆柱体的轴向为 x 方向，圆柱体的长为 10 m，端面面积为 1 m^2。左侧端面为恒流边界，$Q_{\mathrm{m}}=1\times10^{-6}$ kg/s；右侧端面为恒压边界，$p(L)=1\times10^{5}$ Pa；柱面为零流量边界。

在这种边界条件下，Y. Wu 等[5]求出了一维线性稳态流场控制方程的解析解为：

$$p(x)=-b+\sqrt{b^2+p(L)^2+2bp(L)+\frac{2Q_{\mathrm{m}}\mu RT(L-x)}{Mk}} \tag{5-3}$$

式中 Q_{m}——气体注入速率，kg/s。

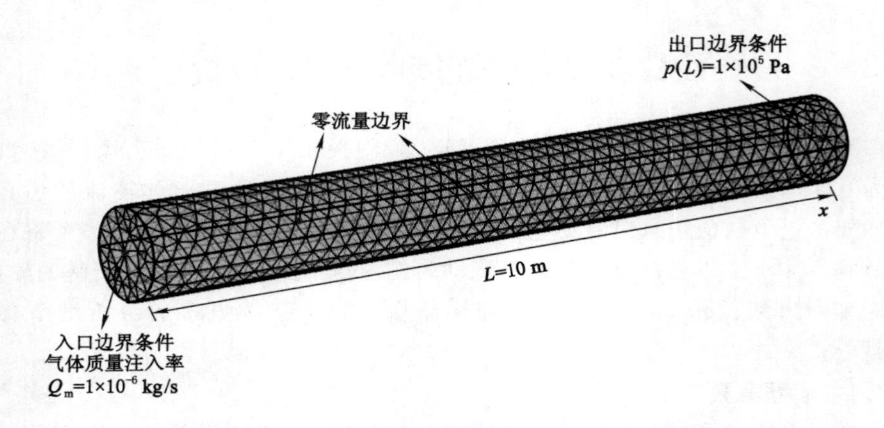

图 5-17 一维线性稳态流动的几何条件和边界条件

若忽略气体在多孔介质中渗流时的 Klinkenberg 效应，该一维线性稳态流场的控制方程可由式(5-2)简化为：

$$\frac{\partial}{\partial x}\left[\frac{Mp_{\mathrm{f}}}{RT}\frac{k}{\mu}\frac{\partial p_{\mathrm{f}}}{\partial x}\right]=0 \tag{5-4}$$

其解析解为：

$$p(x)=\sqrt{p(L)^{2}+\frac{2Q_{\mathrm{m}}\mu RT(L-x)}{Mk}} \tag{5-5}$$

5.3.2 模型向导

(1) 运行 COMSOL，选择“模型向导”。

(2) 从“选择空间维度”对话框里选择“三维”(图 5-18)。

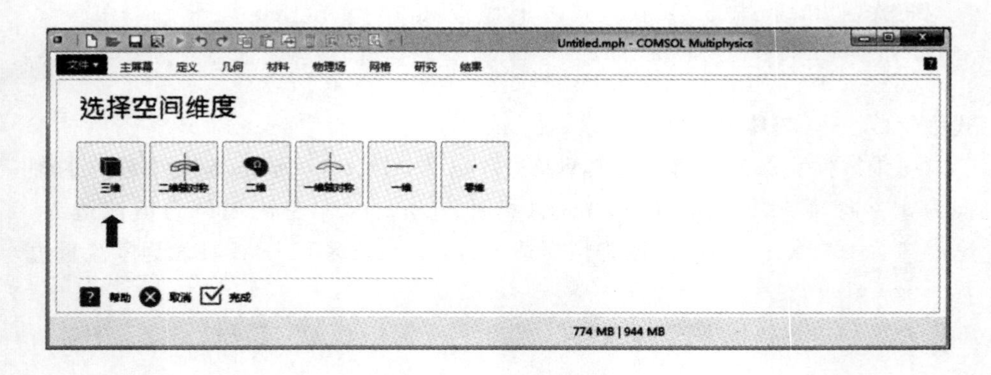

图 5-18 选择空间维度

(3) 从“选择物理场”对话框中选择“流体流动”>“多孔介质和地下水流”>

“Darcy 定律(dl)”,之后点击“研究”(图 5-19)。

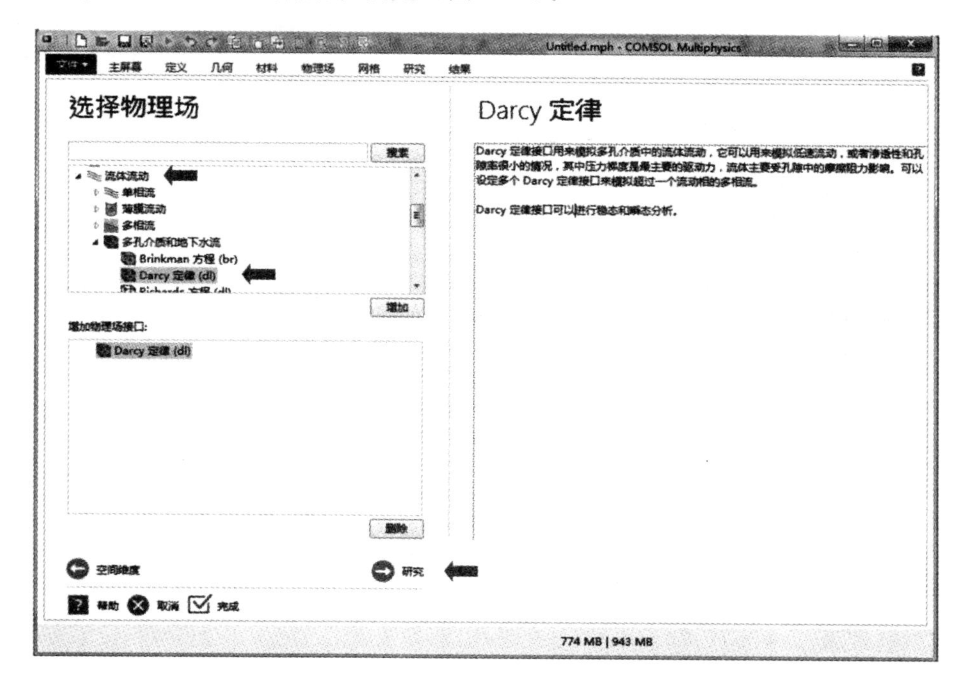

图 5-19 选择物理场

在进行本步操作时,还有如下注意事项:

① 在本操作中符号“>”代表展开下一级菜单。如图 5-19 所示,展开“流体流动”菜单后,出现“单向流”、“薄膜流动”、“多相流”和“多孔介质和地下水流”等多个次级菜单。菜单前有三角形符号时代表其含有次级菜单。

② 选择物理场接口时有两种操作方式,既可通过双击物理场接口名称选择,也可在物理场接口名称处右键单击,选择“增加物理场”。

③ 选择物理场接口时,除可像上述操作一样,通过逐级展开菜单选取指定的物理场接口,也可在搜索栏搜索物理场接口名称的关键字。

④ 若已使用 COMSOL 使用某物理场进行仿真,则在“选择物理场”对话框中将会出现“最近使用的”物理场接口菜单,可通过该菜单快速选取最近使用的物理场。

⑤ 在选择物理场接口时,若不知道某个物理场接口的用途,可单击其名称,则在“选择物理场”对话框右侧会显示该物理场接口的简要介绍。如对于“Darcy 定律(dl)”,其介绍为“Darcy 定律接口用来模拟多孔介质中的流体流动,它可以用来模拟低速流动,或者渗透性和孔隙率很小的情况,其中压力梯

度是最主要的驱动力，流体主要受孔隙中的摩擦阻力影响。可以设定多个达西定律接口来模拟超过一个流动相的多相流；达西定律接口可以进行稳态和瞬态分析”。

⑥ 在进行该步操作时，若想更改模型的空间维度，可点击“空间维度”进入上一步操作，点击后本步操作全部失效。

(4) 从“选择研究”对话框中选择“预置研究”>“稳态”，之后点击“完成”(图5-20)。

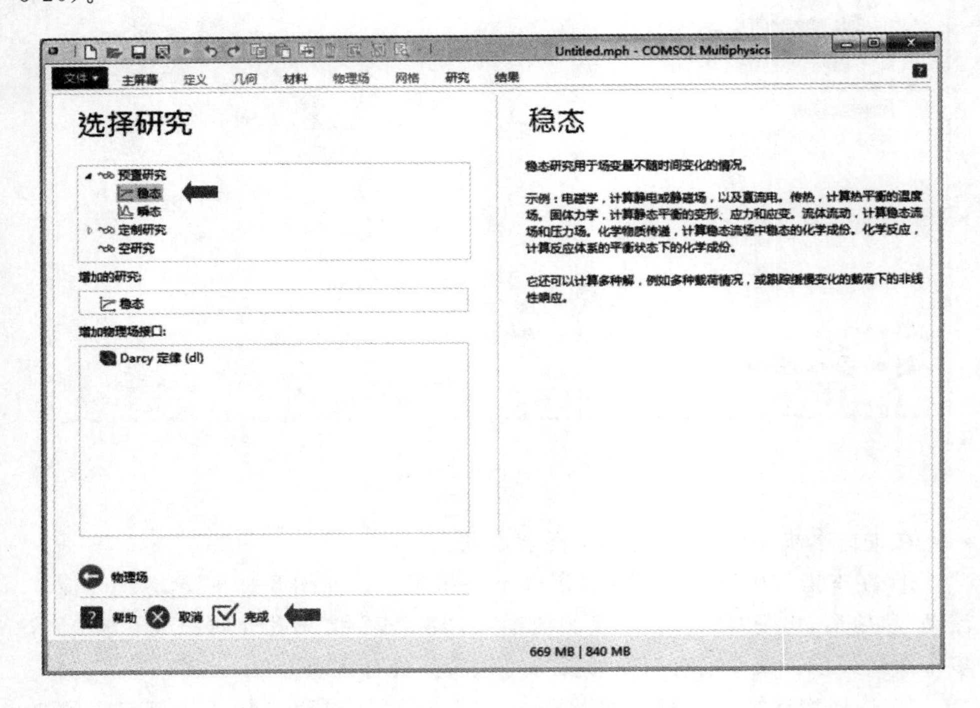

图 5-20　选择研究

在进行本步操作时，还有如下注意事项：

① “预置研究”包含适合所选物理场(本例中为达西定律)的求解器和方程式设定。对于达西定律接口，其预置研究只有“稳态”和“瞬态”两种研究类型。

② 稳态研究用于场变量不随时间变化的情况。例如：电磁学，计算静电或静磁场，以及直流电；传热，计算热平衡的温度场；固体力学，计算静态平衡的变形、应力和应变；流体流动，计算稳态流场和压力场；化学物质传递，计算稳态流场中稳态的化学成分；化学反应，计算反应体系的平衡状态下的化学成分；它还可以计算多种解，例如多种载荷情况，或跟踪缓慢变化的载荷下的非线性响应。

③ 瞬态研究用于场变量随时间的变化。例如：电磁学，计算瞬态电磁场，包括时域电磁波传播；传热，计算温度随时间的变化；固体力学，计算瞬态载荷作用下的随时间演化的变形和运动；声学，计算压力波的时变传播；流体流动，计算非稳流动和压力场；化学物质传递，计算化学成分随时间的变化；化学反应，计算反应体系中的反应动力学和化学成分。

④ “定制研究”菜单中包含选定物理场没有自动对应的研究类型，从该菜单中所做的任何选择均需手动设定。

⑤ “空研究”用于创建一个不包含研究步骤的研究节点。

⑥ 在进行该步操作时，若想更改模型的物理场，可点击“物理场”进入上一步操作，点击后本步操作全部失效。

第(4)步完成后，COMSOL 即会出现 Darcy 定律物理场接口初始窗口，如图 5-21 所示。可以看出，COMSOL 提供了非常友好的用户图形界面，本例的所有操作均可在图形界面中完成，而无须进行代码指令操场。有关 COMSOL 图形界面的通用知识已在 5.2 小节介绍，此处不再赘述。有关 Darcy 定律物理场接口的“专有”设定，将在后续步骤中分别介绍。

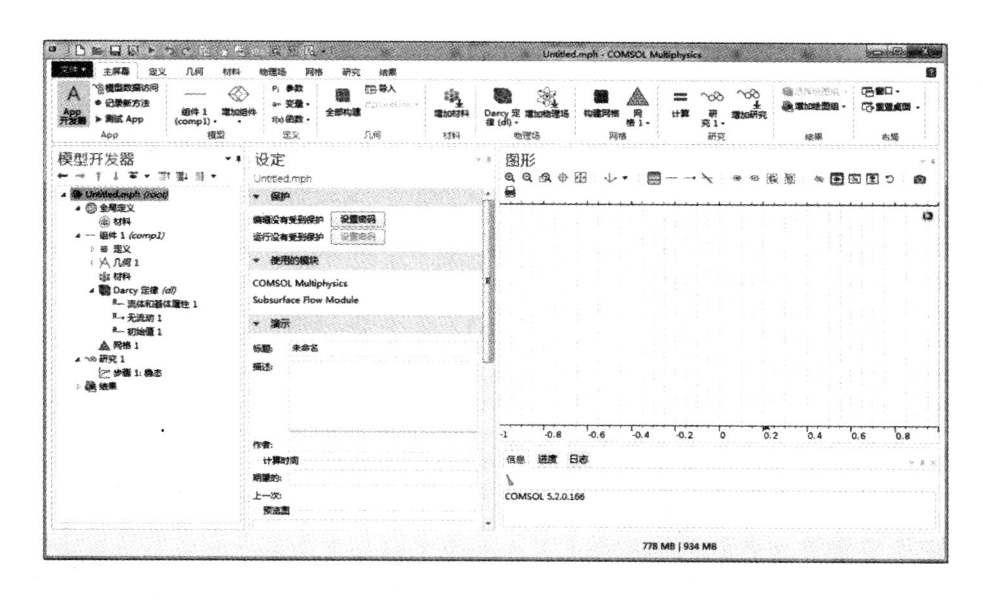

图 5-21　Darcy 定律物理场接口初始窗口

5.3.3　参数及变量

现在，我们可以定义模型求解所需的全局“参数”和“变量”。

(1) 在“模型开发器”中，右键单击“全局定义”，选择“参数”(图 5-22)。

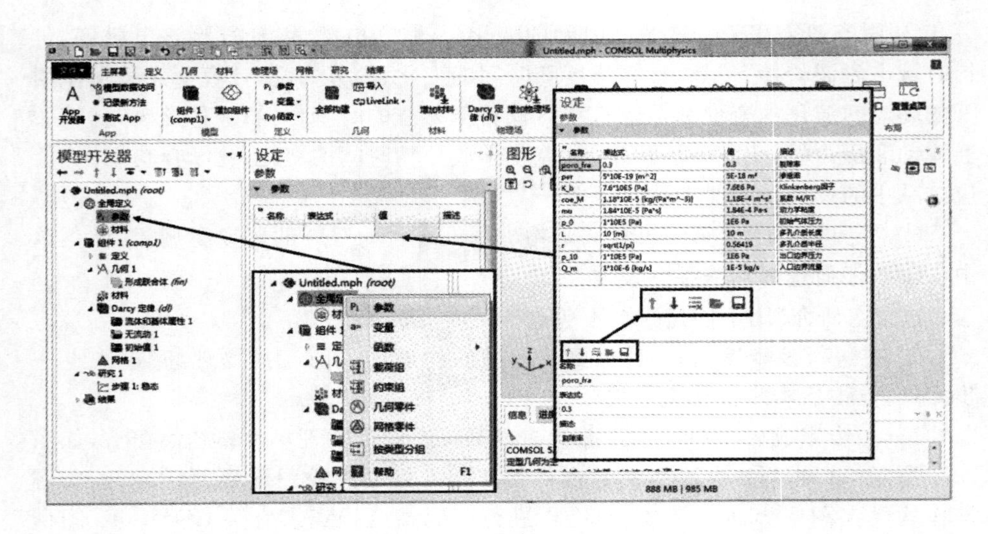

图 5-22　参数的设定

(2) 前往“参数”设定窗口，在参数表的参数下或表格下方的编辑框中输入以下参数(表 5-7)，参数源于文献[5]。

表 5-7　　　　参数表

名称	表达式	描述
poro_fra	0.3	裂隙率
per_c	5E−19[m^2]	渗透率
K_b	7.6E5[Pa]	Klinkenberg 因子
coe_M	1.18E−5[kg/(Pa * m^3)]	系数 M/RT
mu	1.84E−5[Pa · s]	动力学黏度
p_0	1E5[Pa]	初始气体压力
L	10[m]	多孔介质长度
r	sqrt(1/pi)[m]	多孔介质半径
p_10	1E5[Pa]	出口边界压力
Q_m	1E−6[kg/(m^2 * s)]	入口边界流量

在进行本步操作时，还有如下注意事项：

① 参数命名时应注意同内置参数不重复，若出现重复情况，参数名称会变成橘黄色，将鼠标放置在该名称上时会显示“××是一个保留名称”。内置参数(常数)参见表 5-1 和表 5-2。因此，作者建议在参数命名时应根据其物理意义，

选用对应英文单词的缩略字符，并使用英文字符“_”（下划线）进行连接。

② 在“表达式”对话框，可输入参数的数值（可为常数或内置数学函数的返回值，内置数学函数参见表 5-5）。表达式中的英文方括号“[]”用于填写单位。当“表达式”对话框由活动窗口变为非活动窗口时，“值”这一栏将会基于输入的表达式自动更新，表达式中输入的非国际单位将自动更新为国际单位制。

③ 在“描述”对话框，可根据参数的物理意义进行简单描述，便于记忆。

④ “参数”设定窗口提供了 5 项快捷操作方式，从左向右依次为“上移”、“下移”、“删除”、“从文件加载”和“保存到文件”。

⑤ 可使用“上移”和“下移”功能手动对参数排序，也可通过点击“名称”、“表达式”和“描述”进行自动排序。

⑥ 通过“删除”功能可快速删除选定参数。

⑦ “保存到文件”功能可将输入的参数导出，以 txt 的形式保存，便于其他模型通过“从文件加载”功能调用。

(3) 在“模型开发器”中，右键单击“全局定义”，选择“变量”（图 5-23）。

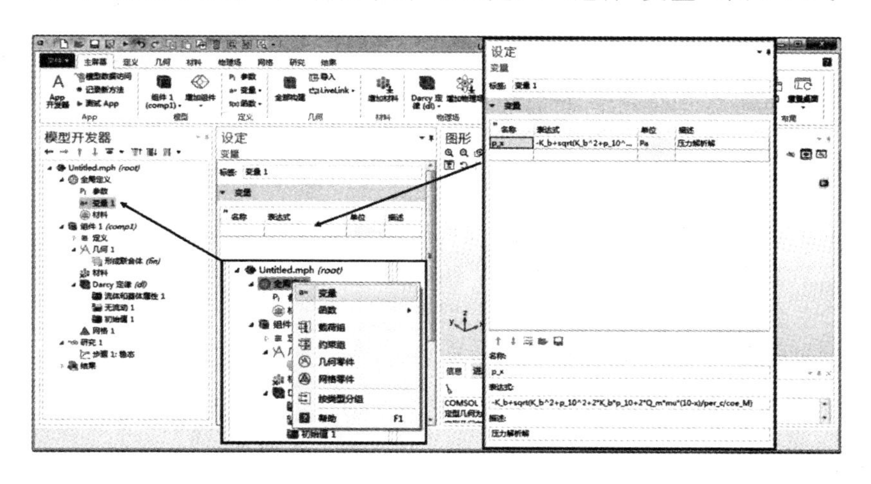

图 5-23　变量

(4) 前往“变量 1”设定窗口，在变量表的变量下或表格下方的编辑框中输入以下变量（表 5-8）。

表 5-8　　变量表

名称	表达式	描述
p_x	－K_b＋sqrt(K_bˆ2＋p_10ˆ2＋2 * K_b * p_10＋2 * Q_m * mu * (10－x)/per_c/coe_M)	压力解析解

5.3.4 几何

现在,我们可以定义模型求解所需的“几何”。

(1) 在“模型开发器”中,右键单击“几何 1”,选择“圆柱体”(图 5-24)。

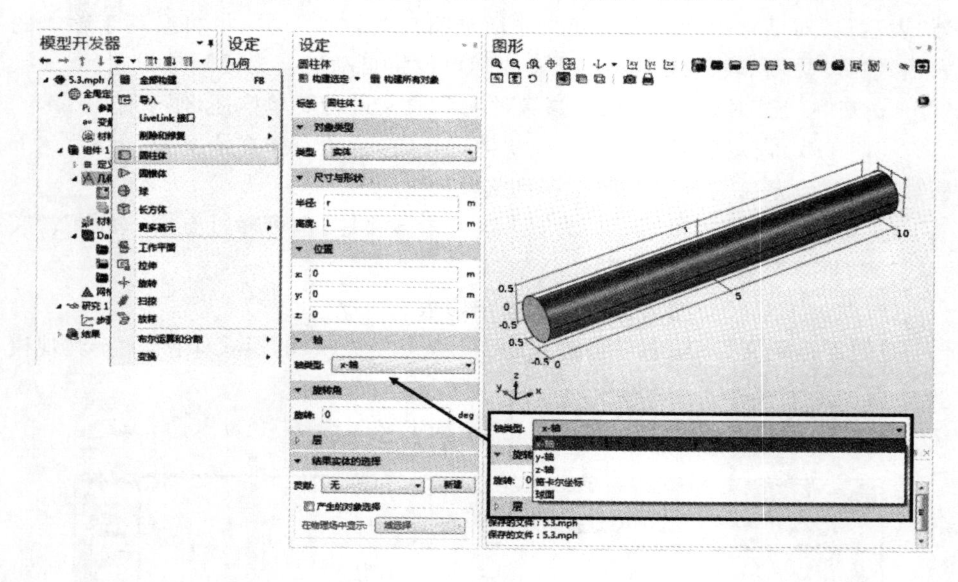

图 5-24 几何

(2) 前往“圆柱体 1(cyl1)”设定窗口,进行如下操作:

① 在“尺寸与形状”部分,“半径”编辑框中,输入“r”。

② 在“尺寸与形状”部分,“高度”编辑框中,输入“L”。

③ 在“轴”部分,“轴类型”选择框中,选择“x－轴”。

在进行本步操作时,还有如下注意事项:

① 当模型几何包含多个同类型的几何体时,可在“标签”编辑框分别命名,便于识别。

② 在“半径”和“高度”编辑框中,既可输入已经定义的参数(或 COMSOL 内置的常数)名称,也可直接输入数值,但作者推荐前一种设定方式,便于后续修改几何尺寸和模型查错。

③ 在“位置”部分,可修改几何体底面(边)中心的坐标,默认为原点。

④ 在“轴”部分,提供了包括“x－轴”、“y－轴”、“z－轴”、“笛卡尔坐标”和“球面”5 种轴类型。

5.3.5 物理场

现在,我们可以配置模型求解所需的“物理场”。如图 5-25 所示,“Darcy 定律(dl)”物理场接口的缺省节点为“流体和基体属性 1”、“无流动 1”和“初始值

1”。首先配置流体和基体(即多孔介质)属性：

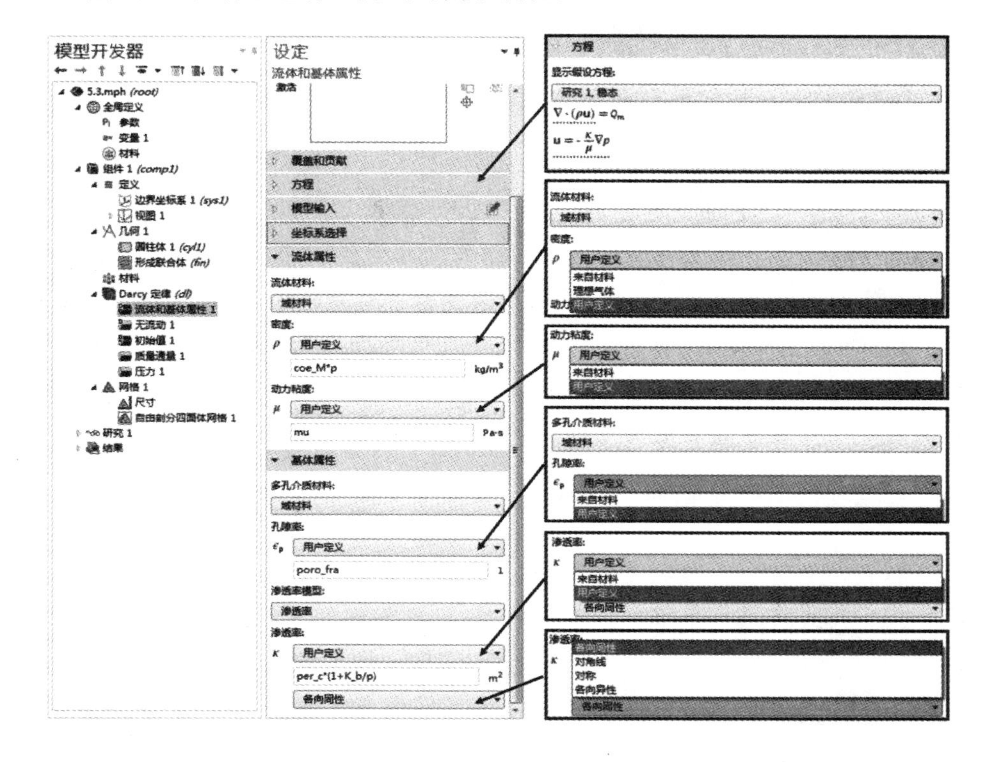

图 5-25 流体和基体属性

(1) 在“模型开发器”中，点击“Darcy 定律(dl)”>“流体和基体属性 1”，前往“流体和基体属性”设定窗口，进行如下操作：

① 在“流体属性”>“密度”部分，选择“用户定义”，在下方的编辑框内输入“coe_M * p”。

② 在“流体属性”>“动力黏度”部分，选择“用户定义”，在下方的编辑框内输入“mu”。

③ 在“基体属性”>“孔隙率”部分，选择“用户定义”，在下方的编辑框内输入“poro_fra”。

④ 在“基体属性”>“渗透率模型”部分，依次选择“渗透率”>“用户定义”>“各向同性”，在编辑框内输入“per_c * (1+K_b/p)”。

在进行本步操作时，还有如下注意事项：

① 在“流体和基体属性”设定窗口，缺省节点为“标签”、“域选择”、“覆盖和贡献”、“方程”、“模型输入”、“坐标系选择”、“流体属性”和“基体属性”。

② 在“域选择”部分，若模型几何存在多个可分离的求解域，则可选择其中

一个或几个求解域,那么,本“流体和基体属性”设定的所有操作将仅应用于选定的求解域。在一个物理场节点内,可配置多个“流体和基体属性”。

③ 在“方程”部分,显示当前研究的控制方程。

④ 在“密度”部分,提供了“来自材料”、“理想气体”和“用户定义”3 种设定方式。

⑤ 在“动力黏度”部分,提供了“来自材料”和“用户定义”2 种设定方式。

⑥ 在“孔隙率”部分,提供了“来自材料”和“用户定义”2 种设定方式。

⑦ 在“渗透率模型”部分,提供了“渗透率”和“水力传导率”2 种设定方式。

⑧ 在“渗透率”部分,提供了“来自材料”和“用户定义”2 种设定方式。若选择“用户定义”,可进一步设定为“各向同性”、“对角线”、“对称”或“各向异性”。

现在,我们可以配置模型求解所需的边界条件和初始条件(图 5-26)。

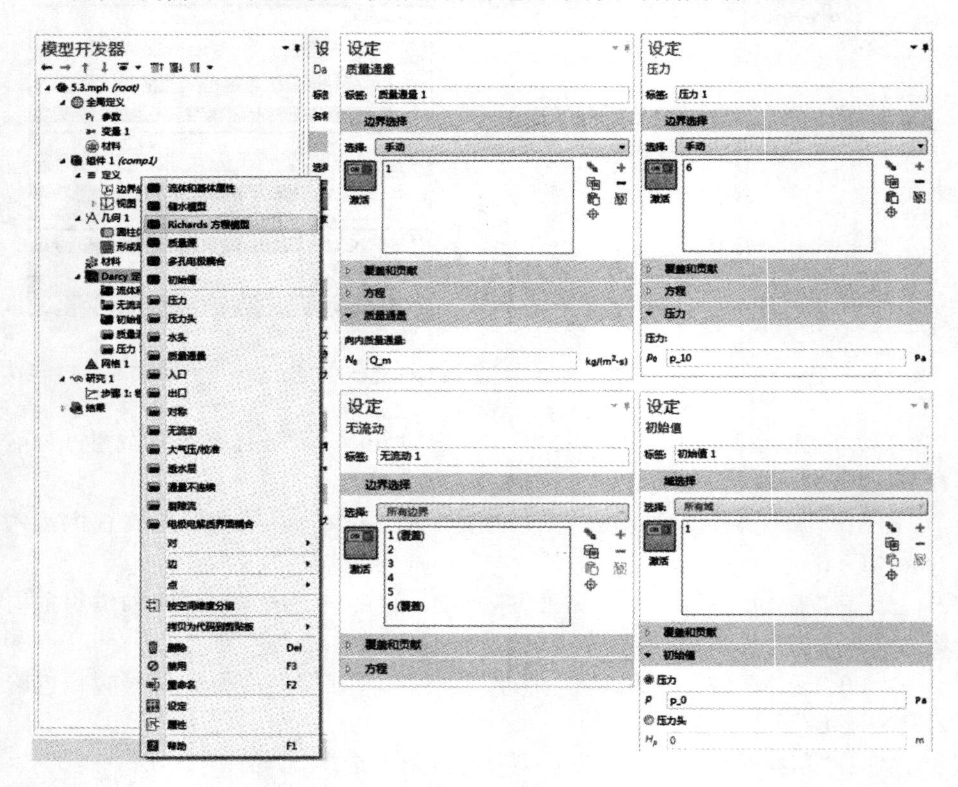

图 5-26　流体和基体属性

(2) 在“模型开发器”中,右键单击“Darcy 定律(dl)”,选择“质量通量”。

(3) 前往“质量通量 1”设定窗口,在“边界选择”选择框内选择边界 1,在“内质量通量”编辑框,输入“Q_m”。

(4) 在“模型开发器”中,右键单击“Darcy 定律(dl)”,选择“压力”。

(5) 前往“压力 1”设定窗口,在“边界选择”选择框内选择“边界 6”,在“压力”编辑框,输入“p_10”。

(6) 前往“无流动 1”设定窗口,检查边界 1 和 6 是否被覆盖。

(7) 前往“初始值 1”设定窗口,在“初始值”>“压力”编辑框,输入“p_0”。

5.3.6　网格

现在,我们可以配置模型求解所需的“网格”(图 5-27)。

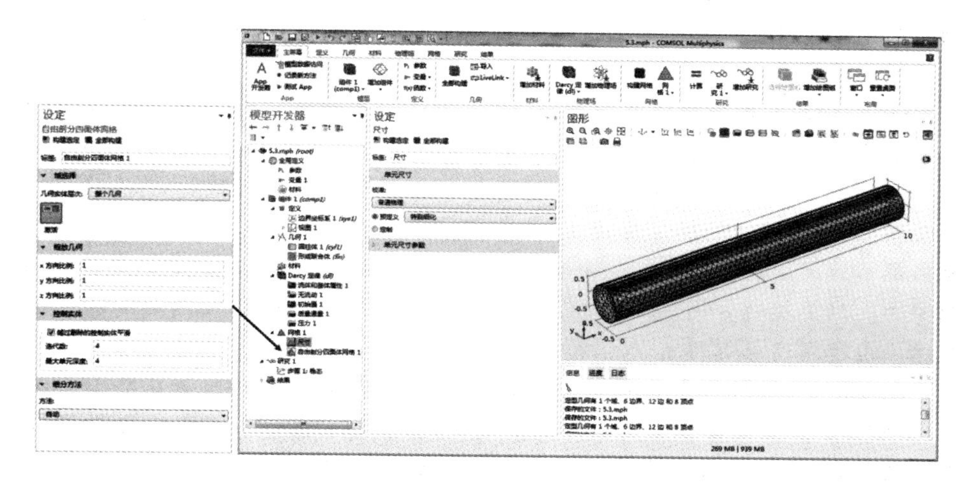

图 5-27　网格

(1) 在“模型开发器”中,右键单击“网格 1”,选择“自由剖分四面体网格”。

(2) 前往“尺寸”设定窗口,从“单元尺寸”>“预定义”选择“特别细化”。

(3) 前往“自由剖分四面体网格 1”设定窗口,点击“全部构建”。

在进行本步操作时,还有如下注意事项:

① 在“自由剖分四面体网格”设定窗口,“域选择”>“几何实体层次”包含 3 个选项,分别为:

“剩余”——对没有进行网格剖分的域指定非结构化四面体网格剖分。

“整个几何”——对整个几何进行非结构化四面体网格剖分。

“域”——在指定域上剖分四面体网格。在选中此项后出现的选择列表中,手动为在绘图窗口手动选择求解域;亦可选择所有求解域。

② 在“自由剖分四面体网格”设定窗口,“缩放几何”功能可用于设定几何在 x、y 和 z 方向的缩放比例,如果 x、y 和 z 方向的缩放比例不等于 1 时,在剖分网格前,软件首先根据缩放因子对几何尺寸进行虚拟缩放,然后再剖分网格,完成后再根据缩放因子反向映射到实际的几何模型中。当几何模型比较薄或者几何

尺寸比例差别较大，可能会导致网格剖分失败时，可采用缩放几何功能。

③ 模型树生成时，每个组件内都会默认生成一个网格序列。在本例中，可通过右键点击“组件 1(comp1)”增加新的网格序列，当模型包含不止一个网格序列时，它们被放置在一个网格节点下。

④ 用户既可以使用缺省的自动剖分方式，一键生成所需的网格文件，也可以采用由点到边、再到面、再到体，或从中间各级几何结构层次到体等多种网格剖分方法。因此，在一个网格序列中，用户可以指定多种网格类型，并在不同的网格类型中分别设定相对应的尺寸大小和分布形式，从而轻松自由地生成各种形式的网格文件。

⑤ 当创建网格节点出现问题时，如果在对应的网格操作中可避免错误，则创建过程将继续，否则停止。并将在对应的网格剖分操作下显示警告或错误提示信息。例如，当创建自由三角形、自由四边形或自由四面体网格时，如果遇到不能剖分某些边界或域，则保留不能剖分区域，转而剖分剩余的，并在对应的网格特征节点下出现黄色图标的警告信息，通过查看警告信息设定窗口可查看出错原因。当不能剖分指定的边界或域时，则直接报错，并给出红色的错误信息，在错误设定窗口可查看错误的原因。

⑥ 需要删除网格特征时，右键单击对应的网格节点，选择删除功能即可；禁用网格特征时，右键单击对应的网格节点，选择禁用功能即可，其对应的图标会变成灰色，如果需要激活的话，右键单击选择启用即可。两种操作都将会影响最终的网格文件。其中禁用功能仅仅用于暂时取消该网格操作，而删除则是永久性地取消操作。

⑦ COMSOL 中的网格剖分过程由网格序列来定义，网格序列包括操作特征和属性特征等。其中，操作特征指的是网格类型、复制网格、细化网格、或转换网格等，而属性特征则是指网格类型所对应的尺寸、分布和比例等。当创建一个网格时，首先需要定义的是操作特征，用来创建或修改对应几何的网格剖分。然后在操作特征下通常需要增加局部属性特征，可通过右键单击添加局部属性特征，选择的局部属性特征就会出现在操作特征节点下的对应子节点上，而局部属性特征节点会自动覆盖全局属性节点，尤其是当选择同样的目标时。

⑧ 在建模过程中，选择合适的网格以减少求解误差是很有意义的，COMSOL 提供很多种网格尺寸控制方法来最大限度地减少误差的影响，除人为优化网格剖分外，COMSOL 还提供自适应网格细化功能，采用自适应求解器算法对局部范围(例如:边界层、冲击位置、小几何细节、局部载荷)进行网格细化从而提高计算结果的精确性。在稳态求解器和特征值求解器操作特征中可添加自适应网格细化功能。

⑨ 合理的网格剖分对于优化模型计算速度，提高收敛性和减小求解误差具

有非常重要的意义。因本例中网格剖分较为简单，不便进行过多延伸，作者会在本书后续的案例中针对性地介绍相应的网格剖分技巧。除此之外，读者还可通过 COMSOL 官方视频教程进行学习（网址：http://cn. comsol. com/video/meshing-tips-comsol-multiphysics）。

5.3.7 研究

现在，我们根据上述模型的配置进行求解（图 5-28）。

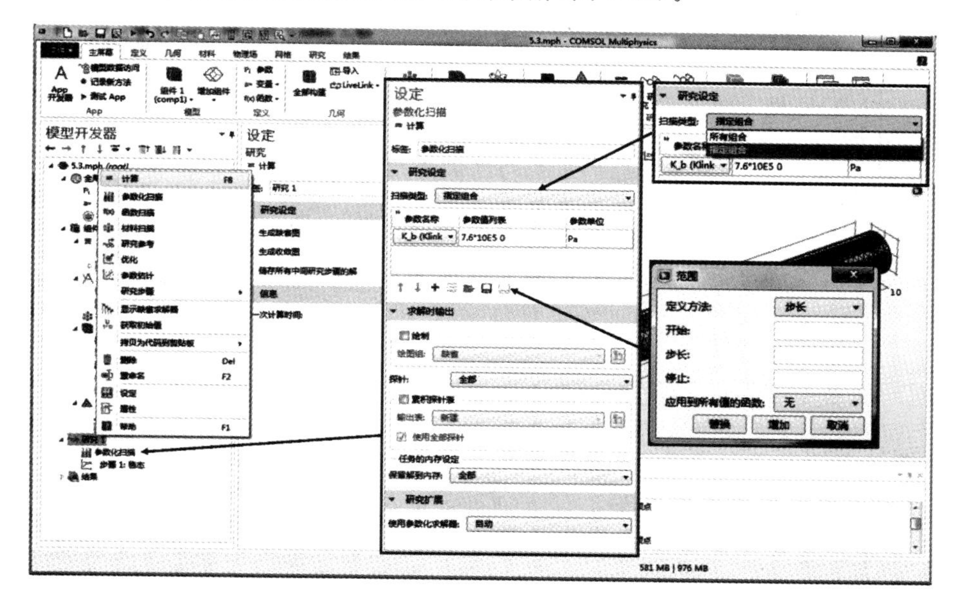

图 5-28 求解器

(1) 在“模型开发器”中，右键单击“研究 1”，选择“参数化扫描”。

(2) 前往“参数化扫描”设定窗口，并进行如下操作：

① 在“研究设定”中点击“增加”按钮。

② 在“参数名称”下方的下拉菜单中选择“K_b”(Klinkenberg 因子)。

③ 在“参数值列表”编辑框输入“7. 6E5(空格)0”。

④ 在“参数单位”编辑框输入“Pa”。

(3) 点击“计算”按钮进行计算（也可通过点击功能区的计算按钮进行计算）。

在进行本步操作时，还有如下注意事项：

① 用户定义的常数，可随参数扫描而发生变化。本操作中对 K_b (Klinkenberg 因子)进行参数扫描，则实现在同一计算中，分别计算考虑和不考虑 Klinkenberg 效应时的气体压力在多孔介质中分布。

② 参数名称上方的扫描类型用于控制包含多个参数的参数化扫描，读者可以选择是扫描给定参数的所有组合，还是扫描指定的组合子集。

③ 对于参数扫描选定的参数，可通过“参数值列表”编辑框赋值，也可通过点击“范围”按钮进行设定。

④ 计算时会自动生成收敛图，可显示模型运行时求解过程收敛的图形表示（图 5-29）。

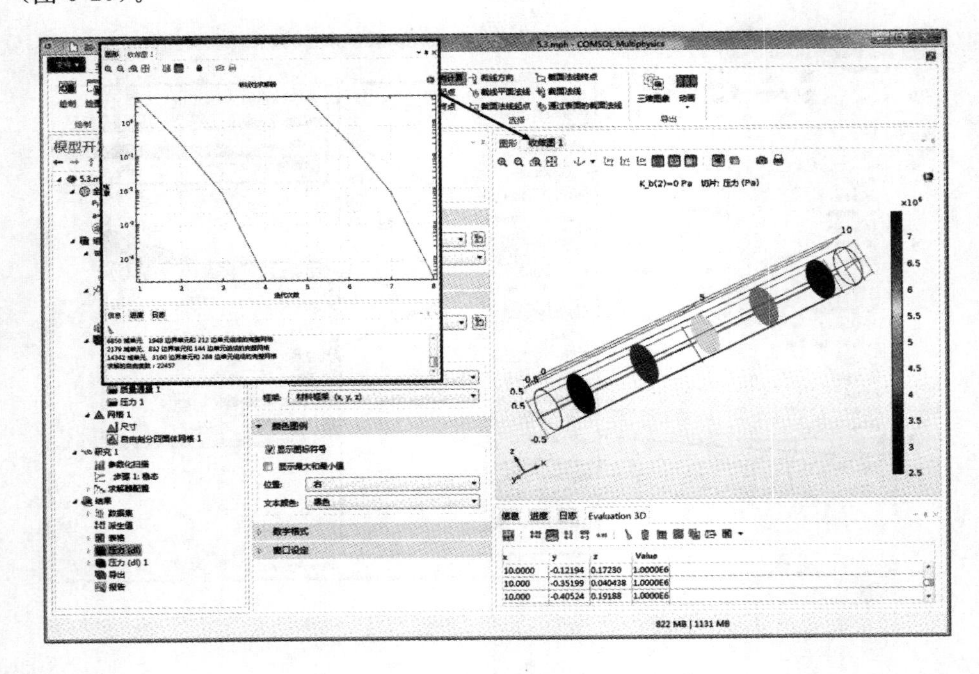

图 5-29 计算完成后的默认用户界面

⑤ 计算完成后会自动生成代表性的结果作为默认用户界面（图 5-29）。

5.3.8 后处理

现在，我们可以根据模型仿真结果进行“后处理”。

（1）在“模型开发器”＞“结果”中，右键单击“数据集”，选择“三维截线”。

（2）前往“三维截线 1”设定窗口，在“线数据”下方的编辑框输入（表 5-9）：

表 5-9 线数据

	x	y	z
点 1	0	0	0
点 2	10	0	0

之后点击“绘制”。

(3) 在“模型开发器”中，右键单击“结果”，选择“一维绘图组”(图 5-30)。

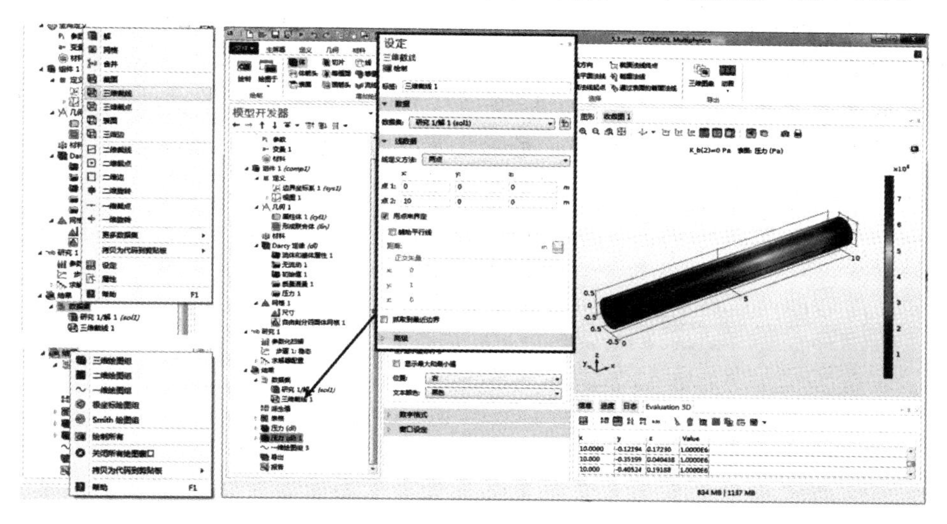

图 5-30　后处理

(4) 前往“一维绘图组 3”设定窗口，“绘图设定”中，勾选“x 轴标签”，并在对应编辑框输入 L(m)；勾选“y 轴标签”，并在对应编辑框输入压力(MPa)。

(5) 在“模型开发器”>“结果”中，右键单击“一维绘图组 3”，选择“线图”。

(6) 前往“线图 1”设定窗口，并进行如下操作：

① 在“数据”中，“数据集”下拉菜单中选择“三维截线 1”，“参数选择(K_b)”下拉菜单中选择“全部”。

② 在“y—轴数据”中，“表达式”编辑框中输入“p”，“单位”下拉菜单中选择“MPa”。

③ 在“颜色和样式”>“线标记”中，“标记”下拉菜单中选择“循环”。

④ 在“图例”中，勾选“显示图标符号”，“图例”下拉菜单中选择“手动”；在“图例”下方编辑框，将“7.6E5 Pa”修改为数值解(考虑 Klinkenberg 效应)；将“0 Pa”修改为数值解(不考虑 Klinkenberg 效应)。

(7) 在“模型开发器”>“结果”中，右键单击“一维绘图组 3”，选择“线图”。

(8) 前往“线图 2”设定窗口，并进行如下操作：

① 在“数据”中，“数据集”下拉菜单中选择“三维截线 1”，“参数选择(K_b)”下拉菜单中选择“全部”。

② 在“y—轴数据”中，“表达式”编辑框中输入“p_x”，“单位”下拉菜单中选择“MPa”。

③ 在“颜色和样式”>“线样式”中,“线”下拉菜单中选择“虚线”,“线宽”编辑框内输入“2“。

④ 在“颜色和样式”>“线标记”中,“标记”下拉菜单中选择“循环”,“数目”编辑框输入“5”。

⑤ 在“图例”中,勾选“显示图标符号”,“图例”下拉菜单中选择“手动”;在“图例”下方编辑框,将“7.6E5 Pa”修改为解析解(考虑 Klinkenberg 效应);将“0 Pa”修改为解析解(不考虑 Klinkenberg 效应)。

(9) 前往“一维绘图组 3”设定窗口,点击“绘制”。绘制完成后的线图如图5-31所示。

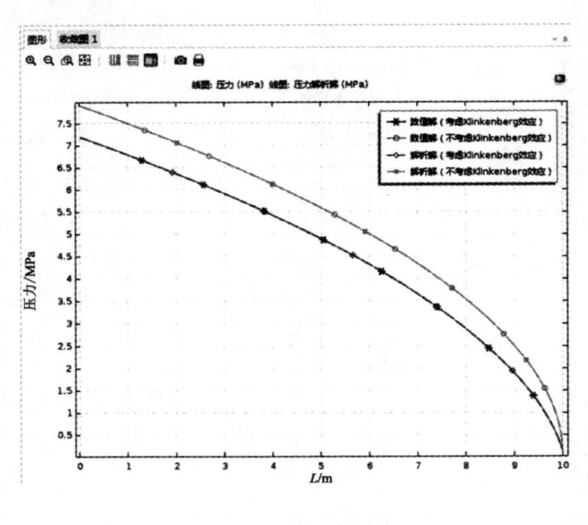

图 5-31　后处理

如图 5-31 所示,无论考虑 Klinkenberg 效应与否,数值解同理论解均非常吻合,说明 COMSOL 的达西渗流模块在求解稳态多孔介质流动时具有很好的适用性。同时,也可以发现,考虑 Klinkenberg 效应时的气体压力小于不考虑 Klinkenberg 效应时的气体压力,差值为 0.5～1 MPa,由于气体在多孔介质渗流时的 Klinkenberg 效应,减少了渗流过程中的能量损失,进而促进了渗流的进行。

使用 COMSOL 自带的绘图工具虽然简单方便,但如果将其拥有科技论文,则又显得精度不够且不够美观,这时就需要使用 COMSOL 的导出工具,将数据导出,进而可使用专业作图软件进行绘图。数据导出可按下述操作进行:

① 在“模型开发器”>“结果”中,右键单击“导出”,选择“数据”。

② 前往“数据 1”设定窗口,并进行如下操作:

a. 在“数据”中,“数据集”下拉菜单中选择“三维截线 1”,在“参数值(K_b

(Pa))”下方选择框中点选“7.6E5　0”。

b. 在“表达式”编辑框中，分别输入“p”和“p_x”。

c. 在“输出”中，点击“文件名”右部的“浏览”，在跳出的对话框里选择桌面，文件名处输入“压力”，保存类型选为 CSV 文件，进而点击保存。

d. 在“高级”中，“解析度”下拉菜单中选择“较细化”。

e. 点击导出按钮。

图 5-32 即为使用导出数据做的理论解和数值解对比图。

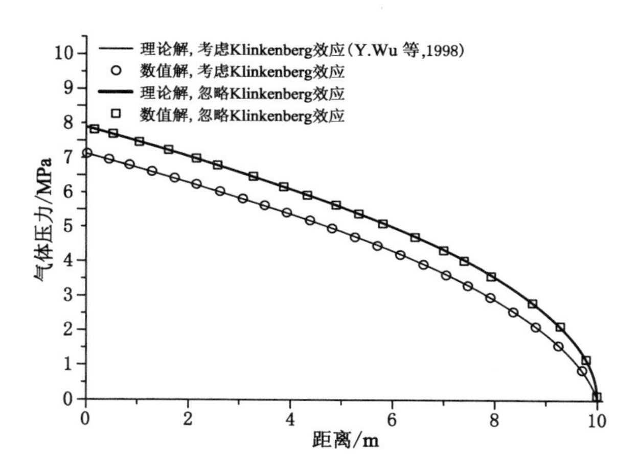

图 5-32　一维线性稳态流动理论解同数值解的对比[6]

综上，本小节以一维线性稳态流动为例详细介绍了 COMSOL 数值仿真实现的步骤和注意事项，在后续章节和案例中，将不提供本例中详尽的截图。

通过案例进行 COMSOL 学习更加高效，COMSOL 提供了丰富的 App 案例库(图 5-33)，建议读者仿照练习，可优先练习下述 9 项与煤与瓦斯气固耦合相关的案例：

① “App 库”>“Subsurface Flow Module”>“Flow and Solid Defromation”>“biot poroelasticity”。

② “App 库”>“Subsurface Flow Module”>“Flow and Solid Defromation”>“terzaghi compaction”。

③ “App 库”>“Subsurface Flow Module”>“Fluid Flow”>“pore scale flow”。

④ “App 库”>“Geomechanics Module”>“Soil”>“deep excavation”。

⑤ “App 库”>“Geomechanics Module”>“Soil”>“flexible footing”。

⑥ “App 库”>“Geomechanics Module”>“Soil”>“tunnel excavation”。

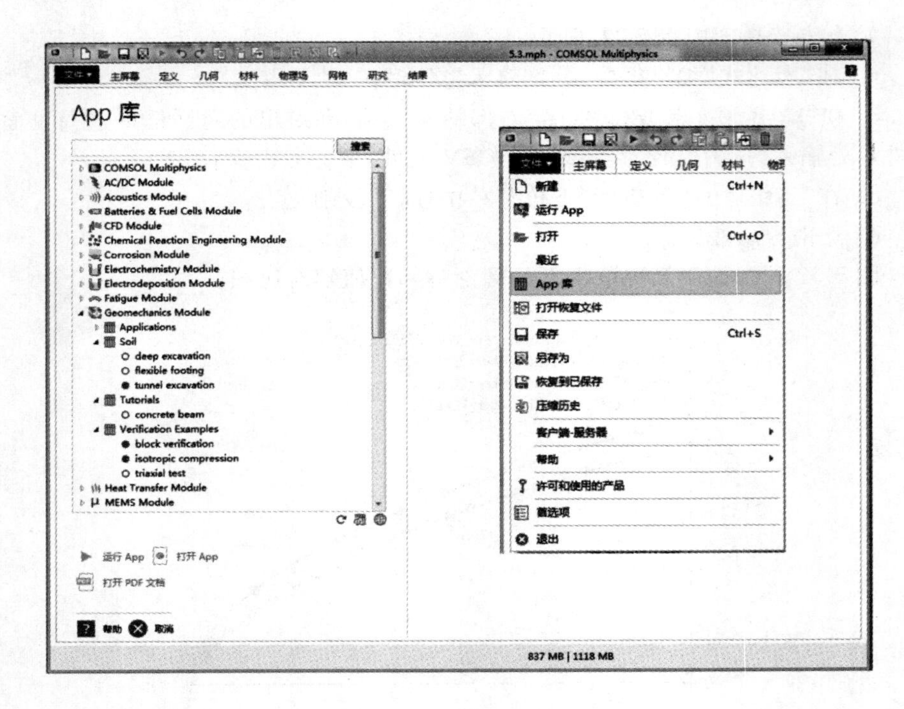

图 5-33 App 案例库

⑦ "App 库">"Geomechanics Module">"Verfication Examples">"block verification"。

⑧ "App 库">"Geomechanics Module">"Verfication Examples">"isotropic compression"。

⑨ "App 库">"Geomechanics Module">"Verfication Examples">"triaxial test"。

5.4 拟无限大流场瞬态流动数值仿真可行性分析

5.4.1 问题背景

在一个圆盘形的多孔介质渗流空间内,气体以恒定的质量注入速率从圆盘中心的注气钻孔注入,圆盘的顶底两个端面不可渗透,气体沿着圆盘径向从钻孔流向圆盘的侧部端面,形成径向流场。在圆盘形的多孔介质渗流空间内,气体流动遵循达西渗流定律。在建立此无限大瞬态流场的控制方程时,仍需要同一维线性稳态流场相同的两条简化条件。同时,无限大瞬态流场的控制方程也可由式(4-43)简化并转化为极坐标后获得:

$$\frac{1}{r}\frac{\partial}{\partial r}\left(r\frac{\partial (p+b)^2}{\partial r}\right)=\frac{k(p+b)}{\phi\mu}\frac{\partial (p+b)^2}{\partial t} \tag{5-6}$$

对于无限大流场，其外部边界条件为：

$$p = p_0(r \to \infty) \tag{5-7}$$

而我们知道，在数值模拟中一般很难建立无限大的几何模型，而为了在 COMSOL 求解无限大流场，需要对式(5-7)代表的边界条件进行处理，通常的做法是令模型在无穷远处的边界条件转化为在某一界限处的边界条件(如对于径向流场可转化为在 r_c 处的边界条件)，使得数值计算时有限流场表现为无限流场(即边界条件不对计算结果产生影响)：

$$p = p_0(r = r_c) \tag{5-8}$$

式中 r_c ——拟无限大流场的半径，m。

注入钻孔处的边界条件为：

$$Q_m = \lim_{r \to r_w} \frac{2\pi rhM(p+b)}{\mu RT}\frac{\partial p}{\partial r} \tag{5-9}$$

式中 r_w ——注气钻孔半径，m；

h ——圆盘形多孔介质求解区域厚度，m。

基于对边界条件的分析，我们在建立数值计算模型时可以通过合理设定几何模型和边界将无限大流场转化为拟无限大流场，便于数值计算。拟无限大瞬态流场的几何模型及边界条件如图 5-34 所示，为便于计算，使用极坐标系统，注气钻孔垂直于圆盘并位于其中心，注气钻孔半径为 0.1 m，圆盘形多孔介质求解区域厚度为 1 m，半径为 20 m。注气钻孔壁面为恒流边界，圆盘形多孔介质求解区域外侧端面为恒压边界，上下端面为零流量边界。此处对比拟无限大瞬态流场的数值解同解析解时，因解析解的求解工作量非常大，因此选择同 Y. Wu 等[5]求解获得的解析解数据进行对比。本案例更多的分析细节参见文献[6]。

5.4.2 数值仿真步骤

5.4.2.1 模型向导

(1) 运行 COMSOL，选择“模型向导”。

(2) 从“选择空间维度”对话框里选择“三维”。

(3) 从“选择物理场”对话框中选择“流体流动”>“多孔介质和地下水流”>“Darcy 定律(dl)”，之后点击“研究”。

(4) 从“选择研究”对话框中选择“预置研究”>“瞬态”，之后点击“完成”。

5.4.2.2 参数及变量

现在，我们可以定义模型求解所需的全局“参数”和“变量”。

(1) 在“模型开发器”中，右键单击“全局定义”，选择“参数”。

(2) 前往“参数”设定窗口，在参数表的参数下或表格下方的编辑框中输入

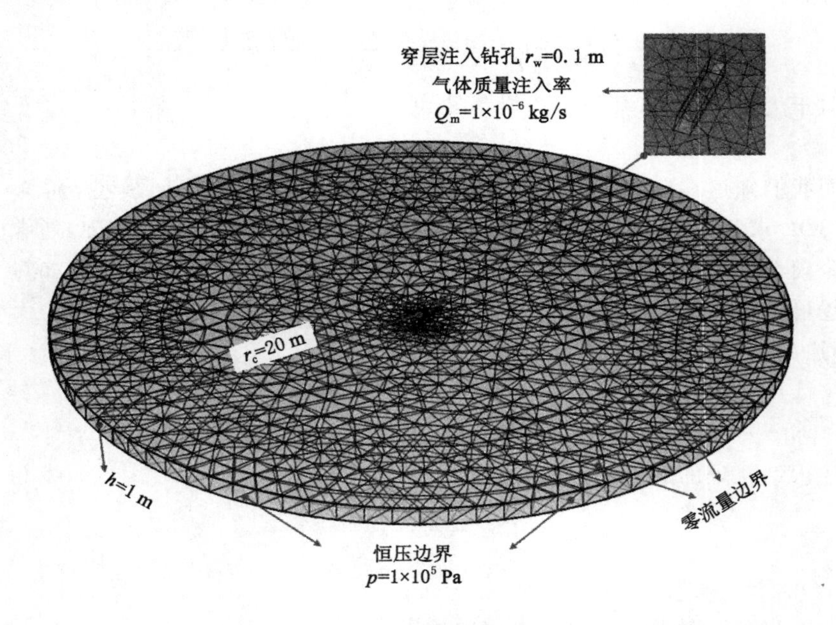

图 5-34　拟无限大径向流场的几何模型及边界条件

以下参数(表 5-10),参数源于文献[5]。

表 5-10　　　　参数表

名称	表达式	描述
poro_fra	0.3	裂隙率
per_c	1E−15[m^2]	渗透率
K_b	4.75E4[Pa]	Klinkenberg 因子
coe_M	1.18E−5[kg/(Pa * m^3)]	系数 M/RT
mu	1.84E−5[Pa · s]	动力学黏度
p_0	1E5[Pa]	初始气体压力
r_w	0.1[m]	注气钻孔半径
r_p	20[m]	多孔介质半径
h_p	1[m]	多孔介质厚度
p_rc	1E5[Pa]	外部边界压力
d_t	10[d]	注气时间
Q_m	1E−6[kg/s]	入口边界流量

(3) 在“模型开发器”中,右键单击“全局定义”,选择“变量”。

(4) 前往“变量 1”设定窗口，在变量表的变量下或表格下方的编辑框中输入以下变量(表 5-11)。

表 5-11 **变量表**

名称	表达式	描述
Q_z	Q_m/2/pi/r_w/h_p	入口边界流量(单位面积)

5.4.2.3 几何

现在，我们可以定义模型求解所需的“几何”。

(1) 在“模型开发器”中，右键单击“几何 1”，选择“圆柱体”。

(2) 前往“圆柱体 1(cyl1)”设定窗口，进行如下操作：

① 在“尺寸与形状”部分，“半径”编辑框中，输入“r_p”。

② 在“尺寸与形状”部分，“高度”编辑框中，输入“h”。

③ 点击“构建选定”按钮。

(3) 在“模型开发器”中，右键单击“几何 1”，选择“圆柱体”。

(4) 前往“圆柱体 2(cyl1)”设定窗口，进行如下操作：

① 在“尺寸与形状”部分，“半径”编辑框中，输入“r_w”。

② 在“尺寸与形状”部分，“高度”编辑框中，输入“h”。

③ 点击“构建选定”按钮。

(5) 在“模型开发器”中，右键单击“几何 1”，选择“布尔运算与分割”>“差集”。

(6) 前往“差集 1(dif1)”设定窗口，进行如下操作：

① 确保“差集”>“增加对象”选择框为激活状态，在图形窗口点击选择几何实体 cyl1。操作后 cyl1 将在“增加对象”选择框内显示。

② 点击激活“差集”>“减去对象”选择框，在图形窗口点击选择几何实体 cyl2。操作后 cyl2 将在“减去对象”选择框内显示。

③ 点击“构建选定”按钮。

(7) 前往“形成联合体(fin)”设定窗口，点击“全部构建”按钮。

5.4.2.4 物理场

现在，我们可以配置模型求解所需的“物理场”。

(1) 在“模型开发器”中，点击“Darcy 定律(dl)”>“流体和基体属性 1”，前往“流体和基体属性”设定窗口，进行如下操作：

① 在“流体属性”>“密度”部分，选择“用户定义”，在下方的编辑框内输入“coe_M * p”。

② 在“流体属性”>“动力黏度”部分，选择“用户定义”，在下方的编辑框内

输入“mu”。

③ 在“基体属性”>“孔隙率”部分，选择“用户定义”，在下方的编辑框内输入“poro_fra”。

④ 在“基体属性”>“渗透率模型”部分，依次选择“渗透率”>“用户定义”>“各向同性”，在编辑框内输入“per_c * (1+K_b/p)”。

(2) 在“模型开发器”中，右键单击“Darcy 定律(dl)”，选择“质量通量”。

(3) 前往“质量通量 1”设定窗口，在“边界选择”选择框内选择边界 5、6、8 和 9，在“内质量通量”编辑框，输入“Q_z”。

(4) 在“模型开发器”中，右键单击“Darcy 定律(dl)”，选择“压力”。

(5) 前往“压力 1”设定窗口，在“边界选择”选择框内选择边界 1、2、7 和 10，在“压力”编辑框，输入“p_rc”。

(6) 前往“无流动 1”设定窗口，检查边界 1、2、5、6、7、8、9 和 10 是否被覆盖。

(7) 前往“初始值 1”设定窗口，在“初始值”>“压力”编辑框，输入“p_0”。

5.4.2.5 网格

现在，我们可以配置模型求解所需的“网格”。

(1) 在“模型开发器”中，右键单击“网格 1”，选择“自由剖分四面体网格”。

(2) 前往“尺寸”设定窗口，从“单元尺寸”>“预定义”选择“特别细化”。

(3) 前往“自由剖分四面体网格 1”设定窗口，点击“全部构建”。

5.4.2.6 研究

现在，我们根据上述模型的配置进行求解。

(1) 前往“研究 1”>“步骤 1:瞬态”设定窗口，并进行如下操作：

在“研究设定”部分，“研究时间”下拉菜单中选择 d，在“时间”编辑框内输入“range(0,0.01,d_t)”。

(2) 点击“计算”按钮进行计算。

5.4.2.7 后处理

现在，我们可以根据模型仿真结果进行“后处理”。

(1) 前往“结果”>“压力(dl) 1”>“表面 1”设定窗口，并进行如下操作：

① 在“数据”部分，“数据集”下拉菜单中选择研究 1/解 1(sol 1)，“时间(d)”下拉菜单中选择 10。

② 在“表达式”部分，“单位”下拉菜单中选择 bar。

③ 点击“绘制”按钮。

完成上述操作即可获得注气 10 d 后气体压力云图，如图 5-35(a)所示。下面调取线图。

(2) 在“模型开发器”>“结果”中，右键单击“数据集”，选择“三维截线”。

(3) 前往“三维截线 1”设定窗口，在“线数据”下方的编辑框输入(表 5-12)。

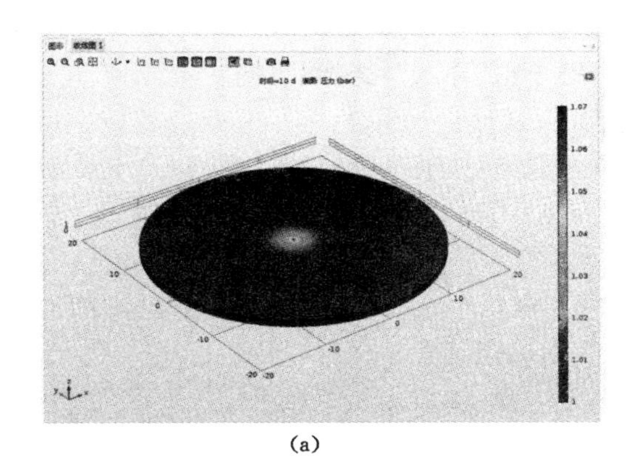

(a)

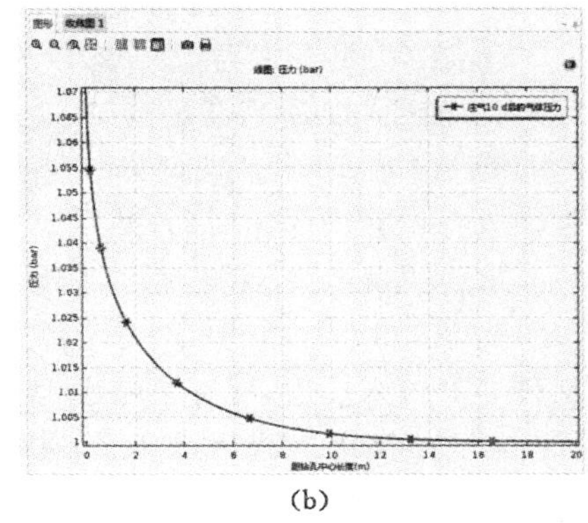

(b)

图 5-35 模拟压力云图和线图

(a) 压力云图;(b) 检测线上的压力线图

表 5-12 **线数据**

	x	y	z
点 1	0	0	0.5
点 2	20	0	0.5

之后点击“绘制”。

(4) 在“模型开发器”中,右键单击“结果”,选择“一维绘图组”。

(5) 前往“一维绘图组 3”设定窗口,“绘图设定”中,勾选“x 轴标签”,并在对应编辑框输入距钻孔中心长度(m);勾选“y 轴标签”,并在对应编辑框输入压力(bar)。

(6) 在“模型开发器”>“结果”中,右键单击“一维绘图组 3”,选择“线图”。

(7) 前往“线图 1”设定窗口,并进行如下操作:

① 在“数据”中,“数据集”下拉菜单中选择“三维截线 1”,“时间”下拉菜单中选择“最后”。

② 在“y—轴数据”中,“表达式”编辑框中输入“p”,“单位”下拉菜单中选择 bar。

③ 在“颜色和样式”>“线样式”中,“线宽”编辑框内输入“2”。

④ 在“颜色和样式”>“线标记”中,“标记”下拉菜单中选择星号。

⑤ 在“图例”中,勾选“显示图标符号”,“图例”下拉菜单中选择“手动”;在“图例”下方编辑框,将“10 d”修改为注气 10 d 后的气体压力。

(8) 前往“一维绘图组 3”设定窗口,点击“绘制”。

绘制完成后的线图如图 5-35(b)所示。

为同理论解进行对比，我们将“三维截线 1”上的压力数据导出：

① 在“模型开发器”>“结果”中，右键单击“导出”，选择“数据”。

② 前往“数据 1”设定窗口，并进行如下操作：

a. 在“数据”中，“数据集”下拉菜单中选择“三维截线 1”，在“选择自”下拉菜单中选择储存的输出时间，并在下方选择框中点选 10。

b. 在“表达式”编辑框中，分别输入“p”。

c. 在“输出”中，点击“文件名”右部的“浏览”，在跳出的对话框里选择桌面，文件名处输入压力，保存类型选为 CSV 文件，进而点击保存。

d. 在“高级”中，“解析度”下拉菜单中选择“较细化”。

e. 点击导出按钮。

图 5-36 即为使用导出数据做的理论解和数值解对比图，从图中可以发现，数值解同理论解非常吻合，说明达西渗流模块在求解拟无限大流场瞬态流动时具有很好的适用性。

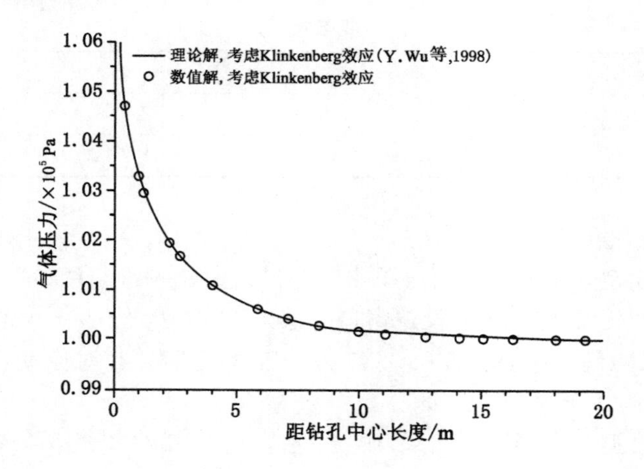

图 5-36　拟无限大流场瞬态流动理论解同数值解的对比[6]

参 考 文 献

[1] 章本照. 流体力学中的有限元方法[M]. 北京：机械工业出版社，1986.

[2] 赵均海，汪梦甫. 弹性力学及有限元[M]. 武汉：武汉理工大学出版社，2008.

[3] 周志军. 低渗透储层流固耦合渗流理论及应用研究[D]. 大庆：大庆石油学院，2003.

[4] ZHU W，LIU J，SHENG J，et al. Analysis of coupled gas flow and deformation process with desorption and Klinkenberg effects in coal seams[J]. In-

ternational Journal of Rock Mechanics & Mining Sciences, 2007, 44(7): 971-980.

[5] WU Y, KARSTEN P. Gas flow in porous media with Klinkenberg effects [J]. Transport in Porous Media, 1998, 32(1): 117-137.

[6] LIU Q, CHENG Y, ZHOU H, et al. A mathematical model of coupled gas flow and coal deformation with gas diffusion and Klinkenberg effects[J]. Rock Mechanics and Rock Engineering, 2015, 48(3): 1163-1180.

6 煤与瓦斯气固耦合的数值仿真方法

众所周知，对于数学物理中的问题，要获得其定量解，应首先根据问题的物理本质构建数学模型，进而根据实际情况提炼出初始条件及边界条件，最后可根据模型的复杂程度选择解析方法或数值方法进行解算。由于前文建立的煤与瓦斯气固耦合模型由多个复杂偏微分方程组成的偏微分方程组，难以通过解析方法得到精确解。在第 4 章已经建立了煤与瓦斯气固耦合模型，本章将该应用模型来分析和解决 3 种不同的工程科学问题，即多孔瓦斯抽采孔间互扰及布孔模式优化、煤的瓦斯扩散性能对抽采效果影响的定量评价、瓦斯抽采的负压响应机制及在瓦斯资源化利用中的应用。

6.1 多孔瓦斯抽采孔间互扰及布孔模式优化

6.1.1 工程背景

瓦斯抽采技术主要分为钻孔抽采和钻井抽采[1]，实际工程中井下钻孔抽采是最为普遍有效的方法[2-4]，而钻孔抽采效果也是工程人员最为关心的，目前对于钻孔抽采效果评估最为普遍的参数是钻孔抽采半径[5]。预估钻孔抽采半径方法众多，其中主要分为两大类：井下实测、理论分析结合数值模拟，不管对于井下实测还是数值模拟的方法，通常都是利用单个钻孔进行测量，但实际煤层瓦斯抽采系统却包含了众多钻孔，多个抽采钻孔同时工作会严重影响其中任何一个钻孔的抽采半径。其实不管在对钻孔抽采半径研究还是其他有关钻孔抽采效果的研究，为了能使研究结果更符合现场实际，煤层瓦斯多孔抽采理论研究是必不可少。目前煤层瓦斯钻孔抽采多孔理论研究并不完善，特别是对于钻孔之间存在的互扰现象研究得更是少之又少，本节利用数学理论方法提出一种量化参数(压力减小系数——PDC)可以描述钻孔之间的互扰程度，并依据达西定律和菲克扩散构建控制煤层瓦斯抽采过中的瓦斯流动控制方程，基于瓦斯流动控制方程使用 COMSOL 开展数值模拟研究，利用数值模拟结果表征压力减小系数与煤体物理参数之间的关系以及利用压力减小系数的数值大小评价常见的不同抽采钻孔布置模式，最终为煤层瓦斯抽采钻孔合理布置提供理论依据。

为了更加简便研究抽采钻孔之间的互相扰动规律，本节内容主要是针对单煤层双抽采钻孔的模式进行探讨。首先建立一个 2D 的数值模型用于研究压力减小系数在瓦斯抽采过程中的动态变化规律，2D 数值模型的利用对于研究分析以及软件计算都是有利的，并且众多学者研究认为将真实 3D 煤层模型简化为 2D 模型是合理有效的[6-9]，如图 6-1 所示。此处，钻孔布置位置需要特别注意，为了能忽略边界条件设置对抽采钻孔互扰效应的影响，抽采钻孔的布置位置应该尽量远离模型边界，距离至少能够达到钻孔距离的 3 倍。如图 6-1 所示，几何模型的尺寸为 200 mm×200 mm；各物理场的边界条件也已在图 6-1 中标注，所有的外部边界条件均设定为零流量边界，内部边界为恒压边界。

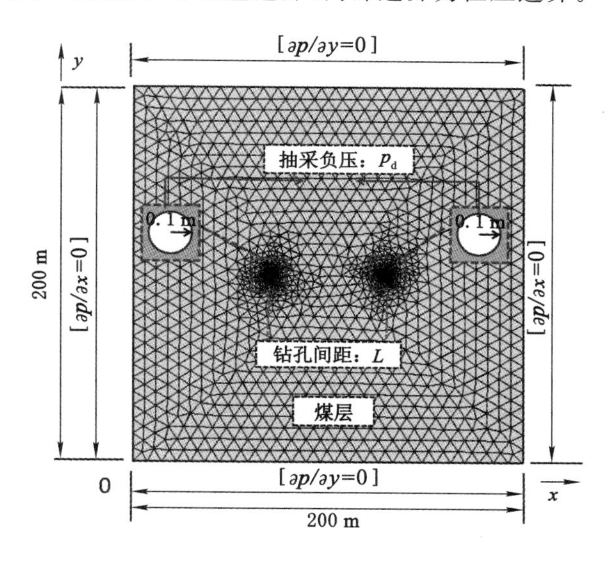

图 6-1　几何模型和边界条件

6.1.2　数值仿真步骤

6.1.2.1　模型向导

（1）运行 COMSOL，选择“模型向导”。

（2）从“选择空间维度”对话框里选择“二维”。

（3）从“选择物理场”对话框中选择“数学”>“偏微分方程接口”>“广义型偏微分方程(g)”，之后点击“研究”。

（4）从“选择研究”对话框中选择“预置研究”>“瞬态”，之后点击“完成”。

6.1.2.2　参数及变量

现在，我们可以定义模型求解所需的“参数”和“变量”。

（1）在“模型开发器”中，右键单击“全局定义”，选择“参数”。

（2）前往“参数”设定窗口，在参数表的参数下或表格下方的编辑框中输入以下参数(表 6-1)。

表 6-1　　数值模拟所需参数表

名称	表达式	描述
poro_por0	0.072	初始孔隙率
per_c0	1E−16[m^2]	初始渗透率
coe_M	16[g/mol]	甲烷的分子质量
coe_R	8.413 510[J/mol/K]	理想气体常数
coe_T	293[K]	煤层温度
mu	1.08E−5[Pa·s]	甲烷动力学黏度
p_0	4E6[Pa]	初始瓦斯压力
PL	1[MPa]	Langmuir 常数
VL	20[m^3/t]	Langmuir 常数
VM	22.4[L/mol]	标准状态时甲烷的摩尔体积
rho_c	1 250[kg/m^3]	煤的视密度
p_b	85[kPa]	抽采负压
S_t	100[d]	模拟时间
in_t	1[d]	模拟时间步长
W_c	200[m]	煤层宽度
H_c	200[m]	煤层厚度
bo_r	0.1[m]	钻孔半径

(3) 在“模型开发器”>“组件 1(comp1)”中,右键单击“定义”,选择“变量”。

(4) 前往“变量 1”设定窗口,在变量表的变量下或表格下方的编辑框中输入以下变量(表 6-2)。

表 6-2　　变量表

名称	表达式	描述
rho_g	coe_M * p/coe_R/coe_T	甲烷密度

设定好后的“参数”与“变量”如图 6-2 所示。

6.1.2.3　几何

现在,我们可以定义模型求解所需的“几何”。

(1) 在“模型开发器”中,右键单击“几何 1”,选择矩形。

(2) 前往“矩形 1(r1)”设定窗口,进行如下操作:

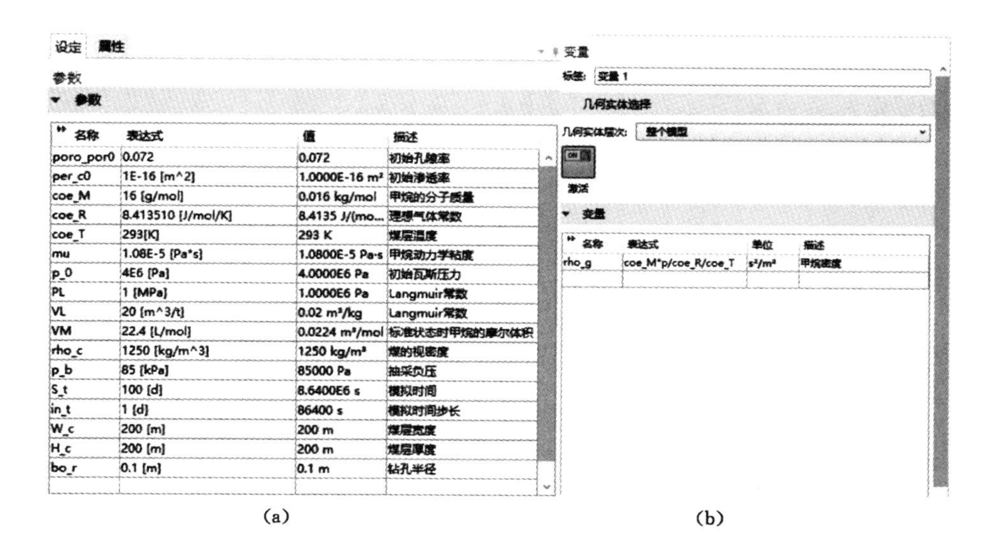

名称	表达式	值	描述
poro_por0	0.072	0.072	初始孔隙率
per_c0	1E-16 [m^2]	1.0000E-16 m²	初始渗透率
coe_M	16 [g/mol]	0.016 kg/mol	甲烷的分子质量
coe_R	8.413510 [J/mol/K]	8.4135 J/(mo...	理想气体常数
coe_T	293[K]	293 K	煤层温度
mu	1.08E-5 [Pa*s]	1.0800E-5 Pa·s	甲烷动力学粘度
p_0	4E6 [Pa]	4.0000E6 Pa	初始瓦斯压力
PL	1 [MPa]	1.0000E6 Pa	Langmuir常数
VL	20 [m^3/t]	0.02 m³/kg	Langmuir常数
VM	22.4 [L/mol]	0.0224 m³/mol	标准状态时甲烷的摩尔体积
rho_c	1250 [kg/m^3]	1250 kg/m³	煤的视密度
p_b	85 [kPa]	85000 Pa	抽采负压
S_t	100 [d]	8.6400E6 s	模拟时间
in_t	1 [d]	86400 s	模拟时间步长
W_c	200 [m]	200 m	煤层宽度
H_c	200 [m]	200 m	煤层厚度
bo_r	0.1 [m]	0.1 m	钻孔半径

名称	表达式	单位	描述
rho_g	coe_M*p/coe_R/coe_T	s²/m²	甲烷密度

(a) (b)

图 6-2 参数与变量

(a) 参数;(b) 变量

① 在“尺寸与形状”部分,“宽度”编辑框中,输入“W_c”。

② 在“尺寸与形状”部分,“高度”编辑框中,输入“H_c”。

③ 在“位置”部分,“基准”下拉菜单中选择角。

④ 点击“构建选定”按钮。

(3) 在“模型开发器”中,右键单击“几何 1”,选择“圆”。

(4) 前往“圆 1(c1)”设定窗口,进行如下操作:

① 在“尺寸与形状”部分,“半径”编辑框中,输入“bo_r”。

② 在“位置”部分,“基准”下拉菜单中选择中心。

③ 在“位置”部分,“*X*”中填写 90 m;“*Y*”中填写“100 m”。

④ 点击“构建选定”按钮。

(5) 前往“圆 2(c2)”设定窗口,进行如下操作:

① 在“尺寸与形状”部分,“半径”编辑框中,输入“bo_r”。

② 在“位置”部分,“基准”下拉菜单中选择中心。

③ 在“位置”部分,“*X*”中填写 110 m; “*Y*”中填写“100 m”。

④ 点击“构建选定”按钮。

(6) 在“模型开发器”中,右键单击“几何 1”,选择“布尔运算与分割”>“差集”。

(7) 前往“差集 1(dif1)”设定窗口,进行如下操作:

① 确保“差集”>“增加对象”选择框为激活状态,在图形窗口点击选择几何

实体 r1。操作后 r1 将在“增加对象”选择框内显示。

② 点击激活“差集”>“减去对象”选择框，在图形窗口点击选择几何实体 c1 和 c2。操作后 c1 和 c2 将在“减去对象”选择框内显示。

(8) 前往“形成联合体(fin)”设定窗口，点击“全部构建”按钮。

6.1.2.4 物理场

现在，我们可以配置模型求解所需的“物理场”。

配置“广义型偏微分方程(g)”接口：

(1) 在“模型开发器”中，点击“广义型偏微分方程(g)”，前往“广义型偏微分方程”设定窗口，在“因变量”>“场名称”编辑框，输入“p”；在“因变量”>“因变量”编辑框，输入“p”。

(2) 在“模型开发器”中，点击“广义型偏微分方程(g)”>“广义型偏微分方程 1”，前往“广义型偏微分方程”设定窗口，进行如下操作：

① 在“守恒通量”编辑框内输入(表 6-3)。

表 6-3　守恒通量

−coe_M * per_c0 * p * d(p,x)/coe_R/coe_T/mu	*x*
−coe_M * per_c0 * p * d(p,y)/coe_R/coe_T/mu	*y*

② 在“源项”编辑框，输入“0”。

③ 在“阻尼或质量系数”编辑框，输入 coe_M * poro_por0/coe_R/coe_T+coe_M * rho_c * VL * PL/VM/(p+PL)^2。

④ 在“质量系数”编辑框，输入“0”。

(3) 在“模型开发器”中，右键单击“广义型偏微分方程(g)”，选择“狄氏边界条件”。

(4) 前往“狄氏边界条件 1”设定窗口，在“边界选择”选择框内选择边界 5、6、7、8、9、10、11 和 12，在“狄氏边界条件”部分，勾选“指定 p 值”，并在对应编辑框，输入“p_b”。

(5) 前往“零通量 1”设定窗口，检查边界 5、6、7、8、9、10、11 和 12 是否被覆盖。

(6) 前往“初始值 1”设定窗口，在“初始值”>“p 初始值”编辑框，输入“p_0”。

6.1.2.5 网格

现在，我们可以配置模型求解所需的“网格”。

(1) 前往“模型开发器”>“网格 1”设定窗口，在“网络设定”>“序列类型”下拉菜单选择物理场控制网格，在“网络设定”>“单元尺寸”下拉菜单选择较细化。

（2）点击“全部构建”。

6.1.2.6 研究

现在，我们根据上述模型的配置进行求解。

（1）在“模型开发器”中，右键单击“研究 1”。

（2）前往“步骤 1：瞬态”设定窗口，在“研究设定”中点击“时间单位”按钮，选择“d”，在“时间”编辑框内输入“range(0,1,100)”。

（3）点击“计算”按钮进行计算。

图 6-3 为计算完成后，抽采 100 d 时的煤层瓦斯压力分布云图。

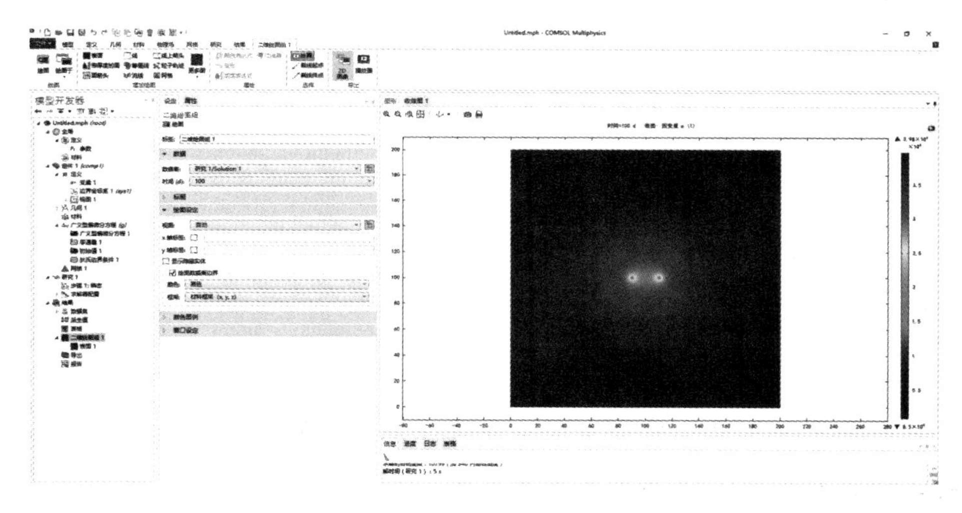

图 6-3 抽采 100 d 时的煤层瓦斯压力分布云图

6.1.2.7 后处理

本小节以提取抽采时间为 100 d 时，两个钻孔间瓦斯压力数值为例，简单介绍一些后处理的步骤：

（1）在“模型开发器”>“结果”中，右键单击“数据集”，选择“二维截线”，并进行如下操作：

① 在“线数据”中点 1 编辑框 X 输入“90.1”，编辑框 Y 输入“100”；点 2 编辑框 X 输入“109.9”，编辑框 Y 输入“100”。

② 在“二维截线”中，点击“绘图”。

（2）在“模型开发器”>“结果”中，右键单击“一维绘图组”，并进行如下操作：

① 在“一维绘图组 2”中右击，选择“线图 1”。

② 在“线图 1”中，“数据集”下拉菜单中选择“二维截线 1”，“时间选择”下拉菜单中选择“最后”。

③ 在"线图 1"中,"标题"下拉菜单中选择"手动",编辑标题为"抽采时间 100 d 瓦斯压力数值分布图"。

④ 在"线图 1"中,"颜色和样式"中的"宽度",编辑为"2";"线标记"中的"标记"下拉菜单中选择"圆","数目"编辑为"15"。

⑤ 点击"绘图"按钮计算。

通过上述操作,会获得抽采时间 100 d 时钻孔间的瓦斯压力数值分布图(图 6-4)。

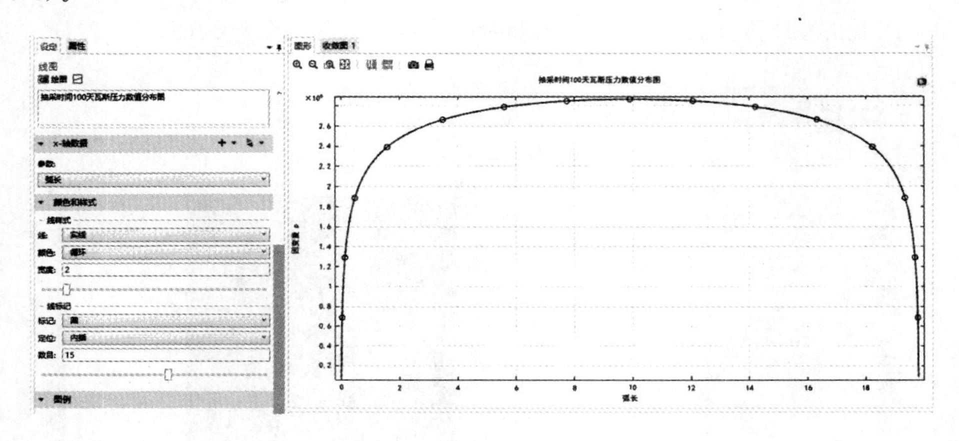

图 6-4 抽采 100 d 时钻孔间的瓦斯压力数值分布图

6.1.3 案例扩展分析与应用

通过完成上述最基本的数值仿真步骤,既可获得本案例分析所需的部分数据,全部案例分析数据只需要在上述基础上进行细微几何图形或者参数调整即可获取,详细说明与分析可参考文献[10]。

6.1.3.1 压力减小系数

首先本节需要定义压力减小系数,煤层多钻孔瓦斯抽采时,煤层瓦斯压力受所有抽采钻孔的影响,假设以煤层中的一个抽采钻孔 i 为基准,而煤层中某一点处距离钻孔 i 的直线距离为 d,则可以设定该点处的瓦斯压力为 $p_{id}(x,y,z)$,该点位于钻孔之间的连线上且直线距离的取值范围为 $0<d<\frac{1}{2}L$(L 为钻孔之间的直线距离),若不考虑抽采钻孔之间的互相扰动作用,煤层中距离钻孔 i 的直线距离为 d 处的瓦斯压力可以表示为:

$$p_{id}(x,y,z)=p_{od}(x,y,z)-\sum_{j=1}^{N}p_j(x,y,z) \tag{6-1}$$

$p_{od}(x,y,z)$ 表示煤层距离钻孔 i 的直线距离为 d 处未受到任何抽采钻孔影响时的压力,$p_j(x,y,z)$ 表示煤层某点受到 j 钻孔抽采影响时该点处煤层减小的瓦斯压力数值。其中，$p_j(x,y,z)$ 的数值大小受到众多因素影响，记它们之间的函数关系为：

$$p_j(x,y,z) = f(k,p_s,t,d_s) \tag{6-2}$$

式中 k 为煤体渗透率，ps 为钻孔抽采负压，t 为抽采时间，d_s 为监测点距钻孔的直线距离。其中，煤体渗透率、钻孔抽采负压和抽采时间与 $p_j(x,y,z)$ 呈现正相关的关系，而钻孔距监测点处的直线距离与 $p_j(x,y,z)$ 呈现负相关关系。

如果煤层进行多孔瓦斯抽采时并且考虑抽采钻孔之间的互扰作用，可以定义 $T_{id}(x,y,z)$ 为距钻孔 i 距离为 d 处煤层瓦斯压力，此时瓦斯压力考虑了钻孔 i 受到钻孔 j 扰动，$p_{od}(x,y,z)$ 表示煤层距离钻孔 i 的直线距离为 d 处未受到任何抽采钻孔影响时的压力，$p_{ij}(x,y,z)$ 为距钻孔 i 距离为 d 处受到钻孔 j 影响减小的瓦斯压力。钻孔 i 周围煤体瓦斯压力在考虑了受到钻孔 j 扰动的情况下可以表示为：

$$T_{id}(x,y,z) = p_{od}(x,y,z) - \sum_{j=1}^{N} p_{ij}(x,y,z) \quad (i = 1,2,3\cdots) \tag{6-3}$$

由于 $p_{ij}(x,y,z)$ 数值中包含了钻孔 i 自身对该点瓦斯压力的作用，因而可以对式(6-3)进行转化处理得到如下表达式：

$$T_{id}(x,y,z) = p_{od}(x,y,z) - p_{ii}(x,y,z)(1 + \sum_{j=1,i\neq j}^{N} \frac{p_{ij}(x,y,z)}{p_{ii}(x,y,z)}) \quad (i = 1,2,3\cdots) \tag{6-4}$$

方程(6-4)中 $p_{ii}(x,y,z)$ 为钻孔 i 对该点瓦斯压力下降的贡献值，为了简化方程(6-4)，定义 $\lambda_{ij} = \dfrac{p_{ij}(x,y,z)}{p_{ii}(x,y,z)}$，并且省略方程(6-4)中坐标系表现形式，简化方程如下：

$$T_{id} = p_{od} - p_{ii}(1 + \sum_{j=1,i\neq j}^{N} \lambda_{ij}) \quad (i = 1,2,3\cdots) \tag{6-5}$$

从方程(6-5)可以发现当假设 p_{od} 和 p_{ii} 的数值保持不变，而如果钻孔 i 受到钻孔 j 影响减小的瓦斯压力 p_{ij} 数值变大，则 λ_{ij} 随着 p_{ij} 数值变大而变大，最终这种变化趋势会导致钻孔 i 周围煤体某点的瓦斯压力 T_{id} 数值变小。

对于特定煤层和特定钻孔，上述关于 p_{od} 和 p_{ii} 数值保持常数的假设是存在的，因此利用 λ_{ij} 的数值衡量钻孔 j 对钻孔 i 的扰动程度是有效的，因此我们定义 λ_{ij} 为钻孔 i 受钻孔 j 扰动的瓦斯压力减小系数。

6.1.3.2 煤体渗透率与压力减小系数关系

为了定量研究双孔孔间互扰造成压力减小系数的变化与煤体渗透率之间的关系，单孔抽采和双孔抽采模型分别建立，并利用上述建立的几何模型分别为不同模型设定具体参数。对于单孔抽采模型，设定抽采钻孔为 A(90 m,100 m)，而对于双孔抽采模型，设定两个抽采钻孔分别为 A(90 m，100 m)和 B(110 m，100 m)，两者之间的孔间距为 20 m。不管对于单孔抽采或者双孔抽采模型所有钻孔的半径均设定为 0.1 m，抽采负压值为 0.085 MPa，抽采时间设定为 100 d。利用对不同渗透率的煤体进行不同模式抽采的模拟，并提取监测点 C(94 m，100 m)抽采时间达到 100 d 时的压力情况，对监测到煤体瓦斯压力数据通过压力减小系数的定义进行处理，如图 6-5 所示。

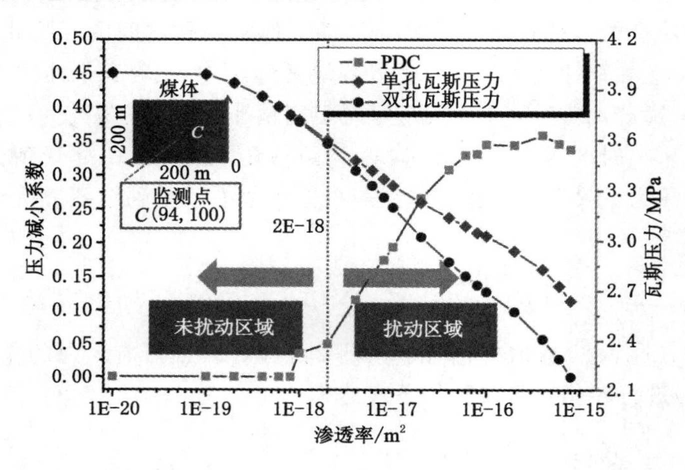

图 6-5　不同煤体渗透率模型下监测点处瓦斯压力和压力减小系数的变化关系

依据监测点 C 处在处于不同抽采模式下瓦斯压力的数值分析，发现当煤体渗透率小于 2×10^{-18} m² 时，不同抽采模式下瓦斯压力数值基本一致，只有当渗透率数值接近于 2×10^{-18} m² 时才会出现微小波动，而渗透率数值小于 1×10^{-18} m² 时，瓦斯压力数值完全保持一致，因此对于渗透率小于 2×10^{-18} m² 的煤层，通过计算得到由于孔间互扰造成的压力减小系数基本为 0 或者接近 0，说明这种渗透率条件下瓦斯抽采孔之间基本不存在孔间互扰现象。对于可扰动区域，煤体压力减小系数随着煤体渗透率的增大而逐渐变大，这也说明了煤体渗透率越大抽采钻孔之间的互扰影响越大。然而从变化趋势发现当煤体渗透率增长到一定程度后，煤体压力减小系数基本保持不变，这又说明渗透率达到一定值后，抽采钻孔之间的互扰影响程度不会随着渗透率的增长继续变化。

6.1.3.3　孔间距与压力减小系数关系

双孔孔间互扰造成压力减小系数的变化与双孔之间的距离也是存在一定的数量关系，为了研究两者之间的关系，同样分别利用单孔抽采和双孔抽采模型。对于单孔抽采模型，设定抽采钻孔为 A(60 m，100 m)，而对于双孔抽采模型，固定其中一个抽采钻孔为 A(60 m，100 m)，另外一个抽采钻孔是移动的。不管对于单孔抽采或者双孔抽采模型所有钻孔的半径均设定为 0.1 m，抽采负压值为

0.085 MPa，抽采时间设定为 100 d，煤体渗透率数值设定为 1×10^{-16} m²。利用对不同孔间距的钻孔进行不同模式抽采的模拟，并提取监测点 C(64 m，100 m)抽采时间达到 100 d 时的压力情况，对监测到煤体瓦斯压力数据通过压力减小系数的定义进行处理，如图 6-6 所示。

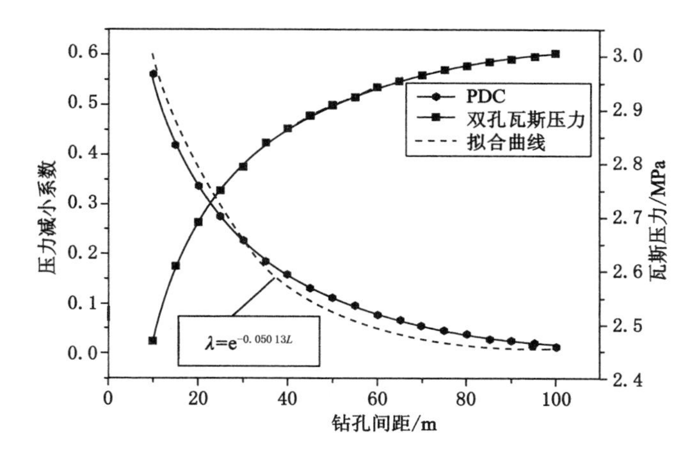

图 6-6 监测点处压力减小系数与瓦斯压力随着钻孔间距的变化关系图

压力减小系数随着孔间距的增加一直呈现减小的趋势，曲线变化趋势基本吻合指数函数，在上述假设条件下曲线基本满足 $\lambda=e^{-0.05013L}$，从图中可以看出拟合度为 96.8%。曲线的开始阶段压力减小系数随着孔间距增大迅速下降，而当孔间距增大到一定数值后，压力减小系数基本趋于 0，说明了当孔间距足够大时，抽采钻孔互扰效应可以忽略。上述所有结论都是基于渗透率为 1×10^{-16} m² 和监测点固定，如果煤体渗透率或者监测点发生变化，那么压力减小系数与孔间距之间的关系也会发生一定改变，但基本会满足随孔间距增大呈现指数减小的趋势，必然会遵循方程(6-6)的变化规律，方程中的 A 值会依据不同条件产生不同数值，而 L 为抽采钻孔之间的距离。

$$\lambda=e^{-AL} \tag{6-6}$$

6.1.3.4 距钻孔距离与压力减小系数关系

某个特定压力减小系数数值只能够反映抽采钻孔影响范围内某一个特定点处受其他抽采钻孔扰动程度，而为了研究整个钻孔抽采影响区域内的受扰动情况，则需要了解压力减小系数随远离钻孔距离的变化情况。为了研究两者之间的关系，同样分别利用单孔抽采和双孔抽采模型。对于单孔抽采模型，设定抽采钻孔为 A(60 m，100 m)，而对于双孔抽采模型，设定两个抽采钻孔分别为 A(60 m，100 m)和 B(140 m，100 m)，两者之间的孔间距为 80 m。不管对于单孔抽采或者双孔抽采模型所有钻孔的半径均设定为 0.1 m，抽采负压值为 0.085 MPa，抽采时间设定为 100 d,煤体渗透率数值设定为 1×10^{-16} m^2。由于钻孔抽采影响范围内质点无数,而为了合理有效地反映压力减小系数与距离钻孔距离的关系,提取两个抽采钻孔连接直线上的压力减小系数,如图 6-7 所示。

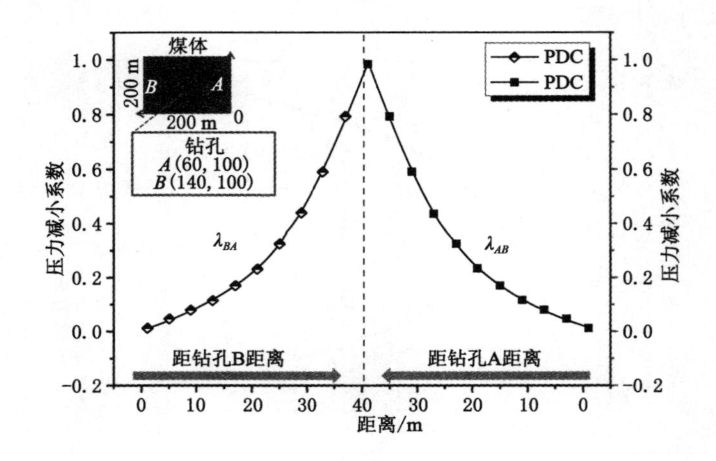

图 6-7　双钻孔连接线上压力减小系数变化规律

分别利用 λ_{BA} 和 λ_{AB} 代表抽采孔 A 对抽采孔 B 和抽采孔 B 对抽采孔 A 的扰动情况,而这两种的变化趋势是完全一致的,压力减小系数都是随着距抽采钻孔的距离的增加一直呈现增大的趋势,曲线变化趋势基本吻合正指数函数。曲线的开始阶段压力减小系数增大速率较小,而当距抽采钻孔的距离进一步增大则迅速增大。上述所有结论都是基于渗透率为 1×10^{-16} m^2 和孔间距固定,如果煤体渗透率或者孔间距发生变化,那么压力减小系数与距抽采钻孔的距离的关系也会发生一定改变,但整体还是会满足正指数的数学关系。

6.1.3.5　多孔模式讨论及布孔模式优化问题

上述几个小节内容都是基于双钻孔互相扰动情况研究其中一些变化规律,而对于钻孔数量多于双孔的煤层瓦斯抽采模式,上述总结的规律依然适用,由于造成孔间互扰现象的本质机理并没有发生变化,唯一有区别的就是钻孔数量的增加,但若通过数学抽象概念,多个钻孔同时对某一个钻孔产生扰动,多个钻孔可以假想为一个整体等效于一个钻孔,如图 6-8 所示。只是这种假想整体相对于某一个具体钻孔的物性参数不一致,因此多孔之间的互相扰动也是符合上述模拟得到双孔扰动产生的一系列变化规律,但具体分析时还是有一定的区别的,它们之间的区别在于曲线变化的斜率会发生变化,但是曲线的整体变化趋势是不会改变的。此处以同一煤层同时施工 9 个抽采钻孔进行模拟分析,曲线变化趋势也验证了上述观点,如图 6-9 所示。

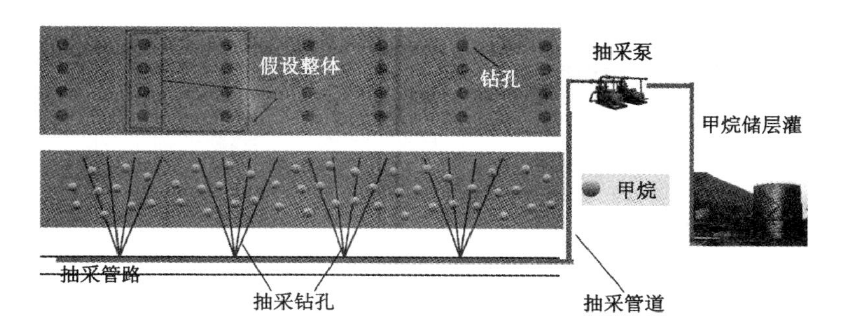

图 6-8 实际煤层瓦斯抽采系统

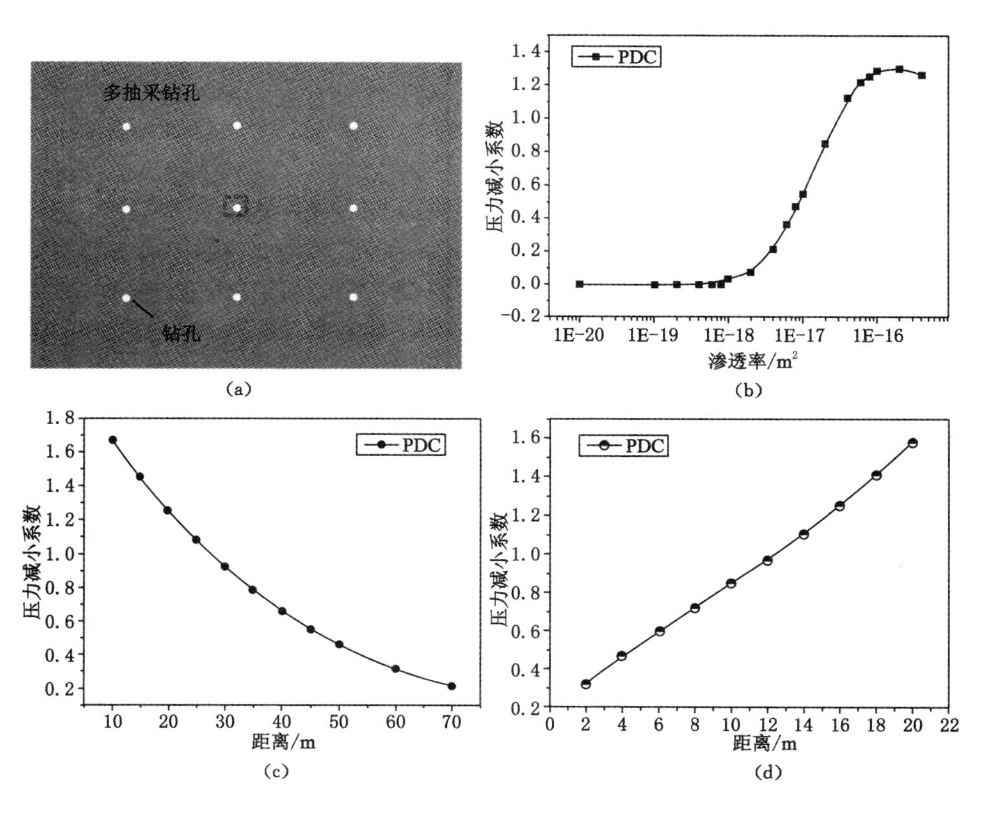

图 6-9 多钻孔不同因素与压力减小系数的关系

(a) 多抽采钻孔;(b) 不同渗透率;(c) 不同钻孔间距;(d) 不同距钻孔距离

抽采钻孔布置模式直接影响煤层瓦斯抽采效果,而影响钻孔布置模式的两大因素分别为:钻孔孔间距与钻孔排列方式。其中钻孔孔间距大小对煤层瓦斯抽采效果的影响是显而易见的，抽采钻孔布置越密集，煤层瓦斯抽采效果越好。但考虑到煤层抽采现场实际情况，当钻孔孔间距较小则相同体积的煤层布置钻孔数量就越多，钻孔数量的增加会导致工程量以及成本的大幅度增加，因此并不是一种合理增加瓦斯抽采效果的手段对于煤矿企业。选择合适的钻孔排列方式是一种可选方案以提高瓦斯抽采效果，典型的几种钻孔排列方式如图 6-10 所示。

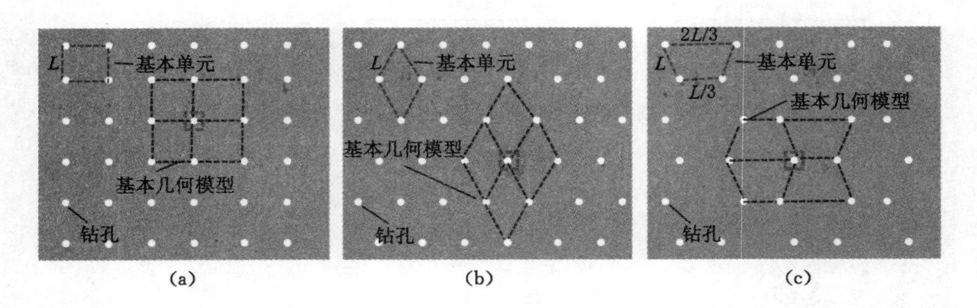

图 6-10　几种常见布孔模式

(a) 矩形模式；(b) 菱形模式；(c) 梯形模式

压力减小系数可以定量反映抽采钻孔之间互相扰动的程度，其中压力减小系数数值越大代表钻孔之间的互相扰动情况越严重，而上述对压力减小系数的研究发现钻孔之间的互相扰动可以有效提高瓦斯抽采效果，并且互相扰动越严重越有利于煤层瓦斯抽采，因此可以利用压力减小系数从侧面反映瓦斯抽采效果。

对于三种典型的钻孔布置模式，设定矩形模式和菱形模式中钻孔孔间距 L 为 15 m，而对于梯形模式则设定上下边孔间距的平均值为 15 m，所有钻孔的半径均设定为 0.1 m，抽采负压值为 0.085 MPa，抽采时间设定为 100 d，煤体渗透率数值设定为 1×10^{-16} m^2。利用相同数量抽采钻孔构成的基本几何模型对不同钻孔布置模式进行瓦斯抽采的模拟，并提取基本几何模型中心钻孔上侧 4 m 处的压力减小系数数值，当抽采时间达到 100 d 时，不同布孔模式的压力减小系数，如图 6-11 所示。

不同布孔模式造成同一个钻孔四周相同位置的监测点的压力减小系数产生一定差异，从图中可以发现压力减小系数最大值为 1.493 3，而此时对应的瓦斯抽采钻孔是以菱形模式布置。由于压力减小系数数值与抽采效果呈正比例关系，因此若从压力减小系数大小判定抽采效果，则可以认为钻孔以菱形布置的抽采效果优于矩形模式和梯形模式。

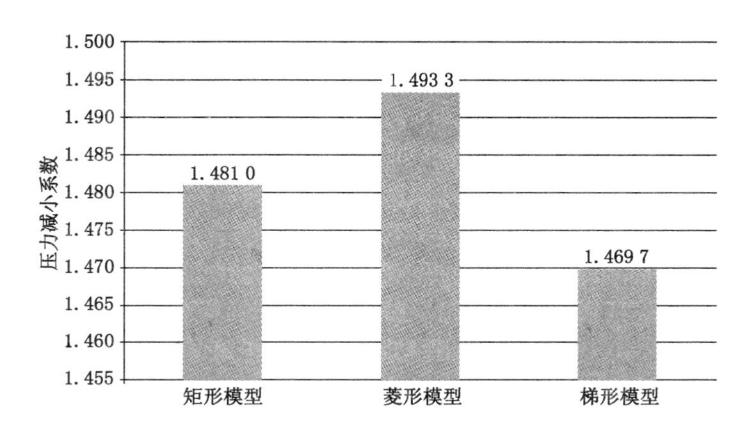

图 6-11 不同布孔模式对应的压力减小系数数值

6.2 煤的瓦斯扩散性能对抽采效果影响的定量评价

6.2.1 工程背景

瓦斯是煤炭开采过程中的伴生物,是严重威胁煤矿安全生产的主要因素之一。在近代煤炭开采史上,瓦斯灾害每年都造成大量的人员伤亡和巨大的财产损失。根据国家安全生产监督管理总局事故调查资料,2014 年全国共发生瓦斯事故 47 起、死亡 266 人,瓦斯事故死亡人数占总死亡人数的 30.2%,占重大事故总死亡人数的 67.3%。瓦斯还是一种典型的温室气体,相同质量的情况下,其温室效应的作用比 CO_2 大 20~60 倍,对大气臭氧层的破坏是 CO_2 的 7 倍。瓦斯治理是煤矿安全高效开采和收获环境效益的前提和基础。目前进行煤矿瓦斯治理及预防突出最基本也是最重要的方法是瓦斯抽采[11-14],在煤炭资源开采之前将煤层中的瓦斯抽采出来并加以利用,不但可以保障煤炭资源的安全开采、促进煤矿瓦斯这一高效洁净能源的利用,同时还可以保护大气环境,实现“安全、能源、环境”三重效益。

瓦斯渗流理论是国内外指导煤矿瓦斯防治工作的基础理论,与裂隙瓦斯渗流相对应的煤体物理简化模型为“均匀裂隙介质模型”。在均匀裂隙介质模型的基础上,建立煤层瓦斯渗流方程时还需要基于一定的假设条件,如:认为当煤层内的瓦斯吸附平衡状态被打破后,基质内的瓦斯可以一瞬间解吸出来进入裂隙,也可以理解为裂隙瓦斯压力和基质瓦斯压力几乎同步改变。在此假设条件下建立的煤层瓦斯渗流模型虽然在工程上取得了成功,但却掩盖了煤层瓦斯运移过程中的物理本质。随着多孔介质渗流理论的逐步发展,煤体为孔隙-裂隙双重介质得到了越来越多学者的认可,人们也意识到将煤中的瓦斯运移简化为一个连续的 2 步过程更加科学:即扩散与渗流是一个串联的过程,第一步瓦斯以菲克扩散的形式从基质扩散到裂隙中,第二步以达西渗流的形式通过裂隙渗流到巷道或钻孔中。我们在本案例中使用 COMSOL 调用前述章节建立的双重孔隙煤体瓦斯运移过程中的气固耦合模型,并通过与 Klinkenberg 效应进行对比,定量评价煤的瓦斯扩散性能对抽采效果影响。

为突出研究重点,避免采动应力扰动对模拟结果的干扰,以深部首采煤层顺层钻孔区域预抽消突的工程实践为研究背景,进行合理简化后获得几何模型以及相应的边界条件,并将三维受力模型简化为二维平面应变模型,如图 6-12 所示。几何模型分为 3 层,煤层位于两岩层中间,岩层长×高均为 40 m×10 m,煤层长×高为 40 m×5 m。瓦斯抽采钻孔位于煤层中部,其半径为 0.1 m。模拟时仅在煤层内定义瓦斯运移模型,在整个求解域内定义固体变形模型。各物理场控制方程的边界条件及初始条件在图 6-12 中进行了详细的标注,对于变形场,求解域左右两侧为滚轴边界,底部为固支边界,顶部为恒定载荷边界,初始时刻求解域内的位移为 0。对于瓦斯运移场,煤层的外部边界为零流量边界,钻孔边界为恒压边界(抽采负压为 87 kPa,由于受抽采负压的强烈影响,认为在钻孔壁处的基质瓦斯压力等于裂隙瓦斯压力,扩散方程和渗流方程在钻孔壁处具有相同的固定压力边界),裂隙瓦斯压力及基质瓦斯压力在初始吸附平衡状态时均为 2 MPa。

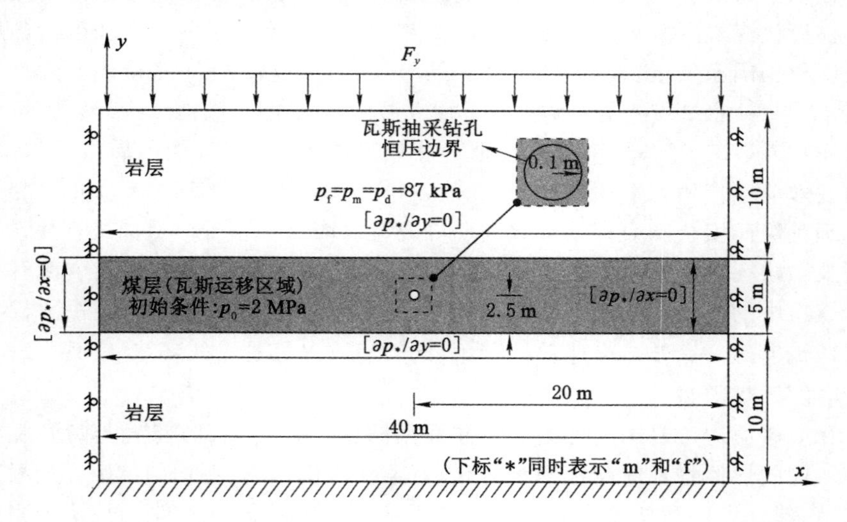

图 6-12　几何模型、初始及边界条件示意图

在上述边界条件和初始条件下,进行数值模拟时可进一步简化,因忽略钻孔形成后的应力扰动,可认为在抽采过程中外部载荷不变,且煤层顶底板为不透气(零流量边界),数值模拟时可仅以煤层为求解域进行计算。

同时为了对比分析煤的扩散性能、Klinkenberg 效应及气固耦合作用在钻孔瓦斯抽采过程中起到的作用，给相关模拟参数赋值时主要从以下 4 个方面入手（b 为 Klinkenberg 因子，k 为煤的渗透率，τ 为吸附时间，c 指代常数）：

(1) 工况 A：吸附时间为 0.5 d，全耦合（$b \neq 0, k \neq c, \tau = 0.5$ d）；

(2) 工况 B：吸附时间为 20 d，全耦合（$b \neq 0, k \neq c, \tau = 20$ d）；

(3) 工况 C：吸附时间为 0.5 d，忽略 Klinkenberg 效应（$b = 0, k \neq c, \tau = 0.5$ d）；

(4) 工况 D：吸附时间为 0.5 d，仅考虑瓦斯运移，忽略气固耦合作用（$b = 0, k = c, \tau = 0.5$ d）。

6.2.2 数值仿真步骤

6.2.2.1 模型向导

(1) 运行 COMSOL，选择“模型向导”。

(2) 从“选择空间维度”对话框里选择“二维”。

(3) 从“选择物理场”对话框中选择“流体流动”>“多孔介质和地下水流”>“Darcy 定律(dl)”。

(4) 从“选择物理场”对话框中选择“数学”>“偏微分方程接口”>“广义型偏微分方程(g)”，之后点击“研究”。

(5) 从“选择研究”对话框中选择“预置研究”>“瞬态”，之后点击“完成”。

6.2.2.2 参数及变量

现在，我们可以定义模型求解所需的“参数”和“变量”。

(1) 在“模型开发器”中，右键单击“全局定义”，选择“参数”。

(2) 前往“参数”设定窗口，在参数表的参数下或表格下方的编辑框中输入以下参数（表 6-4），参数源于文献[15]。

表 6-4 参数表

名称	表达式	描述
poro_fra0	0.012	初始裂隙率
poro_por0	0.06	初始孔隙率
per_c0	1E−16[m^2]	初始渗透率
K_b	1.44E5[Pa]	Klinkenberg 因子
coe_M	16[g/mol]	甲烷的分子质量
coe_R	8.413 510[J/mol/K]	理想气体常数
coe_T	293[K]	煤层温度
mu	1.08E−5[Pa·s]	甲烷动力学黏度

续表 6-4

名称	表达式	描述
p_0	2E6[Pa]	初始瓦斯压力
PL	1[MPa]	Langmuir 常数
VL	20[m^3/t]	Langmuir 常数
VM	22.4[L/mol]	标准状态时甲烷的摩尔体积
rho_c	1 250[kg/m^3]	煤的视密度
E_c	2 713[MPa]	煤的弹性模量
E_m	8 139[MPa]	煤基质的弹性模量
Po_c	0.339	煤的泊松比
ad_d	0.004	极限吸附体变形量
p_b	87[kPa]	抽采负压
ad_t	0.5[d]	吸附时间
S_t	500[d]	模拟时间
in_t	0.25[d]	模拟时间步长
W_c	40[m]	煤层宽度
H_c	5[m]	煤层厚度
bo_r	0.1[m]	钻孔半径
coe_logic	1	逻辑判断

(3) 在“模型开发器”>“组件 1(comp1)”中,右键单击“定义”,选择“变量”。

(4) 前往“变量 1”设定窗口,在变量表的变量下或表格下方的编辑框中输入以下变量(表 6-5)。

表 6-5　变量表

名称	表达式	描述
rho_g	coe_M * p/coe_R/coe_T	甲烷密度
K_c	E_c/3/(1-2 * Po_c)	煤的体积模量
K_m	E_m/3/(1-2 * Po_c)	煤基质的体积模量
K_s	K_m/(1-3 * poro_por0 * (1-Po_c)/2/(1-2 * Po_c))	煤体骨架的体积模量
biot_f	1-K_c/K_m	有效应力系数(裂隙)
biot_m	K_c/K_m-K_c/K_s	有效应力系数(基质)
con_M	E_c * (1-Po_c)/(1-2 * Po_c)/(1+Po_c)	轴向约束模量
poro_fra	poro_fra0+(biot_f * (p-p_0)+biot_m * (u-p_0))/con_M	裂隙率

续表 6-6

名称	表达式	描述
per_c	per_c0 * (poro_fra/poro_fra0)^3	渗透率
Q_m	coe_M/coe_R/coe_T/ad_t * (u−p) * (1−poro_fra)	质量源
D_f	−VM * (u−p) * (u+PL)^2/ad_t/(VL * coe_R * coe_T * PL * rho_c+poro_por0 * VM * (u+PL)^2)	扩散源项
D_t0	coe_M * (VL * p_0 * rho_c/VM/(p_0+PL)+(poro_por0 * p_0+poro_fra0 * p_0)/coe_R/coe_T)	初始瓦斯含量
D_t	coe_M * (VL * u * rho_c/VM/(u+PL)+(poro_por0 * u+poro_fra0 * p)/coe_R/coe_T)	瓦斯含量

设定好的“参数”和“变量”如图 6-13 所示。

设定

参数

参数

名称	表达式	值	描述
poro_fra0	0.012	0.012	初始裂隙率
poro_por0	0.06	0.06	初始孔隙率
per_c0	1E-16 [m^2]	1E-16 m^2	初始渗透率
K_b	1.44E5 [Pa]	1.44E5 Pa	Klinkenberg因子
coe_M	16 [g/mol]	0.016 kg/mol	甲烷的分子质量
coe_R	8.413510 [J/mol/K]	8.4135 J/(m...	理想气体常数
coe_T	293[K]	293 K	煤层温度
mu	1.08E-5 [Pa*s]	1.08E-5 Pa·s	甲烷动力学粘度
p_0	2E6 [Pa]	2E6 Pa	初始瓦斯压力
PL	1 [MPa]	1E6 Pa	Langmuir常数
VL	20 [m^3/t]	0.02 m^3/kg	Langmuir常数
VM	22.4 [L/mol]	0.0224 m^3/...	标准状态时甲烷的摩尔体...
rho_c	1250 [kg/m^3]	1250 kg/m^3	煤的视密度
E_c	2713 [MPa]	2.713E9 Pa	煤的弹性模量
E_m	8139 [MPa]	8.139E9 Pa	煤基质的弹性模量
Po_c	0.339	0.339	煤的泊松比
ad_d	0.004	0.004	极限吸附体变形量
p_b	87 [kPa]	87000 Pa	抽采负压
ad_t	0.5 [d]	43200 s	吸附时间
S_t	500[d]	4.32E7 s	模拟时间
in_t	0.25 [d]	21600 s	模拟时间步长
W_c	40 [m]	40 m	煤样宽度
H_c	5 [m]	5 m	煤样高度
bo_r	0.1 [m]	0.1 m	钻孔半径
coe_logic	1	1	逻辑判断

(a)

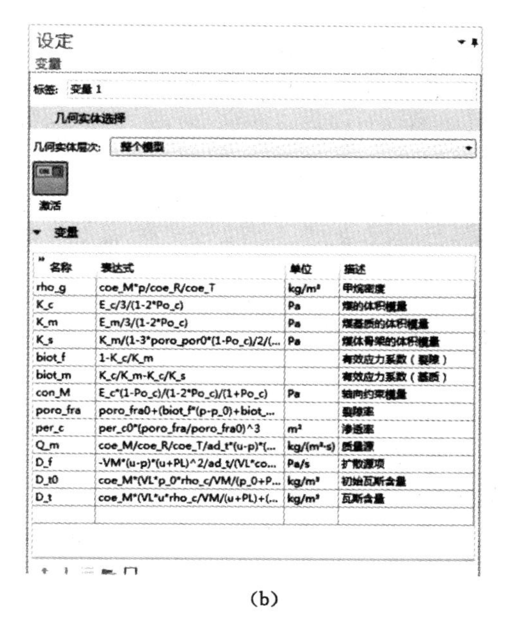

名称	表达式	单位	描述
rho_g	coe_M*p/coe_R/coe_T	kg/m^3	甲烷密度
K_c	E_c/3/(1-2*Po_c)	Pa	煤的体积模量
K_m	E_m/3/(1-2*Po_c)	Pa	煤基质的体积模量
K_s	K_m/(1-3*poro_por0*(1-Po_c)/2/(...	Pa	煤体骨架的体积模量
biot_f	1-K_c/K_m		有效应力系数（裂隙）
biot_m	K_c/K_m-K_c/K_s		有效应力系数（基质）
con_M	E_c*(1-Po_c)/(1-2*Po_c)/(1+Po_c)	Pa	轴向约束模量
poro_fra	poro_fra0+(biot_f*(p-p_0)+biot_...		裂隙率
per_c	per_c0*(poro_fra/poro_fra0)^3	m^2	渗透率
Q_m	coe_M/coe_R/coe_T/ad_t*(u-p)*(...	kg/(m^3·s)	质量源
D_f	-VM*(u-p)*(u+PL)^2/ad_t/(VL*co...	Pa/s	扩散源项
D_t0	coe_M*(VL*p_0*rho_c/VM/(p_0+P...	kg/m^3	初始瓦斯含量
D_t	coe_M*(VL*u*rho_c/VM/(u+PL)+(...	kg/m^3	瓦斯含量

(b)

图 6-13　参数与变量

(a) 参数;(b) 变量

6.2.2.3　几何

现在,我们可以定义模型求解所需的“几何”。

(1) 在“模型开发器”中,右键单击“几何 1”,选择“矩形”。

(2) 前往“矩形 1(r1)”设定窗口,进行如下操作:

① 在“尺寸与形状”部分,“宽度”编辑框中,输入“W_c”。

② 在“尺寸与形状”部分,“高度”编辑框中,输入“H_c”。

③ 在“位置”部分,“基准”下拉菜单中选择“中心”。

(3) 在“模型开发器”中,右键单击“几何 1”,选择“圆”。

(4) 前往“圆 1(c1)”设定窗口,进行如下操作:

① 在“尺寸与形状”部分,“半径”编辑框中,输入“bo_r”。

② 在“位置”部分,“基准”下拉菜单中选择“中心”。

(5) 在“模型开发器”中,右键单击“几何 1”,选择“布尔运算与分割”＞“差集”。

(6) 前往“差集 1(dif1)”设定窗口,进行如下操作:

① 确保“差集”＞“增加对象”选择框为激活状态,在图形窗口点击选择几何实体 r1。操作后 r1 将在“增加对象”选择框内显示。

② 点击激活“差集”＞“减去对象”选择框,在图形窗口点击选择几何实体 c1。操作后 c1 将在“减去对象”选择框内显示。

③ 点击“构建选定”按钮。

(7) 前往“形成联合体(fin)”设定窗口,点击“全部构建”按钮。

6.2.2.4 物理场

现在,我们可以配置模型求解所需的“物理场”。

首先配置“Darcy 定律(dl)”接口:

(1) 在“模型开发器”中,点击“Darcy 定律(dl)”＞“流体和基体属性 1”,前往“流体和基体属性”设定窗口,进行如下操作:

① 在“流体属性”＞“密度”部分,选择“用户定义”,在下方的编辑框内输入“rho_g”。

② 在“流体属性”＞“动力黏度”部分,选择“用户定义”,在下方的编辑框内输入“mu”。

③ 在“基体属性”＞“孔隙率”部分,选择“用户定义”,在下方的编辑框内输入“poro_fra0 * (coe_logic = =0)＋poro_fra * (coe_logic = =1)”。

④ 在“基体属性”＞“渗透率模型”部分,依次选择“渗透率”＞“用户定义”＞“各向同性”,在编辑框内输入“(per_c0 * (coe_logic = =0)＋per_c * (coe_logic = =1)) * (1＋K_b/p)”。

(2) 在“模型开发器”中,右键单击“Darcy 定律(dl)”,选择“压力”。

(3) 前往“压力 1”设定窗口,在“边界选择”选择框内选择边界 5、6、7 和 8,在“压力”编辑框,输入“p_b”。

(4) 在“模型开发器”中,右键单击“Darcy 定律(dl)”,选择“质量源”。

(5) 前往“质量源 1”设定窗口,在“域选择”选择框内选择“求解域 1”,在“质量源”编辑框，输入“Q_m”。

(6) 前往“无流动 1”设定窗口，检查边界 5、6、7 和 8 是否被覆盖。

(7) 前往“初始值 1”设定窗口，在“初始值”＞“压力”编辑框，输入“p_0”。

下面配置“广义型偏微分方程(g)”接口：

(1) 在“模型开发器”中，点击“广义型偏微分方程(g)”，前往“广义型偏微分方程”设定窗口，在“单位”＞“因变量物理量”下拉菜单中选择无，在“因变量物理量”＞“单位”编辑框，输入“Pa”；在“单位”＞“源项物理量”下拉菜单中选择无，在“源项物理量”＞“单位”编辑框，输入“Pa/s”。

(2) 在“模型开发器”中，点击“广义型偏微分方程(g)”＞“广义型偏微分方程 1”，前往“广义型偏微分方程”设定窗口，进行如下操作：

① 在“守恒通量”编辑框内输入：

0	x
0	y

② 在“源项”编辑框，输入“D_f”。

(3) 在“模型开发器”中，右键单击“广义型偏微分方程(g)”，选择“狄氏边界条件”。

(4) 前往“狄氏边界条件 1”设定窗口，在“边界选择”选择框内选择边界 5、6、7 和 8，在“狄氏边界条件”部分，勾选“指定 u 值”，并在对应编辑框，输入“p_b”。

(5) 前往“零通量 1”设定窗口，检查边界 5、6、7 和 8 是否被覆盖。

(6) 前往“初始值 1”设定窗口，在“初始值”＞“u 初始值”编辑框，输入“p_0”。

6.2.2.5　网格

现在，我们可以配置模型求解所需的“网格”。

(1) 前往“模型开发器”＞“网格 1”设定窗口，在“网络设定”＞“序列类型”下拉菜单选择物理场控制网格，在“网络设定”＞“单元尺寸”下拉菜单选择特别细化。

(2) 点击“全部构建”。

6.2.2.6　研究

现在，我们根据上述模型的配置进行求解。

(1) 在“模型开发器”中，右键单击“研究 1”，选择“参数化扫描”[图 6-14(a)]。

(2) 前往“参数化扫描”设定窗口，并进行如下操作：

① 在“研究设定”中点击“增加”按钮。

② 在“参数名称”下方的下拉菜单中选择“K_b(Klinkenberg 因子)”。

③ 在“参数值列表”编辑框输入“1.44E5[Pa] 1.44E5[Pa] 0 0”。

④ 在“研究设定”中点击“增加”按钮。

⑤ 在“参数名称”下方的下拉菜单中选择“ad_t(吸附时间)”。

⑥ 在“参数值列表”编辑框输入“0.5[d] 20[d] 0.5[d] 0.5[d]”。

⑦ 在“研究设定”中点击“增加”按钮。

⑧ 在“参数名称”下方的下拉菜单中选择“coe_logic(逻辑判断)”。

⑨ 在“参数值列表”编辑框输入“1 1 1 0”。

(3) 前往“模型开发器”>“研究 1”>“步骤 1:瞬态”设定窗口,并进行如下操作:

在“研究设定”部分,“研究时间”下拉菜单中选择 d,在“时间”编辑框内输入“range(0,in_t,S_t)”。

(4) 在“研究扩展”部分,勾选“瞬态自适应网格细化”[图 6-14(b)]。

(5) 点击“计算”按钮进行计算。

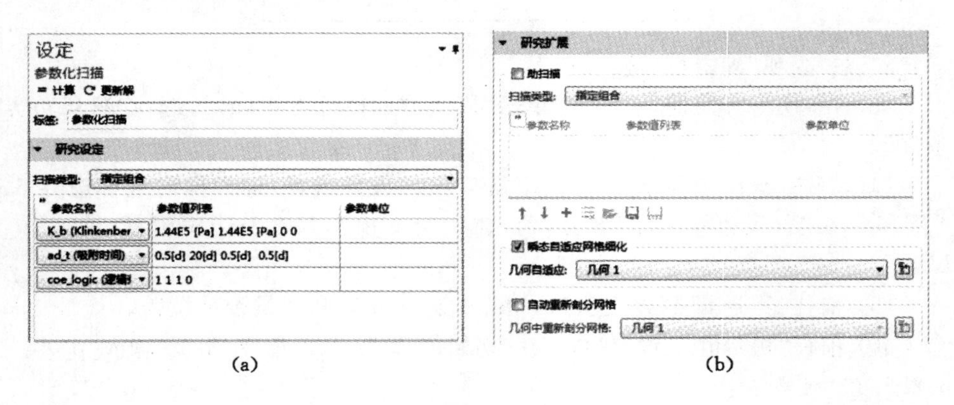

(a) (b)

图 6-14 参数扫描与自适应网格细化

(a) 参数扫描;(b) 瞬态自适应网络细化

图 6-15 为计算完成后调取的工况 A 条件下抽采 500 d 时的基质瓦斯压力分布云图。

6.2.2.7 后处理

本案例云图和线图的调取、配置和导出可参考第 5 章的两个案例进行,不再赘述。此处仅针对瓦斯含量数据的后处理配置方法进行说明:

① 在“模型开发器”>“结果”中,右键单击“派生值”,选择“积分”>“面积分”。

② 前往“面积分 1”设定窗口,并进行如下操作:

a. 在“标签”编辑框输入“初始瓦斯含量”。

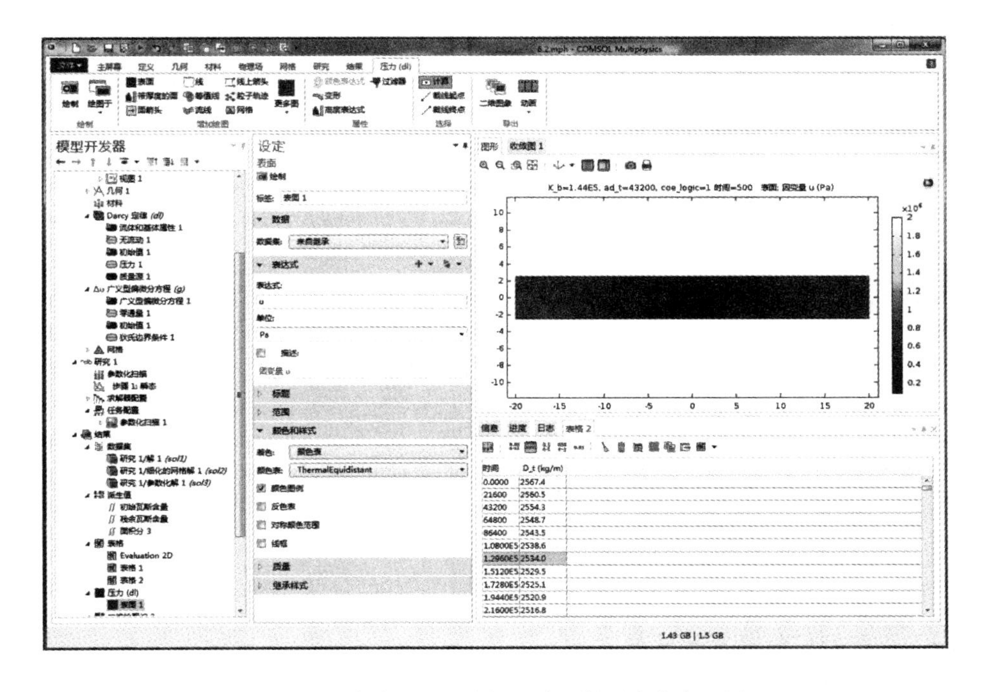

图 6-15　抽采 500 d 时的基质瓦斯压力分布云图

b. 在“数据”中，“数据集”下拉菜单中选择“研究 1/解 1(sol1)”，“时间选择”下拉菜单中选择“第一步”。

c. 在“选择”中，“选择”下拉菜单中选择“所有域”。

d. 在“表达式”中，“表达式”编辑框输入“D_t0”。

e. 点击“计算”按钮计算。

通过上述操作，会自动在“表格 1”中显示计算获得的数据，即初始瓦斯含量。通过下述操作可调取不同工况下的残余瓦斯含量：

① 在“模型开发器”>“结果”中，右键单击“派生值”，选择“积分”>“面积分”。

② 前往“面积分 2”设定窗口，并进行如下操作：

a. 在“标签”编辑框输入残余瓦斯含量。

b. 在“数据”中，“数据集”下拉菜单中选择“研究 1/参数化解 1(sol3)”，“参数选择”下拉菜单中选择来自列表，在“参数值”选择框内选择 1：K_b＝1.44E5 Pa，ad_t＝43 200 s，coe_logic＝1，“时间选择”下拉菜单中选择“全部”。

c. 在“选择”中，“选择”下拉菜单中选择“所有域”。

d. 在“表达式”中，“表达式”编辑框输入“D_t”。

e. 点击“计算”按钮计算。

通过上述操作，会自动在“表格 2”中显示计算获得的数据，即工况 A 条件下抽采不同时间时的残余瓦斯含量。获得的数据可通过“表格 2”快捷操作栏的导出命令快速导出(图 6-16)。

时间	D_t (kg/m)
0.0000	2567.4
21600	2560.5
43200	2554.3
64800	2548.7
86400	2543.5
1.0800E5	2538.6
1.2960E5	2534.0
1.5120E5	2529.5
1.7280E5	2525.1
1.9440E5	2520.9
2.1600E5	2516.8
2.3760E5	2512.8
2.5920E5	2508.9
2.8080E5	2505.1

图 6-16　积分计算及其快捷操作

6.2.3　案例扩展分析与应用

通过完成上述数值仿真步骤，既可获得本案例分析所需的各项数据，此处基于模拟结果进行简要介绍，详细说明与分析可参考文献[16]。

6.2.3.1　瓦斯压力随抽采时间的演化规律

图 6-17 为工况 A 条件下不同抽采时间(1 d、100 d、250 d 和 500 d)时钻孔周围基质瓦斯压力分布云图。4 个抽采时间对应的“色彩范围”一致，其最小值为 0.087 MPa，最大值为 2.0 MPa，颜色越深对应的瓦斯压力越低，说明受钻孔抽采影响越大。则从图中可以明显看出，随着抽采时间的增大，钻孔抽采的影响范围逐渐增大，影响程度由钻孔向外延伸逐渐减弱。

为了便于比较各工况条件下不同抽采时间时，煤的双孔特性、Klinkenberg 效应及气固耦合作用对裂隙瓦斯压力和基质瓦斯压力分布的影响，提取水平监测线 $y=12.5, x\in(20.2,40)$ 在不同工况条件时的两瓦斯压力数据绘制于图 6-18。通过比较相同抽采时间不同工况条件以及不同抽采相同工况条件时压力分布，可以发现：

(1) 抽采 1 d 时，工况 B 条件下的裂隙瓦斯压力和基质瓦斯压力同其他 3 种工况条件时的有较大差异，其中裂隙瓦斯压力远小于其他 3 种工况条件，基质瓦斯压力在靠近钻孔的区域远大于其他 3 种工况条件。其他 3 种工况条件下，工况 A 和工况 B 的裂隙瓦斯压力差别较小，而工况 B 的基质瓦斯压力大于工况 A 的基质瓦斯压力。上述差异由吸附时间的不同，即煤的双孔特性造成，工况 B 条件时，吸附时间为 20 d，基质瓦斯扩散对于裂隙瓦斯压力改变的响应速度远小

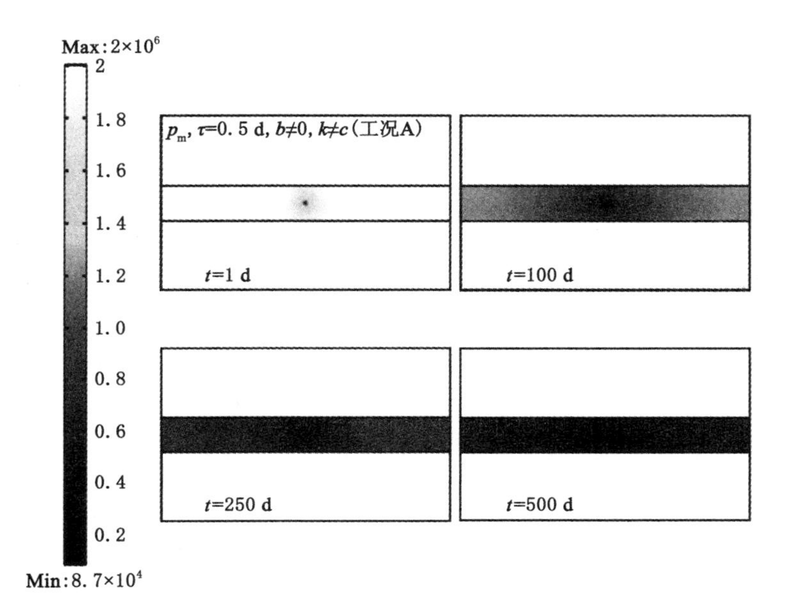

图 6-17 钻孔周围煤体在不同抽采时间时的瓦斯压力分布

于吸附时间为 0.5 d 的其他 3 种工况条件。

(2) 在全部抽采时间时，工况 A 的裂隙瓦斯压力和基质瓦斯压力基本相等，而工况 B 的基质瓦斯压力大于裂隙瓦斯压力。我们知道基质内的瓦斯对于裂隙系统而言是内质量源，当裂隙游离瓦斯在钻孔负压的作用下进入钻孔后，基质瓦斯扩散的速度将影响内质量源对于参与渗流的瓦斯的补充，这也是造成上述两种工况条件下裂隙瓦斯压力和基质瓦斯压力的原因。

(3) 抽采 100 d、250 d 和 500 d 时，基质瓦斯压力从工况 A 至工况 D 逐渐增大，煤的双孔特性对于基质瓦斯压力的影响同 Klinkenberg 效应的影响在同一个数量级。同时可以发现忽略煤的双孔特性的影响将使得模拟分析时煤层基质瓦斯压力被低估，忽略 Klinkenberg 效应和气固耦合作用将使得模拟分析时煤层基质瓦斯压力被高估。

6.2.3.2 瓦斯含量随抽采时间的演化规律

图 6-19 为 4 种工况条件下瓦斯含量随抽采时间的演化曲线，可以发现，随着抽采时间的增大，煤层内的瓦斯量逐渐减小，且减小的速度也逐渐衰减，这同钻孔瓦斯抽采的实际情况是相吻合的。进一步的比较各工况条件下的瓦斯含量演化曲线可得：

(1) 4 种工况条件下，瓦斯含量降低程度从工况 A 至工况 D 逐渐下降。工况 A 和工况 B 降低程度的差异，由煤的双孔特性造成，吸附时间越短则在相同

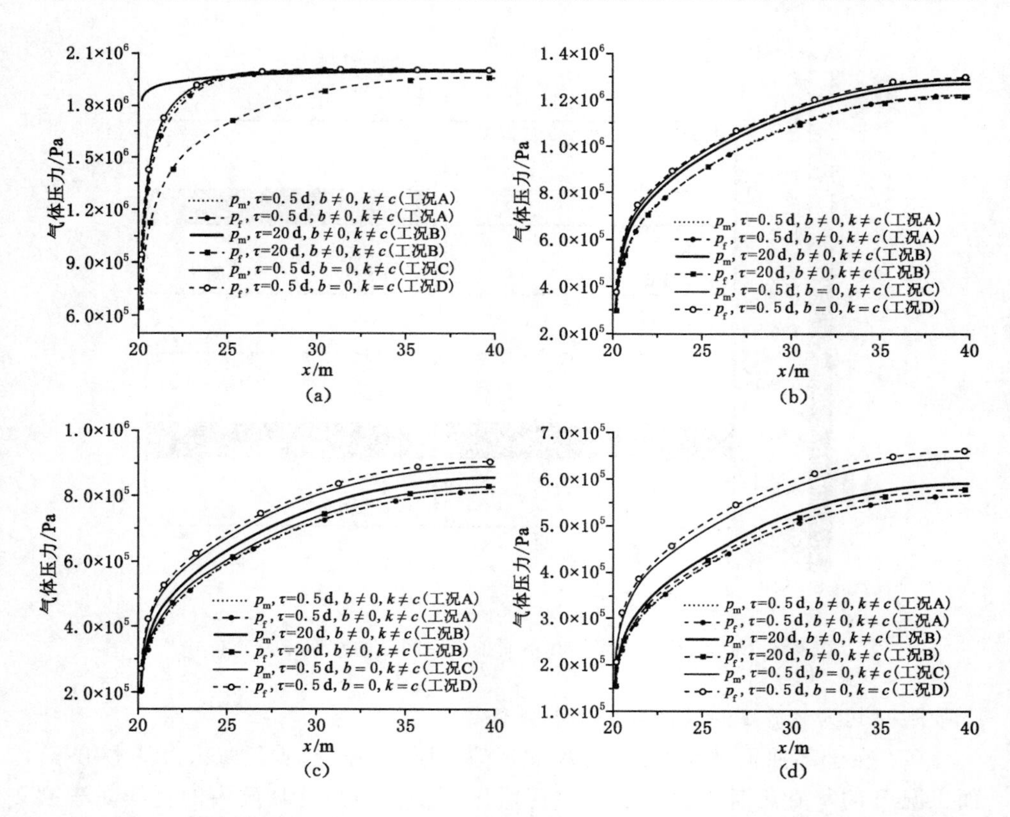

图 6-18　直线 $y=12.5$ m, $x\in(20.2$ m, 40 m$)$ 上不同抽采时间时的压力分布

(a) $t=1$ d;(b) $t=100$ d;(c) $t=250$ d;(d) $t=500$ d

条件下瓦斯含量降低速度越快。工况 C 和工况 D 降低程度的差异,由气固耦合作用造成,忽略气固耦合作用将使得模拟分析时煤层内残余瓦斯含量被高估。工况 A 和工况 C 降低程度的差异,由 Klinkenberg 效应造成,忽略 Klinkenberg 效应同样将使得模拟分析时煤层内残余瓦斯含量被高估。

(2) 对比工况 A、工况 B 和工况 C 条件时的瓦斯含量降低程度可以发现,抽采 100 d 以内时,工况 B 和工况 C 的降低程度基本一致,说明在抽采初期,煤的双孔特性对抽采效果的影响同 Klinkenberg 效应的影响基本相同;在抽采 100 d 至 300 d 时,工况 B 的降低程度基本处于其他两种工况条件的中间,抽采至 300 d以后时,工况 B 的降低程度基本处于其他两种工况条件的 1/3 偏下的状态,说明钻孔抽采相当长时间后,煤的双孔特性对抽采效果的影响同 Klinkenberg 效应的影响基本仍处于相同的数量级。

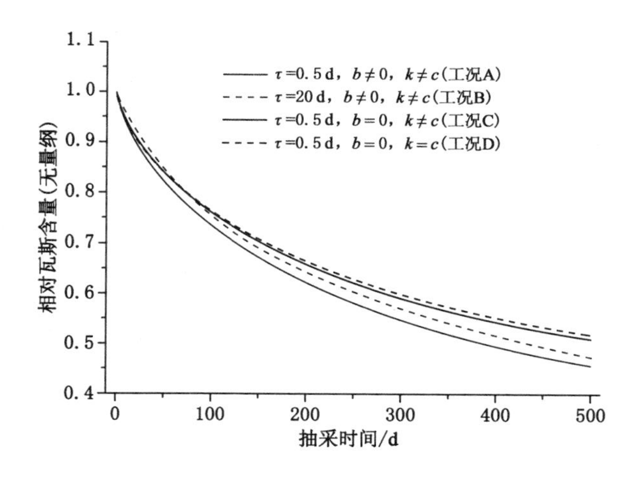

图 6-19　相对瓦斯含量随抽采时间的演化规律

6.3　瓦斯抽采的负压响应机制及在瓦斯资源化利用中的应用

6.3.1　工程背景

2015 年，我国瓦斯抽采量为 180 亿 m^3、利用量为 86 亿 m^3，利用率为 47.8%；其中，煤矿瓦斯抽采量为 136 亿 m^3，利用率仅为 35.3%，意味着 88 亿 m^3 煤矿抽采的瓦斯被排放进大气，造成严重的资源浪费。甲烷全球暖化潜势为 25，相当于排放了 800 亿 m^3 的二氧化碳，造成严重的温室效应[17]。井下瓦斯利用率低的主要原因在于抽采后期的瓦斯浓度低，难以有效利用或利用成本高，因而绝大部分低浓度瓦斯被排放至大气。如何提高瓦斯抽采浓度以增加瓦斯的资源化利用是亟待解决的关键问题。

影响煤层瓦斯抽采效果的一个重要因素是抽采的负压。在负压产生的瓦斯压力梯度的作用下，瓦斯通过裂隙不断流向钻孔，从而达到瓦斯抽采的目的。郑吉玉等[18]现场实测了不同负压下的钻孔瓦斯浓度，并通过浓度分析确定了合理的孔口负压。杨宏民等[19]研究了抽采负压与纯流量之间的关系，并提出了最优的孔口负压。尹光志等[20]进行了钻孔抽采瓦斯三维数值模拟，认为负压对钻孔瓦斯抽采的影响不明显。前人的研究加深了人们对抽采负压的认识，但目前对负压在抽采中的作用机制研究不够深入，我国《防治煤与瓦斯突出规定》第五十条规定瓦斯抽采钻孔孔口负压不得小于 13 kPa，煤矿瓦斯抽采往往也采用恒定的抽采负压。然而随瓦斯抽采时间的增加，瓦斯压力及含量等参数不断变化，煤层内瓦斯的流动规律必然发生改变，所以在不同的流动情况下采用恒定的抽采负压并不合理。为了合理高效抽采瓦斯，应该研究抽采过程中瓦斯运移的全过程并关注负压对瓦斯运移及抽采的影响。

以煤层顺层钻孔瓦斯预抽的工程实践为研究背景，将三维受力模型简化为二维平面应变模型，如图 6-20 所示。几何模型包括一煤层和两岩层，煤层长×高为 40 m×5 m，岩层长×高均为 40 m×10 m。施工半径为 0.06 m、间距为 10 m的 4 个瓦斯抽采钻孔。模拟时在煤层内定义瓦斯运移模型，在整个求解域内定义固体变形模型。对于变形场，求解域顶部为恒定载荷边界，左右两侧为滚轴边界，底部为固定边界，初始时刻的位移为 0；对于瓦斯运移场，煤层四周为零流量边界，钻孔边界为恒压边界，初始基质瓦斯压力和裂隙瓦斯压力均为 2 MPa。

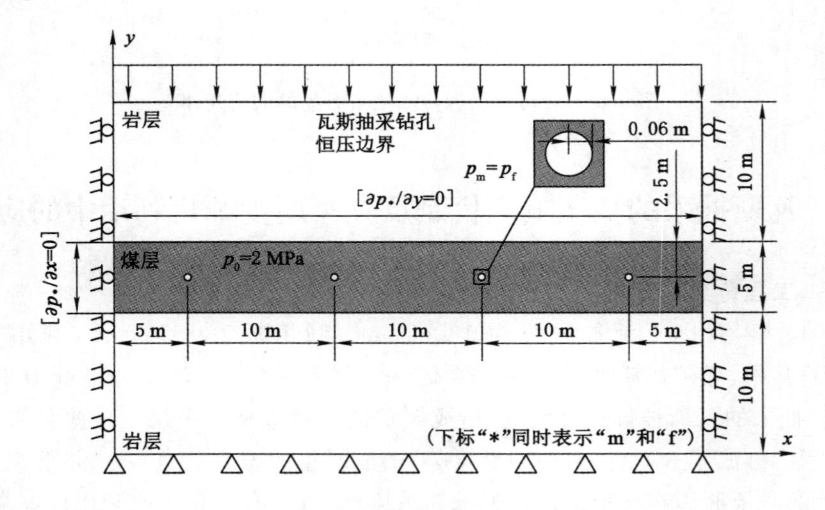

图 6-20　煤层瓦斯运移几何模型及边界条件

6.3.2　数值仿真步骤

6.3.2.1　模型向导

(1) 运行 COMSOL，选择“模型向导”。

(2) 从“选择空间维度”对话框里选择“二维”。

(3) 从“选择物理场”对话框中选择“数学”＞“偏微分方程接口”＞“广义型偏微分方程(g)”，点击“增加”，再点击“增加”添加另一个物理场，之后点击“研究”。

(4) 从“选择研究”对话框中选择“预置研究”＞“瞬态”，之后点击“完成”。

6.3.2.2　参数及变量

现在，我们可以定义模型求解所需的“参数”和“变量”。

(1) 在“模型开发器”中，右键单击“全局定义”，选择“参数”。

(2) 前往“参数”设定窗口,在参数表的参数下或表格下方的编辑框中输入以下参数(表 6-6)。

表 6-6　　数值模拟所需参数

名称	表达式	描述
af	60[1/cm^2]	基质形状因子
coe_M	16[g/mol]	甲烷的分子质量
coe_R	8.314[J/mol/K]	理想气体常数
coe_T	293[K]	煤层温度
poro_fra0	0.012	初始裂隙率
poro_por0	0.06	初始孔隙率
VL	20[m^3/t]	Langmuir 常数
PL	1[MPa]	Langmuir 常数
rho_c	1 250[kg/m^3]	煤的视密度
rho_r	2 500[kg/m^3]	岩石的视密度
rho_g	0.717[kg/m^3]	甲烷的密度
E_c	2 713[MPa]	煤的弹性模量
E_m	8 139[MPa]	煤基质的弹性模量
E_r	24 500[MPa]	岩石的弹性模量
Po_c	0.339	煤的泊松比
Po_r	0.25	岩石的泊松比
ad_d	0.004	极限吸附体变形量
k0	0.02[mD]	初始渗透率
mu	1.106 7E−5[Pa·s]	甲烷动力学黏度
p_0	2E6[Pa]	初始瓦斯压力
p_b	87[kPa]	抽采负压
W_c	40[m]	煤层宽度
H_c	5[m]	煤层厚度
bo_r	0.06[m]	钻孔半径

(3) 在“模型开发器”>“组件 1(comp1)”中,右键单击“定义”,选择“变量”。

(4) 前往“变量 1”设定窗口,在变量表的变量下或表格下方的编辑框中输入以下变量(表 6-7)。

表 6-7　　　　　　　　　　　　　变量表

名称	表达式	描述
bf	1－K_c/K_m	有效应力系数(裂隙)
bm	K_c/K_m－K_c/K_s	有效应力系数(基质)
D	(0.0256 * pm * pm/1[MPa]－0.0599 * pm＋1.02 * 1[MPa])/1[MPa] * 1e－9[cm^2/s]	扩散系数
k	k0 * (poro_fra/poro_fra0)^3	渗透率
K_c	E_c/3/(1－2 * Po_c)	煤的体积模量
K_m	E_m/3/(1－2 * Po_c)	煤基质的体积模量
K_s	K_m/(1－3 * poro_por0 * (1－Po_c)/2/(1－2 * Po_c))	煤体骨架的体积模量
poro_fra	poro_fra0＋(1＋Po_c) * (1－2 * Po_c)/E_c/(1－Po_c) * (bf * (pf－p_0)＋bm * (pm－p_0))＋(4 * Po_c－2) * ad_d/3/(1－Po_c) * (pm/(pm＋PL)－p_0/(p_0＋PL))	裂隙率

设定好的“参数”和“变量”如图 6-21 所示。

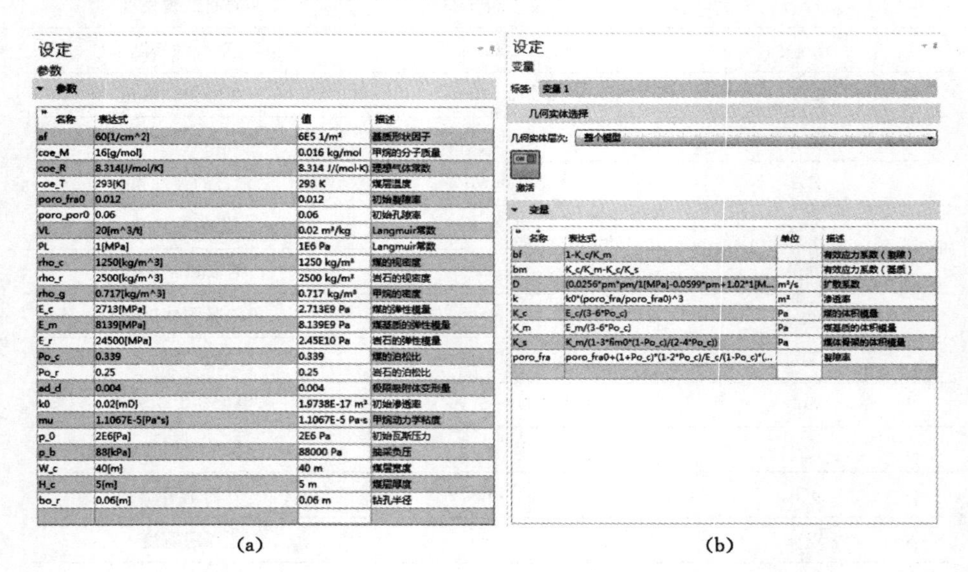

(a)　　　　　　　　　　　　　　　　　　(b)

图 6-21　参数与变量

(a) 参数;(b) 变量

6.3.2.3　几何

现在,我们可以定义模型求解所需的“几何”。

(1) 在“模型开发器”中,右键单击“几何 1”,选择“矩形”。

(2) 前往“矩形 1(r1)”设定窗口，进行如下操作：

① 在“尺寸与形状”部分，“宽度”编辑框中，输入“W_c”。

② 在“尺寸与形状”部分，“高度”编辑框中，输入“H_c”。

③ 在“位置”部分，“基准”下拉菜单中选择“角”。

④ 同理建立 3 个矩形。

(3) 在“模型开发器”中，右键单击“几何 1”，选择“圆”。

(4) 前往“圆 1(c1)”设定窗口，进行如下操作：

① 在“尺寸与形状”部分，“半径”编辑框中，输入“bo_r”。

② 在“位置”部分，“基准”下拉菜单中选择中。

③ 同理建立 4 个圆。

(5) 在“模型开发器”中，右键单击“几何 1”，选择“布尔运算与分割”>“差集”。

(6) 前往“差集 1(dif1)”设定窗口，进行如下操作：

① 确保“差集”>“增加对象”选择框为激活状态，在图形窗口点击选择几何实体 r1。操作后 r1 将在“增加对象”选择框内显示。

② 点击激活“差集”>“减去对象”选择框，在图形窗口点击选择几何实体 c1、c2、c3、c4。操作后 c1、c2、c3、c4 将在“减去对象”选择框内显示。

③ 点击“构建选定”按钮。

(7) 前往“形成联合体(fin)”设定窗口，点击“全部构建”按钮。

6.3.2.4　物理场

现在，我们可以配置模型求解所需的“物理场”。

首先配置“广义型偏微分方程(g)”接口：

(1) 在“模型开发器”中，点击“广义型偏微分方程(g)”，前往“广义型偏微分方程”设定窗口，在“单位”>“因变量数量”下拉菜单中选择压力(Pa)，在“单位”>“源项量”下拉菜单中选择无，在“单位”编辑框输入“Pa”；在“因变量”>“场名称”编辑框输入“pf”，“因变量数量”编辑框输入“1”，在“因变量”编辑框输入“pf”。

(2) 在“模型开发器”中，点击“广义型偏微分方程(g)”>“广义型偏微分方程 1”，前往“广义型偏微分方程”设定窗口，进行如下操作：

① 在“守恒通量”编辑框内输入：

−(k * pf/mu) * d(pf,x)	x
−(k * pf/mu) * d(pf,y)	y

② 在“源项”编辑框，输入“D * af * (1−poro_fra) * (pm−pf)−(pf * bm *

(1＋Po_c) * (1－2 * Po_c)/E_c/(1－Po_c)＋pf * (4 * Po_c－2) * ad_d * PL/(3－3 * Po_c)/(PL＋pm)/(PL＋pm)) * (－D * af * coe_M * (pm－pf) * (pm＋PL) * (pm＋PL)/(VL * rho_c * rho_g * coe_R * coe_T * PL＋poro_por0 * coe_M * (pm＋PL) * (pm＋PL)))”，在“阻尼或质量系数”编辑框，输入“poro_fra＋pf * bf * (1＋Po_c) * (1－2 * Po_c)/E_c/(1－Po_c)”，在“质量系数”编辑框，输入“0”。

(3) 在“模型开发器”中，右键单击“广义型偏微分方程(g)”，选择“狄氏边界条件”。

(4) 前往“狄氏边界条件 1”设定窗口，在“边界选择”选择框内选择边界11～26，在“狄氏边界条件”部分，勾选“指定 pf 值”，并在对应编辑框，输入“p_b”。

(5) 前往“零通量 1”设定窗口，检查边界11～26 是否被覆盖。

(6) 前往“初始值 1”设定窗口，在“初始值”＞“pf 初始值”编辑框，输入“p_0”，在“初始值”＞“初始 pf 时间导数”编辑框，输入“0”。

下面配置“广义型偏微分方程(g2)”接口：

(1) 在“模型开发器”中，点击“广义型偏微分方程 2(g2)”，前往“广义型偏微分方程 2”设定窗口，在“单位”＞“因变量数量”下拉菜单中选择“压力(Pa)”，在“单位”＞“源项量”下拉菜单中选择无，在“单位”编辑框输入“Pa”；在“因变量”＞“场名称”编辑框输入“pm”，“因变量数量”编辑框输入“1”，在“因变量”编辑框输入“pm”。

(2) 在“模型开发器”中，点击“广义型偏微分方程 2(g2)”＞“广义型偏微分方程 1”，前往“广义型偏微分方程”设定窗口，进行如下操作：

① 在“守恒通量”编辑框内输入：

0	x
0	y

② 在“源项”编辑框，输入“－D * af * coe_M * (pm－pf) * (pm＋PL) * (pm＋PL)/(VL * rho_c * rho_g * coe_R * coe_T * PL＋poro_por0 * coe_M * (pm＋PL) * (pm＋PL))”，在“阻尼或质量系数”编辑框，输入“1”，在“质量系数”编辑框，输入“0”。

(3) 在“模型开发器”中，右键单击“广义型偏微分方程 2(g2)”，选择“狄氏边界条件”。

(4) 前往“狄氏边界条件 1”设定窗口，在“边界选择”选择框内选择边界11～26，在“狄氏边界条件”部分，勾选“指定 pm 值”，并在对应编辑框，输入“p_b”。

(5) 前往“零通量 1”设定窗口，检查边界 11～26 是否被覆盖。

（6）前往“初始值 1”设定窗口，在“初始值”>“pm 初始值”编辑框，输入“p_0”，在“初始值”>“初始 pm 时间导数”编辑框，输入“0”。

6.3.2.5　网格

现在，我们可以配置模型求解所需的“网格”。

（1）前往“模型开发器”>“网格 1”设定窗口，在“网络设定”>“序列类型”下拉菜单选择物理场控制网格，在“网络设定”>“单元尺寸”下拉菜单选择“极端细化”。

（2）点击“全部构建”。

6.3.2.6　研究

现在，我们根据上述模型的配置进行求解。

（1）在“模型开发器”中，右键单击“研究 1”。

（2）前往“步骤 1：瞬态”设定窗口，在“研究设定”中点击“时间单位”按钮，选择“d”，在“时间”编辑框内输入“range(0,0.5,50) range(52,2,300)”。

（3）点击“计算”按钮进行计算。

图 6-22 为计算完成后，抽采 300 d 时的煤层基质瓦斯压力分布云图。

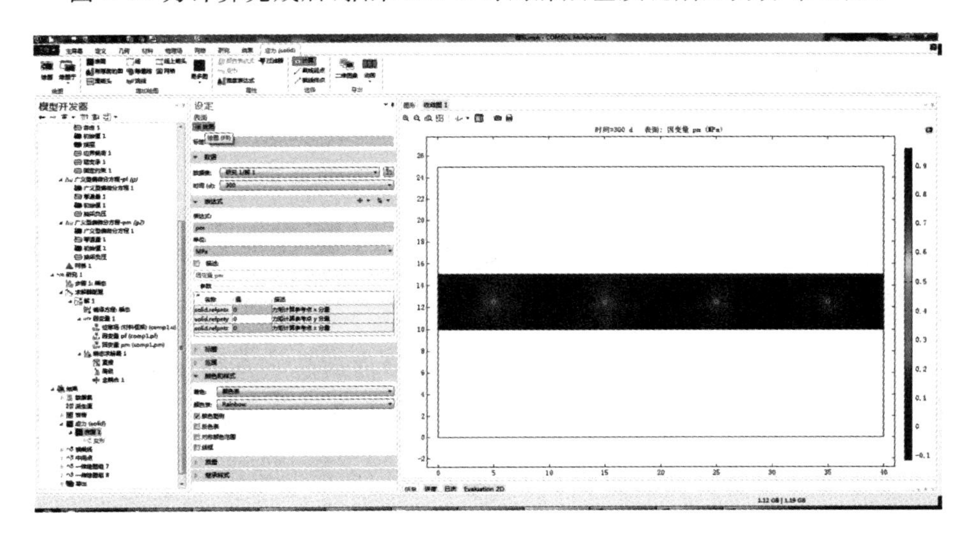

图 6-22　抽采 300 d 时的煤层基质瓦斯压力分布云图

6.3.2.7　后处理

本小节以不同抽采时间下煤层中央基质和裂隙瓦斯压力数值为例，简单介绍一些后处理的步骤：

（1）在“模型开发器”>“结果”中，右键单击“数据集”，选择“二维截点”，并进行如下操作：

① 在“点数据”中以坐标定义点，在编辑框 X 输入“20”，编辑框 Y 输入“12.5”。

② 在“二维截点”中，点击“绘图”。

(2) 在“模型开发器”＞“结果”中，右键单击“一维绘图组”，并进行如下操作：

① 在“一维绘图组 1”中右击，选择“点图 1”、“点图 2”。

② 在“点图 1”中，“数据集”下拉菜单中选择“二维截线 1”，“时间选择”下拉菜单中选择“全部”，在“表达式”框输入“pm”。

③ 在“点图 2”中，“数据集”下拉菜单中选择“二维截线 1”，“时间选择”下拉菜单中选择“全部”，在“表达式”框输入“pf”。

④ 点击“绘图”按钮计算。

通过上述操作，会获得不同抽采时间下煤层中央基质和裂隙瓦斯压力数值分布图(图 6-23)。

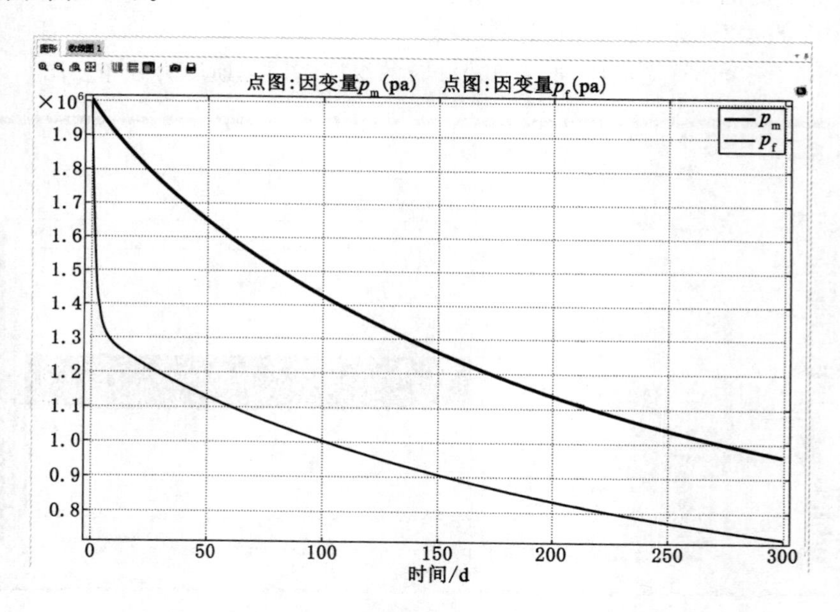

图 6-23　不同抽采时间下基质和裂隙瓦斯压力数值分布图

6.3.3　案例扩展分析与应用

通过完成上述最基本的数值仿真步骤，既可获得本案例分析所需的部分数据，全部案例分析数据只需要在上述基础上进行细微几何图形或者参数调整即可获取，详细说明与分析可参考文献[21]。

6.3.3.1　扩散及渗流对瓦斯运移的影响

为了研究扩散及抽采负压对瓦斯流动的影响，在不改变其他参数情况下分别仅改变扩散系数、初始渗透率和抽采负压，进行数值解算并对比分析。详细的数值模拟方案见表 6-8。

表 6-8　数值模拟方案

方案	初始渗透率/mD	扩散系数/(m^2/s)	抽采负压/kPa
1	0.02	$D_1=2.56\times10^{-12}p_m{}^2-5.99\times10^{-12}p_m+1.02\times10^{-10}$	13
2	0.02	$0.01D_1$	13
3	0.01	D_1	13
4	0.02	D_1	8
5	0.02	D_1	25

注：抽采负压是相对于大气压(101 kPa)而言的，因此 13 kPa 负压对应的绝对压力为 88 kPa。增加抽采负压意味着降低抽采压力。

为了研究瓦斯抽采过程中渗流对瓦斯运移的影响程度及变化趋势，分别将模拟方案 1 的扩散系数降低为原来的 0.01 倍(方案 2)，将模拟方案 1 的初始渗透率降低为原来的 0.5 倍(方案 3)，保证其他参数均不变，对比三种情况下的渗流率和相对渗透率，见图 6-24。

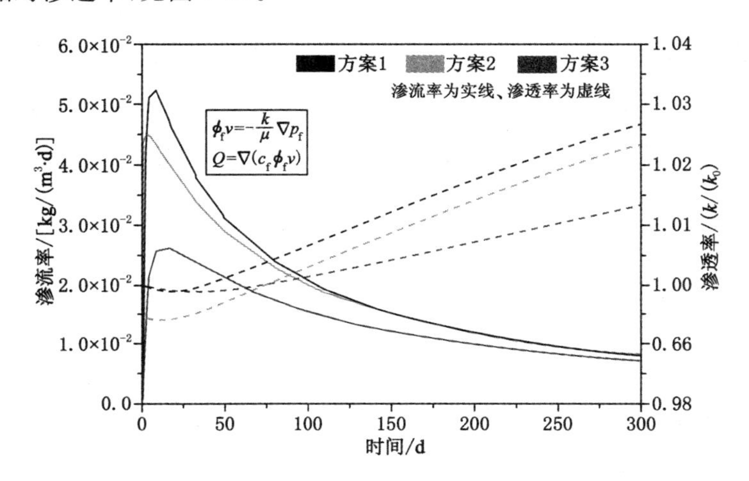

图 6-24　不同扩散系数及初始渗透率下的渗流率及相对渗透率

从图中可以看出，方案 2 的渗流率在前期略低于方案 1，随后超过方案 1，而方案 3 的渗流率明显低于前两者。从参数变化的绝对量上来说，改变渗透率远比改变扩散系数对瓦斯渗流率的影响更大，因此渗透率是影响煤层瓦斯流动的重要参数。抽采开始后,方案 2 的相对渗透率迅速降低,原因在于较小的扩散系数使得基质瓦斯扩散补充裂隙瓦斯的速率较小,引起裂隙瓦斯压力迅速降低,有效应力迅速增大进而导致渗透率迅速降低。除初期一小段时间外,煤层相对渗透率随时间增加不断增大,但渗流率并未增大,根本原因在于随抽采时间增加,煤层瓦斯含量和裂隙瓦斯压力降低,使得瓦斯渗流的势能逐渐降低。由达西定律可知裂隙内瓦斯流速与渗透率和裂隙瓦斯压力梯度成正比,后者降低的影响程度大于渗透率增大的影响,使得游离瓦斯平均流速不断降低(图 6-25),进而导致渗流率不断降低。随时间增加,煤层瓦斯含量降低,在煤层其他条件不变的情况下渗透率的增加对提高瓦斯渗流率的效果逐渐减弱,表明渗流过程对瓦斯流动的影响程度不断减弱。

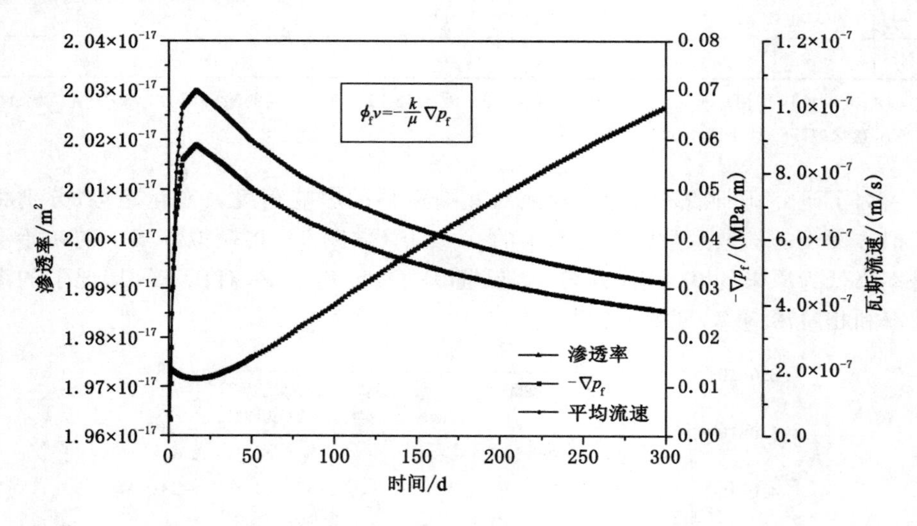

图 6-25　模拟方案 1 渗透率、裂隙瓦斯压力梯度及流速

6.3.3.2　负压对瓦斯抽采的影响

抽采负压的作用是给裂隙游离瓦斯流入钻孔提供动力,裂隙瓦斯流出后再形成基质与裂隙瓦斯压力差,从而达到抽采瓦斯的目的。由前文可知渗透率增大并不能达到提高渗流率的目的,因为渗流过程对瓦斯流动的影响程度不断减弱,那么理论上提高抽采负压以增加裂隙瓦斯压力梯度对瓦斯流动的影响程度也应不断减弱,即抽采负压对瓦斯流动的影响逐渐减弱。为了获得抽采负压大小对瓦斯抽采的影响,保证其他参数均不变,分别将模拟方案 1 的抽采负压 13 kPa调整为 8 kPa(方案 4)和 25 kPa(方案 5)。由于三种抽采负压下渗流率和煤层剩余瓦斯含量差异很小,因此对比渗流率的差值,见图 6-26。

从图中可以看出三种情况下渗流率的差值均很小,仅为(0.76～3.842)$\times10^{-5}$

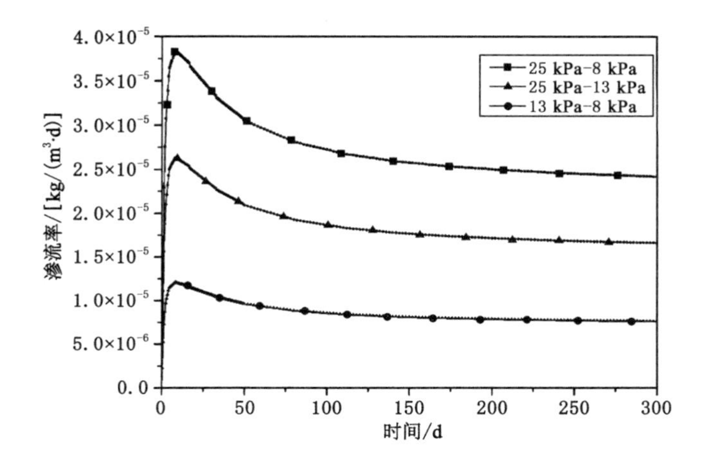

图 6-26 不同抽采负压下渗流率差值

kg/(m^3 · d),表明提高负压所能增加的抽采纯瓦斯量很小,反之适当降低抽采负压减少的抽采瓦斯量也很小。除初期一小段时间外,渗流率差值随时间增加不断减小且后期逐渐趋于平稳,即单位时间内高负压比低负压多抽出的瓦斯量不断减小,表明负压的作用逐渐减弱。

为了评价单位负压的抽采效率,对比增加单位负压引起的渗流率增加量。当抽采 8.5 d,150 d,300 d 时,负压从 8 kPa 增加至 13 kPa 单位负压的渗流率增量最大,分别为 2.41×10^{-6} kg/(m^3 · d)、1.62×10^{-6} kg/(m^3 · d)、1.52×10^{-6} kg/(m^3 · d);而负压从13 kPa增加至 25 kPa 单位负压的渗流率增量最小,分别为 2.19×10^{-6}kg/(m^3 · d)、1.47×10^{-6} kg/(m^3 · d)、1.38×10^{-6} kg/(m^3 · d)。表明在低负压下增加单位负压的抽采效果更明显,或者说在低负压下增加单位负压的抽采更加经济和有效。

抽采负压作用减弱的根本原因在于煤层瓦斯含量的降低。在瓦斯稳定流动阶段,随着抽采时间增加,负压提供的裂隙瓦斯压力梯度不断降低,该压力梯度是裂隙游离瓦斯流入钻孔的动力,而基质与裂隙瓦斯压力差值的降低提供给基质瓦斯扩散的动力也不断减小,也就是说随抽采时间的增加,抽采负压提供的瓦斯流动的动力不断减小。另一方面,随抽采时间增加,抽采出的瓦斯中从基质扩散出的量所占的比例越来越大,意味着抽采出单位质量的瓦斯需要克服的阻力越来越大。由于抽采动力的降低和阻力的增大,在瓦斯抽采后期即使增加抽采负压实际达到的抽采量增量会低于抽采前期,因而负压的作用减小。

瓦斯抽采过程中负压不仅仅影响着煤层内瓦斯的流动,也影响着钻孔周边裂隙内漏风风流。图 6-27 为井下顺层钻孔瓦斯抽采及漏风示意图。随着抽采时间增加,一方面抽采负压的作用逐渐减弱,较大的抽采负压对抽采瓦斯的贡献较小，为了满足受力平衡，较大的负压主要用于抽取从钻孔周边裂隙涌入钻孔的空气，从而漏风量逐渐增大；另一方面，受抽采钻孔动压的扰动及煤基质收缩的影响，钻孔周边裂隙逐渐发育，漏风阻力不断减小，因而漏风量也逐渐增大。

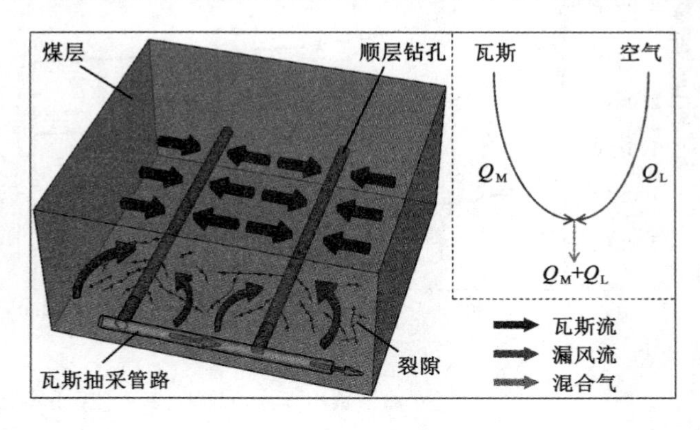

图 6-27　顺层钻孔瓦斯抽采及漏风示意图

因此，随抽采时间的增加，负压对煤层内瓦斯流动的贡献率逐渐减小，同时对漏风的贡献率逐渐增大。在两者共同作用下，瓦斯抽采浓度不断降低，对瓦斯的有效利用产生重要影响。

6.3.3.3　钻孔分组并联降压措施

我国现有瓦斯利用方式主要有三种，浓度大于 30％的瓦斯用于民用、提纯、锅炉燃烧、高浓度瓦斯发电等；浓度在 6％～30％的瓦斯用于低浓度瓦斯发电或被排放至大气；由于难以利用或利用经济性低，几乎所有浓度低于 6％的瓦斯被排放至大气。地面采前抽采的瓦斯浓度通常较高，瓦斯利用率较高。目前井下瓦斯抽采主要通过顺层钻孔和穿层钻孔，采用两堵一注等封孔工艺，在瓦斯抽采前期能保证较高的浓度。随着抽采时间增加，负压引起混入抽采瓦斯的空气量不断增加，导致抽采瓦斯浓度迅速降低，这是造成利用率低的重要原因。因而减少漏风是提高瓦斯抽采浓度及资源化利用的关键措施。

二次封孔是一种能有效减少漏风以提高瓦斯抽采浓度的措施，其封孔工艺是将微细膨胀粉料吹入钻孔内以堵塞钻孔周边的裂隙[22]。作者认为更为简便和经济的措施是在合适的时候降低抽采负压从而减少漏风量以达到提高瓦斯浓度的目标。通常认为漏风风流为紊流，压力梯度与风流平均流速的 1.75 次方成正比，因此漏风量满足：

$$Q_L = \frac{(p_a + p_n)(p_a - p_n)^{4/7}}{R_L} \tag{6-7}$$

式中　Q_L ——单位体积煤单位时间内的漏风量，$m^3/(m^3 \cdot d)$；

p_a ——大气压力，0.101 MPa；

p_n ——抽采压力(绝对压力)，MPa；

R_L ——漏风阻力，$MPa^{11/7}\cdot d$。

考虑负压作用及钻孔周边裂隙发育的变化，漏风阻力取 $R_L = 0.275p_m + 0.05\ MPa^{11/7}\cdot d$。瓦斯抽采量根据不同抽采负压下的数值模拟获得，抽采瓦斯的浓度 C_M 可以根据下式计算：

$$C_M = \frac{Q_M}{Q_M + Q_L} \times 100\% \tag{6-8}$$

式中 Q_M ——单位体积煤单位时间内的瓦斯抽采量，$m^3/(m^3\cdot d)$。

图 6-28 为不同负压下的瓦斯抽采浓度。从图中可知，随抽采时间增大，瓦斯浓度迅速增大随后不断降低，且降低速率不断减小。采用 8 kPa 负压抽采的瓦斯浓度比 13 kPa 负压下浓度高 3.4%～6.3%，比 25 kPa 负压下的浓度高 6.9%～13.9%。如果采用 25 kPa 的负压抽采 110 d 后，瓦斯浓度降低至 30% 附近，此时将抽采负压调低至 13 kPa，瓦斯浓度大约可以提高 6.8%。采用 13 kPa 的负压抽采至 146 d 瓦斯浓度又降低至 30%，此时将抽采负压调低至 8 kPa，瓦斯浓度又提高 5.5%。如果煤矿主要利用浓度大于 30%的瓦斯，那么采用负压 25 kPa 逐渐降低至 8 kPa 抽采 6.1 个月的瓦斯可以有效利用，比采用 25 kPa 恒定抽采负压增加大约 2.4 个月。如果以剩余瓦斯含量 8 m^3/t 为抽采目标，降低负压抽采的瓦斯利用率为 75.0%，远高于采用恒定的 25 kPa 负压抽采的利用率 55.9%。因此，降低抽采负压能够达到提高瓦斯抽采浓度、增加瓦斯资源化利用的目标。

需要说明的是，这并不意味着可以一直降低抽采负压甚至不采用负压而让瓦斯通过钻孔自然排放。因为数值求解中认为在抽采负压强烈扰动下钻孔的边界条件是恒压边界，其数值等于抽采负压，如果负压较低则不能使钻孔达到该边界条件。此外，抽采负压需要克服钻孔和管路的阻力才能使瓦斯流动起来。因此降低负压是有范围的，过低的负压不利于瓦斯的抽采。尽管从图 6-28 可以看出抽采初期采用较低的负压也会使瓦斯浓度增大，但实际瓦斯抽采时负压不仅需要克服各种阻力，还需要给瓦斯的流动提供启动的动力，所以抽采初期的负压不能过小。因此，瓦斯抽采前期应该采用 13～20 kPa 较大的负压，当瓦斯浓度较低时降低负压，但不应低于 5～8 kPa。

煤矿在实际的井下瓦斯抽采包括顺层钻孔、穿层钻孔、采空区埋管及高位钻孔等，其中穿层钻孔和顺层钻孔的抽采负压易于调节，可作为煤矿调整抽采负压的主要对象。然而抽采钻孔的数量庞大且并网时间差异大，对每个钻孔单独进行调整负压的工程量大且成本高，实用性不强。实际操作中可以将施工时间 20 d 以内的钻孔进行“分组并联”以便同时调整这些并网时间相近的钻孔的抽采负压。图

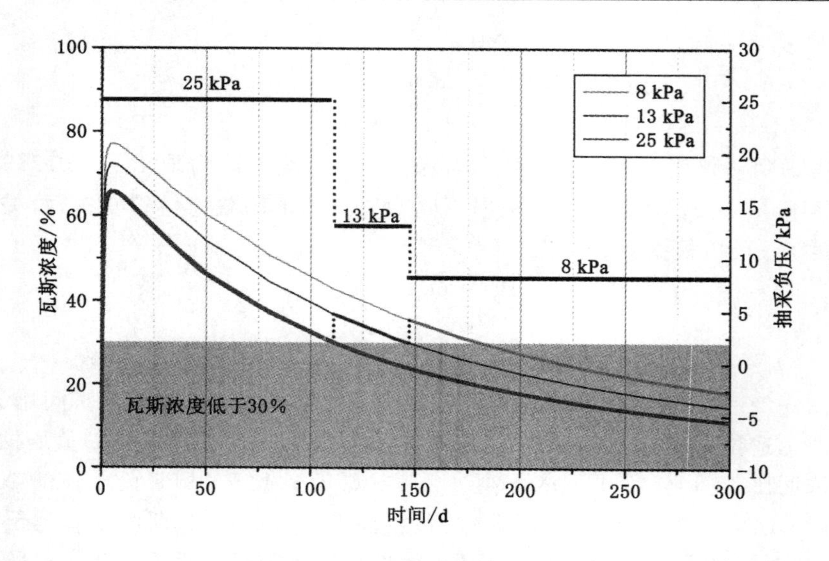

图 6-28　不同抽采负压下瓦斯浓度

6-29 为典型的煤层群瓦斯治理技术及顺层、穿层钻孔分组并联示意图。通过抽采支管将施工时间相近的顺层钻孔或穿层钻孔连接起来，再并入抽采干管。支管上安装甲烷浓度传感器，当该支路瓦斯浓度降低至一定值时通过调压阀门适当降低支路上的抽采负压，从而可以达到减少漏风和提高瓦斯浓度的效果。

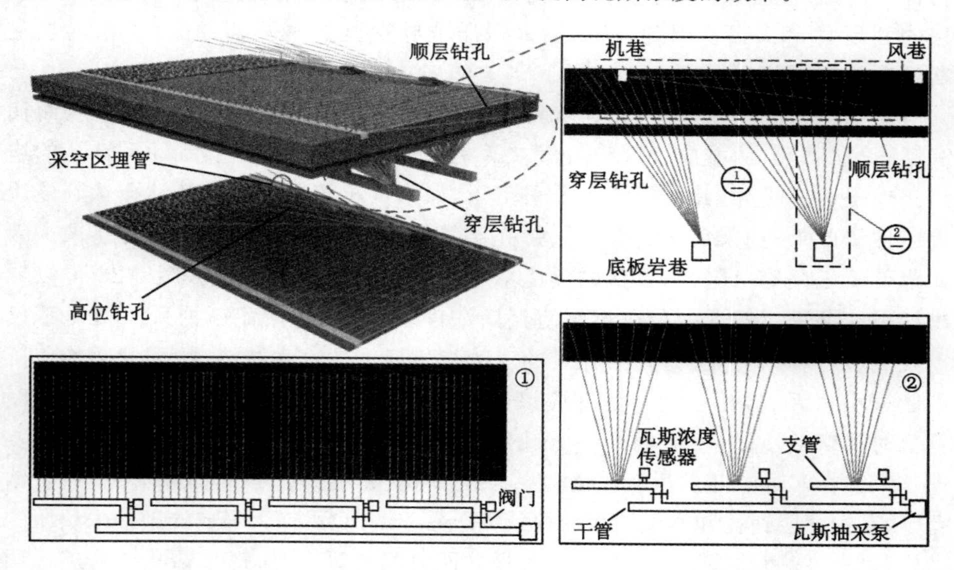

图 6-29　顺层及穿层钻孔分组并联瓦斯抽采示意图

本书认为漏风阻力与基质瓦斯压力呈线性关系，与实际情况相比还存在一定误差，有待进一步的研究。此外，并联钻孔数量还需优化，以保证能有效提高抽采瓦斯浓度且不消耗过多的浓度传感器和阀门等成本。在此基础上，如果开发一种可以自动调节抽采负压的智能系统，给定系统一定的算法使其根据抽采瓦斯的浓度自动调节抽采负压，这样既能在线监测瓦斯抽采情况，也能高效地提高瓦斯的资源化利用。

参考文献

[1] KONG S L,CHENG Y P,REN T,et. al. A sequential approach to control gas for the extraction of multi-gassy coal seams from traditional gas well drainage to mining-induced stress relief[J]. Applied Energy,2014(131):67-78.

[2] FRANK H,TING R,NAJ A. Evolution and application of in-seam drilling for gas drainage[J]. International Journal of Mining Science and Technology. 2013,23(4):543-553.

[3] ZHAI C,XIANG X,ZOU Q L,et. al. Influence factors analysis of a flexible gel sealing material for coal-bed methane drainage boreholes[J]. Environmental Earth Sciences,2016,75(5):1-13.

[4] ZHENG C,CHEN Z,KIZIL M,et. al. Characterisation of mechanics and flow fields around in-seam methane gas drainage borehole for preventing ventilation air leakage:A case study[J]. International Journal of Coal Geology,2016(162):123-38.

[5] LIN H,HUANG M,LI S,et. al. Numerical simulation of influence of Langmuir adsorption constant on gas drainage radius of drilling in coal seam[J]. International Journal of Mining Science & Technology,2016,26(3):377-82.

[6] AN F H,CHENG Y P,WANG L,et. al. A numerical model for outburst including the effect of adsorbed gas on coal deformation and mechanical properties[J]. Computers & Geotechnics. 2013,54(10):222-231.

[7] PERERA M S A,RANJITH P G,CHOI S K,et. al. A parametric study of coal mass and cap rock behaviour and carbon dioxide flow during and after carbon dioxide injection[J]. Fuel,2013,106(2):129-138.

[8] WU Y,LIU J,ELSWORTH D,et. al. Development of anisotropic permeability during coalbed methane production[J]. Journal of Natural Gas Sci-

ence & Engineering,2010,2(4):197-210.

[9] YE Z,CHEN D,WANG J G. Evaluation of the non-Darcy effect in coalbed methane production[J]. Fuel,2014,121(2):1-10.

[10] LIU Z,CHENG Y,JIANG J,et. al. Interactions between coal seam gas drainage boreholes and the impact of such on borehole patterns[J]. Journal of Natural Gas Science and Engineering,2017(38):597-607.

[11] 石智军,姚宁平,叶根飞. 煤矿井下瓦斯抽采钻孔施工技术与装备. 煤炭科学技术,2009,37(7):1-4.

[12] 王魁军,张兴华. 中国煤矿瓦斯抽采技术发展现状与前景[J]. 中国煤层气,2006,3(1):13-16.

[13] 程远平,付建华,俞启香. 中国煤矿瓦斯抽采技术的发展[J]. 采矿与安全工程学报,2009,26(2):127-139.

[14] 程远平,俞启香. 煤层群煤与瓦斯安全高效共采体系及应用[J]. 中国矿业大学学报,2003,32(5):471-475.

[15] LIU Q Q,CHENG Y P,WANG H F,et al. Numerical assessment of the effect of equilibration time on coal permeability evolution characteristics[J]. Fuel,2015,140(8):81-89.

[16] LIU Q Q,CHENG Y P,ZHOU H X,et al. A mathematical model of coupled gas flow and coal deformation with gas diffusion and Klinkenberg effects[J]. Rock Mechanics and Rock Engineering, 2015, 48(3):1163-1180.

[17] CHENG Y P,WANG L,ZHANG X L. Environmental impact of coal mine methane emissions and responding strategies in China[J]. International Journal of Greenhouse Gas Control,2011,5(1):157-166.

[18] 郑吉玉,田坤云,王振江. 负压对煤的瓦斯气体流动影响研究[J]. 煤炭技术,2016,35(3):175-177.

[19] 杨宏民,沈涛,王兆丰. 伏岩煤业 3# 煤层瓦斯抽采合理孔口负压研究[J]. 煤矿安全,2013,44(12):11-13.

[20] 尹光志,李铭辉,李生舟,等. 基于含瓦斯煤岩固气耦合模型的钻孔抽采瓦斯三维数值模拟[J]. 煤炭学报,2013,38(4):535-541.

[21] DONG J,CHENG Y P,JIN K,et al. Effects of diffusion and suction negative pressure on coalbed methane extraction and a new measure to increase the methane utilization rate[J]. Fuel,2017,197:70-81.

[22] 周福宝,李金海,昃玺,等. 煤层瓦斯抽放钻孔的二次封孔方法研究[J]. 中国矿业大学学报,2009,38(6):764-768.